中國天文學
源流

丁原植主編　　鄭文光　著

目　錄

台灣版說明

編者案：鄭文光先生「中國天文學源流」一書，出版於 1979 年。此次台版發行，對大陸文革時代出書制式，在不影響內容與文意下，做部份修改與刪節。

前　言

　　本書打算討論天文學在中國遠古時代是如何萌芽和發展起來的。

　　現代天文學是一門內容十分豐富的科學，近幾十年來更取得了十分輝煌的成就。它已深入到以百億光年計的宇宙空間深處，探測到了龐大的令人難以想像的天體系統。探索宇宙這個天然實驗室裡超高溫、超高壓、超高密和極低溫、極低壓、極稀薄等等極端條件下的物質結構方式、運動形態、發展變化、更使它發展成為現代科學技術的前沿陣地之一。

　　然而，任何一門科學都有它發生和發展的歷史，現代天文學也不例外。遠在人類文明的早期，在埃及、巴比倫、印度、墨西哥和我們中國，都曾經有過璀璨的文化，天文學正是其中重要的組成部份。

　　為什麼「首先是天文學」？

　　季節變化對整個生物界是具有決定意義的因素。蛇到了冬天就要蟄伏，紫貂和雪貂到冬季就長出濃密保溫的長毛，松鼠在入冬前會貯備松果，大雁開春了就回到北方，大麻哈魚春末夏初則溯黑龍江到上游產卵。但是，動物的這些活動只是出於本能。人卻不同，人類要有意識地利用周圍的自然界，進入畜牧業和農業社會以後，就不能盲目地依賴自然界了，而需要比較準確地掌握自然變化的規律。

　　氣溫高低、雨量多寡、日照強弱、霜期長短都深刻地影響著農牧業。季節變化掌握愈準確，對於畜群的繁殖，尤其對於

農作物的收成，愈是有利。西安半坡遺址窖藏有不少粟粒、白菜和芥藍菜籽，浙江餘姚河姆渡遺址中有大量稻穀，證明五、六前年前我國已經有了發達的農業。不知農時，這是不可能的。在世界上別的文明發源地，如埃及、巴比倫、印度、墨西哥，也是如此。

　　但是，怎樣才能把季節變化掌握得很準確呢？直到今天，我們測量時間，還是借助物體的有規律的運動和變化：手錶，是觀察指針匀角速度的運動；掛鐘，是利用鐘擺在重力作用下有規律的擺動；原子鐘，則是利用銫原子或銣原子有規律的高頻振動。測定較長的時間單位也是這樣：一天，是根據太陽的有規律的東升西落；一個朔望月，是根據月亮的有規律的圓缺變化。但是一年呢？什麼東西能夠準確地標示回歸年這個對農牧業生產來說具有決定性意義的時間周期？

　　人們往往以為，人類對於未知的事物，例如，對於日月星辰，首先思考的是它們到底是什麼東西。人類首先注意的是日月星辰的「運動、轉變和聯繫」。正是這些規律性很強的「運動、轉變和聯繫」有助於測定各級時間尺度，其中最重要的就是一年間的四季變化，而這正是農牧業生產的進步所必需的。這樣，就不難理解，天文學在遠古時代為什麼占有如此重要的地位。研究天文學的起源，對於我們了解整個自然科學的起源具有典型意義。但是，為什麼又特別需要研究中國天文學的起源與發展呢？

　　現代科學，包括現代天文學在內，其體系是來自古希臘的自然哲學。古希臘自然哲學中的天文學思想和方法則是接受了埃及和巴比倫人的天文學遺產，在大約二、三千年前發展起來的。因此，近代科學史家一般都是「言必稱希臘」，而往往把與希臘文明同時代或更早的古代中國、印度、伊朗、馬雅（墨西

哥）等文明撇開了。

　　中國天文學有悠久的歷史，有極其豐富、完整、準確的天象記錄，有十分卓越的發明創造。但這種認識曾經歷了一個漫長的過程。三百多年前，歐洲第一批傳教士來華傳教的時候，對於中國成就輝煌的古代天文學基本上是一無所知的。而我們中國的封建士大夫呢，從他們對待西方科學的態度，可以看到，存在兩個極端。

　　一種是對西洋科學崇拜得五體投地，認為中國古代天文學不過是一堆破爛的老古董，只有西方是什麼都先進的。如清代一個著名數學家兼天文學家江永就說過：

　　……至今日而此昌明，如日中天。重關誰為辟？鳥道
　　誰為開？則遠西諸家，其創始之勞，尤有不可忘者。

　　《（數學・又序》）

　　竟把「遠西諸家」吹捧為「如日中天」！身為明代禮部尚書的徐光啟也吹捧西洋曆法：

　　至為詳備，且又近今數十年間所定，其青於藍、寒於
　　水者，十倍前人……故可為目前必驗之法，又可為
　　二、三百年不易之法。（《徐光啟集・曆書總目表》）

　　江永和徐光啟都是有點科學頭腦的知識份子，尚且如此，至於那些奴顏婢膝靠獻媚洋人以博取功名利祿的封建官僚，其卑鄙之處更不在話下了。

　　另一種是完全盲目排外，什麼都是老祖宗的好。魯迅先生曾在《墳・看戲有感》中辛辣地鞭撻過的那個楊光先，就說過這樣的：「寧可使中夏無好曆法，不可使中夏有西洋人」──但是這位楊光先生自己卻「連閏月都算錯了」。這種人對於外國傳來的新的先進科學思想更是視為洪水猛獸。如清朝乾嘉學派的

阮元就瘋狂地攻擊哥白尼太陽中心體系是什麼「上下易位，動靜倒置，則離經叛道，不可爲訓，固未有若是甚焉者也。」(《疇人傳》卷四十六)這些話恰恰活畫出一個保守落後的封建官僚對於新鮮事物的無知和專橫態度。

能夠認真地，有分析地吸收西方科學的長處，再結合我國自己傳統文明的優點，走獨創性路子的科學工作者，是爲數不多的。明末淸初的民間天文學家王錫闡可說是其中的佼佼者。他在第谷體系的基礎上自己推導出一組計算行星位置的公式，準確度較前人都高。他說：

> 以西法為有驗於今可也。如謂不易之法，無事求進，不可也。(《曆說》第一)

王錫闡代表了我國近代科學研究的正確方向。

近百多年來，我國淪爲半封建半殖民地，政治上一蹶不振，經濟上停滯不前，科學文化也十分落後，迫使有志於歷史背景下，如何對待中國古代科學成就也發生了爭論，又出現了兩種截然相反的極端。

一種認爲，什麼近代科學技術！什麼富國強兵之道！通通可以到老祖宗那兒去找。禮樂詩書。三墳五典都是永恆不變的真理。閉門讀經，正是救國之道。「整理國故」就可以了，「何必師事夷人」！

另外還有一種觀點卻認爲，中國古代的歷史完全是漆黑一團，古籍多是後人僞作，什麼古代文明，通通都是胡說。大禹是一條蟲，連周代也未必存在過。這樣一來，只有「全盤西化」，完全膜拜在洋人腳下，才是唯一出路。

當然，也有一部份正直、嚴肅、認真的學者，踏踏實實地做了一些工作，爲我國古代歷史、包括天文學史的研究做出了

貢獻。例如，安徽殷墟甲骨卜辭的發現和研究，周口店猿人的發現和研究，以至半坡、仰韶、大汶口……等一系列遺址的發掘，中國古代文獻、典籍的整理、考釋和研究，都從不同側面論證了我國古代璀璨的文化，而天文學是其中的重要意組成部份。在那「風雨如晦」的舊中國，這些切實的研究工作是多麼不容易啊！

那麼，對於我國古代天文學的成就，應當怎樣估價呢？許許多多中外研究者作出的評價是五花八門的。例如，一個早期研究中國天文學的法國學者德莎素（de Saussure），就曾經根據《尚書‧堯典》熱情地描繪了他所想像的我國四千年前的天文學的盛況：

> 在隱藏著中國的神秘古代的黑暗中，《堯典》在我們面前揭開了這樣一個場景。皇宮的一個庭院清晰地出現了，這裡便是司天之台。閃爍不定的火炬的亮光顯示出正在進行的事情；從那投射在漏壺刻度上的光線，我們可以看到天文學家們正在選擇四顆恆星；當時，這四顆星正位於天球赤道的四個等角距的點上，但是，它們注定要用它們的移動來為後世說明，這幕場景發生在四千多年以前。[1]

也是一個早期研究中國天文學史的法國學者馬伯樂（H. Maspero）卻截然相反，他認為中國天文學的歷史是很短的，直到公元前五、六世紀，中國天文學還沒有產生。[2]

另一個法國人德倫貝爾（M. Delambre）走的更遠。他說：「中

---

[1] L. de Saussure：L'Astronomie Chinoise Dans I'Antiquité，RGS，1907，18，135。

[2] H. Maspero：L'Astronomie dans la Chine Ancienne；Histoire des Instruments et des Découvertes。

國歷史雖然長，但天文學簡直沒有在中國發生過。」[1]這已經不是評價的觀點問題，而是肆意的貶低了。

　　有一個對中國歷史和文化從來不曾做過研究的英國三一學院院長，更是十分惡毒地誣蔑中國古代天文學。他說：

> 這是一個從來不曉得把自己提高到最低水平科學推理的民族；我們對於他們那些荒謬的東西所做的工作已經夠多了。他們是迷信或占星術實踐的奴隸，一直沒有從其中解放出來；即使散佈在他們史書中的古代觀測記錄是可靠的，也從來沒有一個人去注意。中國人並不用對自然現象興致勃勃的好奇心去考察那星辰密佈的天穹，以便徹底了解它的規律和原因，而是把他們那令人敬佩的特殊毅力全部用在對天文學毫無價值的胡言亂語方面，這是一種野蠻習俗的悲慘後果。[2]

　　這種誣蔑不僅反映了資產階級的偏見和無知，而且充滿了對中國人民何等瘋狂的仇恨和攻擊啊！

　　近年來，英國的一個研究中國科學史的專家李約瑟（J. Needham），對於中國古代天文學作了一些比較公允的評價。他說：

> 除巴比倫的天象記事（其中大部份都已散佚）以外，從中國的天象記事可以看出，中國人在阿拉伯人以前，是全世界最堅毅、最精確的天文觀測者。[3]

---

[1] M. Delambre：Histoire de l'Astronomie，Courcier，Paris，1817 - 1827。

[2] L.P.E.A. Sédillot：Matériaux pour servir à l'Histoire comparée des Sciences Mathématiques chez les Grecs et chez les Orientaux Didot，Paris，1845 - 9。

[3] J. Needham：Science ＆ Civilisation in China，Vol.III，Cambridge University Press

他又說：

> 顯然，中國天文學在整個科學史上所占的位置，應該
> 比科學史家通常所給與它的重要得多。[1]

　　李約瑟還把中國古代天文學和古希臘天文學進行比較，總結出中國天文學的幾個優點：

(1) 中國人完成了一種有天極的赤道座標系，它雖然和希臘的一樣合乎邏輯，但卻顯然有所不同；

(2) 中國人提出了一種早期的無限宇宙觀念，認為恒星是浮在空虛無物的空間中的實體；

(3) 中國人發展了數值化天文學和星表，比其他任何具有可與媲美的著作的古代文明早兩個世紀；

(4) 中國人把赤道座標（本質上即近代赤道座標）用於星表，並堅持使用兩千年之久；

(5) 中國人製成的天文儀器一件比一件複雜，以十三世紀發明的一種赤道裝置（類似「改造的」黃赤道轉換儀或「拆開的」渾儀）為最高峰：

(6) 中國人發明了望眼鏡的前身——帶窺管的轉儀鐘，和一系列巧妙的天文儀器輔助機件；

(7) 中國人連續正確地記錄交食、新星、慧星、太陽黑子等天文現象，持續時間較任何其他文明古國都來得長。[2]

PP. 171 - 494 。

[1] 同上。

[2] J. Needham：Science ＆ Civilisation in China，Vol.III，Cambridge University Press

　　這七點是否完全恰當地概括了中國古代天文學的特點和優點，還有待進一步探討。但是，李約瑟的觀點基本上是正確的：中國古代天文學是具有輝煌成就、而又有別於世界上其他文明古國的天文學體系。大致上，我們可以這樣說：我國古代有直至望遠鏡發明以前世界上最悠久、最系統、最豐富、最精確的天象記錄；製作過程十分優異的天文儀器；有世界上最古老的星圖和星表；有世界上改革最頻頻、精密程度不斷提高的曆法；有十分豐富多彩的宇宙無限理論；最後，還可以說，有一個綿延數千年的十分嚴密的天文學管理體制。也許這些話並沒有把中國古代天文學的優點和特點概括很完全。無論如何，我們正期待一本能夠恰如其分地反映中國古代天文學全部成就的大部頭的《中國天文學史》問世。

　　對中國古代天文學源於何時之爭，並不完全是個年代的考證問題。這裡牽涉到一個重要得多的問題，就是中國古代天文學是否有一個獨立的起源。

　　我們知道，巴比倫和埃及的天文學起源於大約 4000－5000 年以前，因此，如果認為中國天文學到公元前六、七世紀才產生，那麼，人們不禁要問，這些天文學知識是否從巴比倫或埃及傳來的？事實上，的確有一部份中國和外國研究者認為中國古代天文學知識來自巴比倫、埃及、印度甚至伊朗的。典型的說法見於日本飯島忠夫，他甚至推斷西方天文學傳入中國的路線為：

> 爰恐西元前三百年間附近，西方之天文曆法之一派，踰蔥嶺，過流沙，而達於黃河流域。[1]

PP. 171-494 。

[1] 飯島忠夫：《中國古代曆法概論》，見新城新藏：《東洋天文學史研究》附錄。

　　但是這種推斷是沒有任何根據的。他所擬想的路線上也沒有任何西方天文學的蹤跡可尋。因此，應當說，純粹是主觀主義的猜測。就連對中國古代天文學出過比較公正評價的李約瑟，也認爲中國古代天文學（至少是某些方面）是源自巴比倫的。他說：

> 恆星和季節之間的這種聯繫，可能是自古相傳的天文
> 知識的一部份，而其淵源則始於巴比倫；如此說來，
> 這種特殊聯繫就確實可能是屬於巴比倫的天文學
> 了。[1]

　　爲什麼會作出這種推論？主要是看到中國古代天文學與巴比倫、埃及、印度、伊朗等古代天文學在概念上和方法上有相似之處。例如巴比倫天文學把太陽周年視運動的路徑——黃道分爲十二宮，我國古代則把周天分爲十二辰，並用十二地支（子、丑、寅、卯、辰、巳、午、未、申、酉、戌、亥）來命名，既然同爲十二，就有人主張十二辰和十二支都是從巴比倫黃道十二宮演變而來的。[2]

　　又例如中國古代把天球赤道附近恆星分爲二十八群，名爲二十八宿，印度、伊朗、阿拉伯也有二十八宿的劃分，於是，中外不少學者紛紛卷進一場考證二十八宿體系誰源於誰的爭論中去。日本新城新藏是主張二十八宿體系起源於中國的，他甚至確定地說：

> 二十八宿，係於中國，在周初時代或其前所設定，而
> 於春秋中葉以後，自中國傳出，經由中央亞細亞，傳

---

[1] J. Needham：Science ＆ Civilisation in China，Vol.III，Cambridge University Press PP. 171 - 494 。

[2] 郭沫若：《釋支干》，《沫若文集》第十四卷，第 366 – 465 頁。

於印度，更傳入波斯、阿拉伯方面者焉。[1]

這種說法仍然含有不科學的臆測。最近，中國天文學史整理研究小組和西南民族學院的同志作了初步調查研究，發現從中原經由大、小涼山彝族地區、雲貴高原一帶，都有二十八宿的蹤跡可尋，也許再經努力，會發現中國二十八宿體系傳入印度的通道吧？無論如何，中國有許多學者是力主二十八宿體系源於中國，而且是自中國傳入印度的。

但是，也有人認為二十八宿體系是從印度、甚至伊朗傳入中國的。理由是：在對二十八宿的中國名稱語音作了若干「處理」後，可以找到跟古伊文或古梵文相似之點。[2]

在許多西方學者，如奧爾登貝格、洪邁爾，則力倡中國、印度、阿拉伯的二十八宿體系全都來自巴比倫。李約瑟敘述道，古巴比倫的楔形文泥板上有種星圖，三個同心圓各由十二條半徑截為十二段，形成三十六個區段，上面標有星座名稱和一些數字。雖然這種圖形和二十八宿的分群方法事實上毫無共同之點，但是李約瑟卻說：

> 人們簡直可以這樣想，東亞的赤道「月站」（即二十
> 八宿體系）是在公元前一千紀中期以前（大概是很久
> 以前）起源於巴比倫天文學的。[3]

而對我國漢代著作《周髀算經》中所載的「七衡六間圖」（見本書圖21），李約瑟又說：

> 這簡直是巴比倫（公元前約 1400 年）希爾普萊希特

---

[1] 新城新藏：《東洋天文學史研究》，沈璿譯，中華學藝社，1933 年，第 284 頁。

[2] 岑仲勉：《中國上古的天文曆數知識多導源於伊蘭》，《兩周文史論叢》。

[3] J. Needham：Science ＆ Civilisation in China，Vol.III，Cambridge University Press PP. 171 - 494 。

　　泥板的再現。[1]

　　甚至北京天壇和祈年殿的三層圓臺建築，也認為是有意象徵古巴比倫祭祀的艾亞、阿努、恩利爾三位大神的所謂「三環」！這就不能不使人想到，帶著有色眼鏡的人並不是個別的。如果這樣的思路成立，那麼，中國小孩把母親叫作媽媽，英國小孩也把母親叫作 Mamma，比起中國和巴比倫的古代天文學來，更加相似得多了，恐怕還得考證一下誰源出於誰吧？

　　我認為，就具體的天文學知識來說，各個民族、各個地區之間是會有某種交流的，但是這必需在交通發達到一定程度以後。越是接近現代，這種交流越普遍，越完全，這是不待言的。但是，在人類的活動半徑只是有限的範圍的遠古時代，遠隔千里的各個古老民族之間的交往即使存在，也是極其稀罕的。不去認真勘查交往的途徑，研究信息傳遞的辦法，僅憑文化上一些表面上的相似性，就肆意推斷古代天文學誰源出於誰，至少是不嚴謹的態度。

　　火的發現和應用就是一個最好的例子。每一個古老民族都學會用火，而且顯然是獨立發明的。難道真會有一個普羅米修斯把火種從歐洲的尼安德特人帶給周口店的山頂洞人嗎？

　　每個古老民族，只要從事農牧業生產活動，都會在生產實踐的基礎上，經過長時間的探索，掌握天體運行的某些規律，從而產生了自己的天文學體系。又由於天文學的對象是同一的——太陽、月亮、星辰，所以各個古老民族的天文學知識有共同之點，這是不足為奇的。

　　但是，又由於各個古老民族的風俗習慣、地理環境、歷史條件、社會背景的不同，因此各個古老民族相互獨立產生的古

----

[1] 同上。

代天文學體系也有相異之處。這就是全世界許多古代天文學體系的共性和異性的對立統一。

　　例如，古埃及重視觀測天狼星，因爲它與太陽一起晨升的時候，就預示著尼羅河的氾濫，而古埃及人民是每年在尼羅河氾濫後的沃土上播種的。古代巴比倫重視觀測五車二（御夫座 α 星），因爲約當五千年前，五車二晨升標示春天的到來。古希臘民族居住在伸出於愛琴海的巴爾幹半島和一群海島上，航海事業發達，重視觀測所謂「航海九星」──軒轅十四、角宿一、心宿二、河鼓二、北落師門、室宿一、婁宿三、畢宿五、北河三，這九顆星中的八顆（除掉偏於南天、可能另有作用的北落師門外），當時它們依次的赤經差約略相等，正是大自然爲航海者準備好的天然「燈塔」哩。我國則重視觀測「大火」（心宿二）的昏見。在黃河流域，約當夏、商之交，大火昏見正是春耕播種季節的開始。又由於我國緯度較高，看拱極星的運動特別顯著，於是自古以來也有觀察北斗七星的迴轉以定四時的方法。可見各個古老民族重點觀測的天體是並不一樣的。

　　上文所舉李約瑟列出的中國古代天文學的七大特點，也是與埃及、巴比倫、印度、伊朗、希臘的古代天文學迥然不同的。本書還將證明，我國古代天文學在發展的早期階段，就是自成獨立的體系。

　　這就是我們討論中國古代天文學在什麼年代、什麼歷史條件下誕生和發展的第一個重要的意義。如前所述，過去中國和外國的研究者，對於中國古代天文學起源的時代，有非常激烈的爭論，其觀點也大相逕庭。由於我國先秦古籍散失不少，也確有部份是出於後人的僞托，歷史學界本身就爭論不休。安陽殷墟出土的甲骨卜辭，雖然是殷代歷史的硬證，卻還有很大數量的文字尚未辨認出來。夏代文物出土還不夠豐富，這都造成

研究中國早期歷史、包括天文學史的困難。不少研究中國天文學史的人只限於研究有古籍可考的春秋戰國以後的歷史。但是中國古代天文學源於何時，卻是一個必需深入探討的重大課題。我十分同意唐蘭對原始陶文研究所提出的觀點[1]：我國遠古時代的歷史應該上溯至更遠的年代，無論從文字、陶器、青銅器物或其他方面，都足以證明：我國的歷史，至少可與埃及和巴比倫相當。

我們討論中國古代天文學源流的第二個重要意義是屬於認識論方面的。認識來自於實踐。這裡所謂實踐，包括生產鬥爭、階級鬥爭和科學實驗三個方面，其中生產鬥爭是最基本的社會實踐。原始的天文學就是由生產實踐中產生的。但是，古代天文學的進一步發展表明，天象觀測本身也是人類認識宇宙的主要活動。又由於古代認識水平很低，人們往往把天文現象與人事吉凶相聯繫，發展了星占術。由此可見，人類社會實踐的三個方面都在中國天文學早期發展的歷史中留下了深刻的烙印。

第三個重要意義是關於天文學本身。研究任何一件事物，都要研究它的歷史和現狀。天文學在中國有悠久而光輝的歷史，在本書所敘述的範圍內，也就是說在它萌芽和早期發展的年代，它的進展就是十分快的。它為我國整個古代天文學體系打下十分堅實的基礎。以天象觀測為例，它所提供的天象記錄，開創了我國擁有世界上最系統、最悠久而又最準確的天象記錄的歷史。這些天象記錄直至今天還是研究現代天體物理學的重要材料，如太陽黑子的周期性，超新星爆發遺跡的演化，日月食記錄（關係到引力常數是否變化），等等。我國遠古時代天文學的發展也可以為現代天文事業的發展提供有益的借鑒。

---

[1] 唐蘭：《從大汶口文話的陶器文字看我國最早文話的年代》，《光明日報》1977 年 7 月 14 日。

　　《中國天文學源流》這本書，想從中國早期天文學的各個側面，如歷史傳統、觀象授時方法、天空區劃、天體測量、曆法和儀器的產生、天文學思想的萌芽及其和中國古代自然哲學的關係等，較全面地探索中國天文學最初始階段的歷史。這段歷史下限一般都在先秦以前，除非有些問題爲了搞淸它的脈絡，不能不涉及到后世。但是，我將嚴格遵照本書的命題，而不是把它寫成一部完整的中國天文學史。

　　這本書的觀點，包括若干基本觀點，是我個人的探索性的結果，它們顯然是不成熟的。本書有時借用了自然科學的一個術語，稱之爲「假說」。無疑，真正闡明中國天文學的起源，還要做深入的過細的工作。現在有不少考古發掘的同志已經十分重視天文文物的發掘，中國天文學史整理研究小組組織了一些同志到少數民族地區調查，都將爲更深入地探討中國天文學起源問題打下扎實的基礎。現在在這本書裡發表我個人的學習心得，無非是希望起到拋磚引玉的作用而已。期待得到天文學工作者、歷史和考古工作者以及廣大群眾的批評指正。

第一章　從神話到科學

為什麼研究中國天文學的源流要從神話談起呢？可能有人認為神話是迷信，是宗教神學，是荒誕不經的東西，是與科學勢不兩立的。其實不盡然。神話作為一種意識型態，反映了古代人們對現實世界的樸素的想像，其中也反映了古代人們對宇宙的直觀認識。

我國有文字可考的歷史，最古的當為從武丁開始的甲骨文記載。近年來考古學家在山東大汶口文化遺址中，發現了一些距現在約五千八百年的陶壺和陶缸，上面刻有幾個原始陶文，其中有兩個  和一個 ，有人認為分別是繁體和簡體的「炅」字，意思是「熱」。這裡無疑反映了古人對太陽、雲彩和山崗的觀察與描繪。但是，古陶文已發現的字數太少，還不足以據此揭開當時的社會面貌。因此，甲骨文以前的時代，我們只能根據考古出土的文物推斷，還不能認為就是信史。

從甲骨文看來，我國在三千五百年的殷商時代，已有一定的天文學知識。如：甲骨文中有不少日食和月食記錄、新星記錄，並認識了「火」（心宿二）、「鳥」（七星）、「昴」（昴星團）等恒星，殷代並已採用干支記日，最大數字達三方，有一定水平的曆法，等等。

我國還有一部份古書，記述了殷代以前的天文學資料，但是否真實可靠，或如何解釋，學者還爭論紛紜。如《尚書．堯典》的四仲中星，《尚書．胤征》所載的夏朝仲康時代的日食，《尚書．舜典》的璇璣玉衡，等等。

　　神話中所反映的天文學內容，有許多可能產生於更古的年代。我國神話著錄較多的著作，如《山海經》、《莊子》、《淮南子》、《列子》，以及屈原的《離騷》、《問天》、《九歌》等，雖然都是戰國以後的作品，但是其所記述的故事，年代當遠在這些作品成書以前。因為神話最早是作為口頭文學世代相傳的，自有其悠久的生命力。舉個例來說，牛郎織女的神話，《詩經》中已有：「跂彼織女，終日七襄；雖則七襄，不成報章；睆彼牽牛，不以服箱。」到唐時可說是膾炙人口了，七夕乞巧竟成為閨中少女的佳節。白居易《長恨歌》就以「七月七日長生殿，夜半無人私語時」來描寫唐明皇和楊貴妃的愛情故事。到現在，農村中不識字的老太太，也能說出牛郎織女的故事。這則神話前後相承，已有三千年以上的歷史。苗族的有關盤瓠的人類起源傳說，阿細人的天地起源傳說，其淵源相當古老，至今仍在流傳，也足以為佐證。

　　史前時期人類對於自然現象、社會生活和客觀事物的認識，往往在神話中得到反映。因此，我國神話中所包含的天文學資料，有些應當是很古的，和古籍記載、考古發掘相配合，可以推斷為殷商以前，甚至可直溯原始社會。從而，神話傳說對於探索早期天文學的起源問題，有一定的參考價值。

　　近百年來，中國和外國的許多研究者一直在爭論中國天文學是否有自己獨立的起源，抑或是從巴比倫、埃及、印度、希臘甚至伊朗傳來。這問題可以從各個角度進行討論。通過神話來研究，也有它別具一格的價值。我國古代神話，大多具有強烈的民族色彩，可以說，純粹是我們民族固有的文化，這點大概是沒有什麼爭論餘地的。因此，在我國古代神話中即使只找到一點點蛛絲馬跡的天文學資料，也可以作為中國天文學並非傳自外國的旁證吧！

但是，神話畢竟不是信史，通過研究古代神話探索中國天文學的起源，還存在著許多困難。因此，提出從我國古代神話探索天文學起源這個命題的時候，我給自己規定了一個範圍：為我國有文字可考的歷史以前、傳說時代的天文學提供一些片斷的資料，希望有助於對中國天文學的起源的研究。我所涉獵到的神話資料是極其有限的，但是，這些區區的神話資料所反映的我國古代天文學是何等豐富多彩啊！以下，僅僅是一些例子。

一、 羲和

在我國傳說時代的歷史中，羲和是很出名的。如：《史記·索隱》引《世本》：

> 黃帝使羲和占日，常儀占月，臾區占星氣，伶倫造律呂，大撓作甲子，隸首作算數，容成綜斯六術，而著調曆。

這裡羲和無疑是天文官之一，他負責觀測太陽的工作。《尚書·堯典》卻說：

> 乃命羲、和，欽若昊天，曆象日月星辰，敬授人時。

這裡羲和被說成是兩個人或兩個家族，是負責觀象授時的總天文官。書中接著說：

> 分命羲仲，宅嵎夷，曰暘谷……申命羲叔，宅南，曰大交……分命和仲，宅西，曰昧谷……申命和叔，宅

朔方，曰幽都……。

這兩對兄弟，被分別派駐東西南北，負責觀測太陽和鳥、火、虛、昴四仲中星，以推定春夏秋冬。《尚書‧堯典》又說：

帝曰：「咨，汝羲暨和，期三百有六旬有六日，以閏月定四時成歲。」

羲氏和氏還管理曆法，負責置閏，職責真是十分繁重了。還有一點值得注意的，就是《尚書‧堯典》總是把羲和說成是兩個人或兩個家族。但是，到了漢代的文獻中，羲和又成了一個人。王充的《論衡‧是應》篇說：

堯候四時之中，命羲和察四星以占時氣。

這裡王充進一步發揮了《尚書‧堯典》的思想，說羲和是專門負責觀測四星的昏中來定季節的。人數不同，職責則一：羲和仍然是天文官。還有，《尚書‧胤征》記載了夏朝仲康時代的一次日食，因為負責觀測天象的羲和「顛覆厥德，沉亂於酒，畔官離次，俶擾天紀，遐棄厥司」，致使日食不能及時報告，「瞽奏鼓，嗇夫馳，庶人走」，造成很大的混亂；於是仲康派胤侯出征，羲和便「干先王之誅」。羲和失職，還要派一名大將出征，可見羲和這天文官權勢也不小。《胤征》雖被認為出於後人偽作，但是關於這次日食的描述，在《左傳‧昭公十七年》上也用了同樣的語言，可見這個故事還是有傳說上的根據的。

總的來說，從傳說的上古史看，自黃帝至堯舜至夏代，羲和都是天文官。無怪乎王莽一登上皇帝寶座，便把太史令這官職改名為「羲和」。這可真是「托古改制」的又一「傑作」了。

上面講的是傳說中的上古史。雖則是傳說，卻以「史」的面貌出現。另一方面，還有純粹神話中的羲和。據《山海經》

郭璞注引《啓筮》：

> 空桑之蒼蒼，八極之既張，乃有夫義和，是主日月，
> 職出入以為晦明。

——義和變成管理日月運行的大神。

再看詩人屈原的《離騷》：

> 吾令義和弭節兮，望崦嵫而勿迫。

王逸注：

> 義和，日御也。

洪興祖補注：

> 日乘車駕以六龍，義和御之。

這裡是把義和作為替太陽神駕車子的馭手，據說這輛車子是由六條龍拉著的。《初學記》引《淮南子》說：

> 爰止羲和，爰息六螭，是謂懸車。

六螭，也是六條龍的意思。崦嵫，在今甘肅省境內，是傳說中太陽神的車子的終點站，據《山海經》王逸注：「日所入之山也。」所以屈原才說，已經望得到崦嵫了，用不著把車子趕得太快吧。而在《天問》裡，屈原又問道：

> 出自湯谷，次於蒙汜，自明及晦，所行幾里？

可見日入之處又叫蒙汜。至於日出之處，則叫湯谷，也叫暘谷。《山海經》注引《啓筮》就說：

> 瞻彼上天，一明一晦，有夫義和之子，出於湯谷。

　　看來，在屈原的時代，人們十分相信，羲和是替太陽神駕車子的。《天問》中也問道：

　　　義和之未揚，若華何光？

　　──羲和還未揚起鞭子，太陽神的車子還未開動，那神奇的若木花為什麼便大放光芒？

　　從人間的天文官到天上太陽神的馭手，我們已經從傳說時代的歷史走向神話了。但是羲和的故事還需要上溯。在《山海經·大荒南經》中可以找到更加怪誕的羲和：

　　　東南海之外，甘水之間，有羲和之國。有女子名曰羲
　　　和，方浴日於甘淵。羲和者，帝俊之妻，生十日。

　　這個羲和卻成了古代神話中上帝的妻子，太陽的母親，而且本領十分大，生了十個太陽。十個太陽的神話還見於《山海經·海外東經》：

　　　黑齒國，下有湯谷，湯谷上有扶桑，十日所浴。在黑
　　　齒北，居水中，有大木，九日居下枝，一日居上枝。

　　十個太陽，住在一棵大樹上，為什麼有「居下枝」與「居上枝」之別呢？看《山海經·大荒南經》這段就能領悟：

　　　大荒之中，有山，名孽搖頵羝。上有扶木，柱三百里，
　　　其葉如芥。有谷曰溫源谷──湯谷，上有扶木，一日
　　　方至，一日方出，皆載於烏。

　　原來十個太陽是輪流值班的。一個「居上枝」的，正等著出發哩！

　　我們把上面有關羲和的描述對照一下，不難看出：羲和是太陽的母親，這是原始的神話。雖然《山海經》各篇據考證是

戰國至秦漢間作品，但其保存的是較古的樸素的傳說。這個太陽的母親羲和，據丁山分析，乃是代表晨曦。[1]很有可能，日出之前先有晨曦，這自然現象引起古人的聯想，認爲太陽是產自晨曦的。羲和有時又作爲太陽神的名字，他駕著由六條龍拉的車子，每天從東到西駛過天空。到了屈原時代，就把羲和轉義爲太陽神的車夫了。

太陽早晨出來的地方叫暘谷。據《說文》，暘者，日出也；有時名爲湯谷，當是訛轉。據《書·傳》：「暘，明也；日出於谷而天下明，故稱暘谷。」

日入的地方，叫昧谷。昧者，暗也。日落後就黑暗了，故曰昧谷。據孫星衍《尙書今古文注疏》：「西方日所入處，名曰昧冥之谷。谷者日所行之道，日入於谷而天下皆冥，故謂日入之處爲昧谷，非實有谷而日入也。」

可見雖然是神話，還是反映了古人對日出日入的自然現象的考察的，並非完全無稽之談。

昧谷又稱蒙汜，有時又稱咸池。《淮南子》作：「日出湯谷，浴於咸池。」所以跟「湯」、「浴」、「池」有關，這是古人認爲大地浮於水的假設：日從水中出（湯谷），又入於水（咸池），在地下穿水而過，又回到東方。「浴日」於甘淵的神話就是這麼來的。有意思的是，一直到《史記·天官書》劃分二十八宿爲四宮的時候，也說：「西宮咸池。」這可算是有關羲和神話的餘波。

但是，爲什麼有十個太陽呢？請看《左傳·昭公五年》：

> 明夷，日也。日之數十，故有十時，亦當十位。

這裡十分明確指出十個太陽和十進位法的關係。十進位

---

[1] 丁山：《中國古代宗教與神話考》，龍門聯合書局，1961 年，第 59 頁。

法，在一切原始民族裡面，都是最基本的數學。他們通過兩隻手的手指就一定會想到這一點。可見，「十」的概念是出現得比較早的。記時以十計，故古代每天劃分為十時，後來雖然改為十二個時晨了，但每天仍分為一百刻。一百刻是十的倍數，不是十二的倍數，因此很難跟十二時辰統一起來，但卻正是每天劃分為十時的痕跡。記日也以十計，故旬的概念也出現得比較早。前引《左傳》的「日之數十」是指日子以十來計數，也就是以旬來計數。我國自殷墟甲骨文起，雖然長期以干支記日法、也即六十甲子來記日，但在此之前，必先有單純用天干記日的。因為從甲至癸的十干，正是「日之數十」的記錄法。《左傳‧昭公七年》：「天有十日，人有十等。」杜預注：「甲至癸也。」可見前人也有是這麼認識的。

這在殷墟甲骨文中還可以看到痕跡。如《殷墟書契前編》三、一八：「己丑卜，庚雨。」《殷墟書契前編》七、四四：「乙卯卜，翌丙雨。」這裡兩片甲骨文都是在干支記日法後面，用純干記日。甚至到了春秋時代，以旬記日法還殘存著。《左傳‧襄公三十年》記載了一位絳縣老人，士文伯計算他的歲數是：「然則二萬六千六百有六旬也。」

可見天有十日的說法，實際上反映了天干的起源。郭沫若在《甲骨文字研究‧釋支干》裡認為，甲、乙、丙、丁是魚身上之物；戊、己、庚、辛、壬、癸是武器——武器除作戰外還用於狩獵。如果郭沫若的說法能成立的話，天干的產生，必在漁獵時代，對應於社會發展的階段來說，就是原始社會。

這樣，羲和之為十個太陽的母親，實際上反映了天干的誕生。十個太陽輪流出沒，今天為甲日，明天為乙日，後天為丙日，直至癸日，周而復始。十日為一單元，就是一旬。

但是天干記日法也有紊亂的時候，於是，「堯之時，十日並

出，焦禾嫁，殺草木，而民無所食。」(《淮南子·本經訓》) 十日並出，
一種解釋是說天干記日法紊亂了，人民無所適從；焦禾稼，殺
草木，是文人的想像。由此又產生了后羿射日的神話。這在後
面我們還要提到。

綜上所述，我們不妨認為，在神話中義和是管理太陽的神。
在歷史上，因為農牧業生產的需要，曆法處於極重要的地位；
而編製曆法，主要以觀測太陽運行為主，無論晝夜交替、寒來
暑往、日照變化，都取決於太陽。因此，太陽神義和，就轉義
為管理曆法的官員了。

但是義和為什麼又發展為義仲、義叔、和仲、和叔呢？這
是和方向的測定有關係的。日出之處為東，日入之處為西，南
北正當其中。這四個方位的測定是天文學在萌芽時代的一項重
大成就。古時神話以為黃帝有四張臉，《尸子》說：「古者黃帝
四面，信乎？」就是四個方位的意思。《尚書·堯典》中說義仲、
義叔、和仲、和叔分住四方，觀測太陽運行的曆官一分為四，
緣由或在於此。

二、 常羲 － 常儀 － 嫦娥

常羲的神話十分類似於義和的神話。據《山海經·大荒西
經》：

> 大荒之中，有女子方浴月。帝俊妻常羲，生月十有二，
> 此始浴之。

同是天帝帝俊的妻子，但這個常羲卻生了十二個月亮，和
生了十個太陽的義和恰好成對。也正如同神話中的太陽神轉義

為管理觀測太陽的曆官羲和一樣，神話中生月亮的女神轉義為「占月」的常儀。常羲 － 常儀，一音之轉。但是「占月」對於制定曆法來說，卻沒有「占日」那麼重要，所以常儀只在黃帝時代露了露名，後世就不見了。不過關於月亮女神嫦娥的神話卻是膾炙人口的。「寂寞嫦娥舒廣袖，萬里長空且為忠魂舞」，不朽的詩句更為關於嫦娥的美麗神話生色不少。「娥」和「羲」在古音中是相通的。生月亮的女神常羲轉變為月亮神嫦娥，正如生太陽的羲和轉變為駕駛太陽神車子的羲和一樣。

這裡更值得注意的是「月十有二。」

十二個月亮，無疑出自陰曆一年有十二個朔望月。月的圓缺在我們今天生活中，除了對於需要利用潮水的漁人和航海者以外，一般來說可認為是關係不大的。但在沒有燈燭的古代，放牧牛羊以至某些農事活動，都可以利用晴明的月色。周代的金文，把從「朏」──初三新月出現開始，叫「初吉」，可見對月亮的歡迎。由「朏」往前推，找出「朔」，即陰曆每月初一。周代的「告朔」，仍然是一件大事。《爾雅・釋天》中釋年歲說：「夏曰歲，商曰祀，周曰年，唐虞曰載。」都是指的一個陰曆年，即十二個朔望月，這是一個祭祀周期。甲骨文中的「年」即稔，表示豐收，則是和農業生產、因而和太陽回歸年（365 又四分之一天）相聯繫的。十二個朔望月和一個回歸年關係，需要用閏法來調整。

但是無論如何，人們設想，既然十個太陽輪流出沒，月亮是否也會有十二個？每月出一個。屈原問道：「夜光何德，死則又育？」(《天問》)就是反映了當時人們認為月亮從圓到缺、慢慢就死去的想法，下一個月出來的是新的月亮。十二個月亮的神話就這麼來的。從而，十二，又成為另一種進位法。這就是子、丑、寅、卯、辰、巳、午、未、申、酉、戌、亥十二地支的由

來。

　　十二地支，也是在殷商以前就出現了，所以殷墟甲骨文中才有以天干配地支的六十日為一甲子的記日法。干支記日法可以記錄較長的周期，在計數方法上是一個進步。至遲在魯隱公元年（公元前七二二年）二月乙巳起（根據春秋所第一次日食推算），迄今，干支記日法沒有間斷過，可以說是世界上最久的記日法了。

　　十二個月亮的神話演變為十二地支，也演變為十二辰。《左傳·昭公七年》：「日月之會是謂辰。」日月交會於朔，正好一年交會十二次。在天空上可以據此分為十二辰，自東向西排列。十二，這個數字就成為一個似乎是含有深意的數字。《左傳·哀公七年》：

> 周之王也，制禮上物。不過十二，以為二月，之大數也。

《周禮·春宮》：

> 馮相氏掌十有二歲，十有二月，十有二辰。」

以致於《尚書·舜典》所載：

> 舜受終於文祖，……肇十有二州，封十有二山。

十二這個數字又和歲星搞在一起。《左傳·襄公九年》：

> 十二年矣，是謂一終，一星終也。

　　這裡所謂「一星終」，是指的歲星，即木星。古人以為歲星十二年一周天（實際上是 11.86 年），因此，又按照歲星的視運動路徑自西向東劃分為十二段，每段叫一「次」，一共十二次，並以歲星位於哪一次來記年。

　　歲星的十二次，在神話中也有反映。《山海經・海內經》：

　　　共工生后土，后土生噎鳴，噎鳴生歲十有二。

　　這裡的十二記數來自「歲」，即歲星，是很明顯的。十二次和十二辰雖同是把周天分為十二段，但來源是不同的。安排也不同：十二辰是從東西，十二次則是從西向東。這兩種劃分法可能有時會引起混亂，所以屈原才問道：「十二焉分？」(《楚辭・天問》)——到底十二段怎麼分才算對？後來，為了統一，就假想有一個和歲星運行速度相同、方向相反的「太歲」，自東向西運行，也是十二年一周天。這樣，一年進入一辰。有意思的是，這個太歲，也叫「歲陰」，又叫「太陰」，卻和月亮之名為太陽完全一樣。可見太歲和月亮還是有一定的聯繫。

　　歲星記年法，在古代天文學中至關重要。這一點在神話也有所反映。《山海經・大荒西經》說：

　　　帝令重獻上天，令黎邛下地，下地是生噎，處于西極，
　　　以行日月星辰之行次。

　　這個黎的兒子噎，也就是生了歲星的噎鳴，是住在西方，專門管理日月星辰的運行的。可見歲星計年，在我國天文曆法史上占有重要的地位。

　　順便說一句，六十甲子是六十進位法。巴比倫人也有六十進位，一直到今天我們在測量角度方面、計時方面還在應用。但是我國六十進位法只用於計日、計年，這是和巴比倫截然不同的。決不能由此猜測我國的干支法來自巴比倫，當然也不能說巴比倫的六十進位法就是來自我國。

三、　重黎

重黎也是傳說時代的大文官，而且比羲和更早。據《史記‧天官書》：

> 昔之傳天數者，高辛以前重黎，於唐虞羲和。

《左傳》也說：

> 重黎之後，羲氏和氏，世掌天地四時之官。

由此看來，重黎是我國天文學家的鼻祖。在神話中，重和黎是兩個人。據《國語‧鄭語》還有一段專門談到黎：

> 夫黎為高辛氏火正，以淳耀惇大，天明地德，光昭四海，故命之曰祝融。

這是把火正黎與火神祝融混為一談了。

關於重和黎的神話，最主要的當然是「絕地天通」。據說古時天和地是相通的，到了顓頊讓重、黎二人把天地隔絕了，從此凡人就不能上天。所以《國語‧楚語》說：

> 昭王問於觀射父曰：「周書所謂重黎實使天地不通者，何也？若無然，民將能登天乎？」

天地一絕，重和黎就分了家。「重實上天，黎實下地。」也就是說：「命南正重司天以屬神，命火正黎司地以屬民。」這兩句話到了《史記》就改為「昔在顓頊，命南正重以司天，北正黎以司地。」火正變成了北正。有的研究者就認為，北正和南正應當顛倒過來：「天神貴者太一……北極為北一常居，則『司

天屬神』之重宜名『北正』，非『南正』也」[1]這是沒有搞清「火正」的含義。

「火正」者，即《左傳·襄公九年》所謂：

> 陶唐氏之火正閼伯居商丘，祀大火而火紀時焉。相士
> 因之，故商主大火。

這段話指明，傳說時代的堯，派閼伯到商丘去擔任「火正」一職，閼伯的後裔相土世襲了這個職位，而相士則是殷的先公。「火正」是幹什麼呢？是專門觀測「大火」（心宿二）這顆亮星的司官。每年當大火傍晚出現於東方的時候，就到了該播種的季節；正如同古埃及人觀測天狼星於黎明升起於東方時，尼羅河不久就要氾濫一樣。因此火正黎實際上是觀測天象以定農時、從而管理農業生產的司官，宜乎「司地以屬民。」把黎改為北正，是錯了。

然則，南正重又是幹什麼的呢？南正，是指太陽到了南方中天，天文學上叫「上中天」。觀測太陽上中天的準確時刻有重要意義。第一，可以較精確地測定南方，從而可以定出東、西、北方。第二，可以定出午時——即一天時間的中點。到現在我們還是把一個白晝分為上午和下午兩半。午時的測定是時刻制度不可缺少的組成部份。第三，可以定出夏至和冬至。方法是立一根垂直於地面的標竿（一般長八尺），不斷測日影長度的變化。每天日影最短的時刻，就是太陽中天的時刻，也就是午時，此時影在正北，日在正南。如果積累較長觀測時間，又可以發現，午時太陽影子最短的一天，就是夏至；影子最長的一天，就是冬至。從夏至到明年的夏至，或從冬至到明年的冬至，就是一個回歸年。從夏至到冬至間的平分點，就是秋分；從冬至

---

[1] 丁山：《中國古代宗教與神話考》，龍門聯合書局，1961年，第51頁。

到夏至間的平分點，就是春分。這根八尺長的標竿，叫做「表」，是我國最早的天文儀器，可能遠早於大家公認的周代甚至商代以前，否則「南正」這名詞是不會出現的。

南正重既然管理著測定太陽影子，以決定回歸年的長度及二分、二至，這正是「司天」的工作。可見，把重和黎的任務分開，一個專門管制曆，一個專門管農事，反映在神話中，就是「絕地天通」。這證明，在重黎絕地天通這神話產生的年代，類似後世司天監的初步分工已經出現了。

還要補充一點的是，火正黎既然是專管農事的，為什麼《國語·鄭語》又把他跟火神祝融混為一談呢？我認為，這正說明產生這則神話的年代非常古老，雖然不致於古老到剛發現和應用火的年代，但至少是在「刀耕火種」的原始農業的耕作條件下，火和農業才有這麼密切的淵源。心宿二定名為大火，恐怕也是出於這原因吧？固然，這顆星色紅而亮，熒熒如火。但恒星中紅色亮星也不少，如參宿四、畢宿五，為什麼偏偏把心宿二叫作大火呢？而且這大火非常著名，是古人認識最早的恒星之一。《夏小正》裡有「五月初昏，大火中」，《詩經》裡又「七月流火，九月授衣」，《國語》裡有「火見而清風戒寒」，可見大火（心宿二）不但指導農時，而且還指導人們的生活。把這麼一顆重要的星定名為「大火」，正是反映了火在那個古老時代的重要意義吧？

四、　閼伯與實沈

上文提到，堯派了閼伯去商丘當「火正」，專門觀測「大火」

昏升以定春耕時刻。這閼伯是什麼人呢？

閼伯是高辛氏的長子。高辛氏，又叫帝嚳，是傳說時代的上古帝王。《世本》、《大戴禮記》、《史記·五帝本紀》都把他列為五帝之一。

據《左傳·昭公元年》：

> 昔高辛氏有二子，伯曰閼伯，季曰實沈，據於曠林，不相能也，日尋干戈，以相征討。後帝不臧，遷閼伯於商丘，主辰，商人是因，故辰為商星。遷實沈於大夏，主參，唐人是因，以服事夏商。其季世曰唐叔虞。當武王邑姜，方震大叔，夢帝謂己，余命而子曰虞，將與之唐，屬諸參而蕃育其子孫。及生有文在其手，曰虞，遂以命之。及成王滅唐而封大叔焉，故參為晉星。由是觀之，則實沈，參神也。

這段故事的線索有點複雜，得稍稍清理一下。高辛氏的兩個兒子閼伯和實沈，天天打仗。高辛氏只好派老大閼伯去商丘，主管大火（心宿二）這顆星，這星又稱「辰星」。閼伯就是商族的始祖，因此「大火」又稱「商星」。又派老二實沈去大夏，主管參星。唐代詩人杜甫的詩句就有「人生不相見，動如參與商」之句。原來，參宿和商星（大火），在天球上正遙遙相對：大火從東方升起的時候，參宿正向西方落下去；參宿東升了，大火又已西沉。這對冤家老也碰不了頭。這當然是老父親高辛氏的一著高招兒。

實沈所居的大夏，到底是什麼地方呢？原來正是夏族活動的中心。夏為商滅後，其地建立了一個名為「唐」的方國。周起而代殷，到周成王，就把「唐」國分封給他的兄弟虞，因此稱為唐叔虞。《左傳·定公四年》說：「封唐叔於夏墟」，也證明

了唐叔虞所封的地方正是當年夏王朝的地方。到了春秋時代，唐叔虞的後裔在此地建晉國。因此，參宿也成了晉國的主管星。溯本求源，閼伯是商星（大火）的神，實沈是參宿的神。

這段故事粗看不算神話，其實只是一段傳說的上古史。但是閼伯「主辰」，實沈「主參」，是頗有神話意味的。「主」者，主管也。能夠主管天上星辰的當然不是凡人。希臘神話中有許多人間的英雄人物死後上天成為星辰的故事：如無敵的英雄赫拉克勒斯為武仙座，殺死了怪物墨杜薩的英雄伯修斯為英仙座，甚至月亮女神狄安娜所喜愛的獵人奧賴溫被她自己誤殺了，也搬上天為獵戶座。我國神話不是這個路子。而是認為，星辰都是神仙分別主管的。正因為如此，「大火」和「參宿」才能服從閼伯和實沈的意志，彼此離得遠遠的，誰也礙不著誰。

但是，這則神話還有更深的意義在。閼伯、實沈兄弟間的不和，決不是個人的關係，而是反映了古代夏、商兩族的鬥爭。勝利者的商族以老大自居，把被他們征服了的夏族派為老二。神話裡閼伯「主辰」，實沈「主參」，現實生活中則是商族祭祀大火，夏族祭祀參宿。兩族所祭祀的星辰不同，不但反映兩習俗的差異，也反映了時代的差異。

參星是一個群星燦爛、極其壯麗的星座。以參宿一為例，現在的赤經 5 時 40 分，公元前 2100 年即傳說中夏代初世，赤經是 2 時 20 分，即在春分點東面約 35 度。春分前後，所謂「夏墟」即後來三晉地區也即如今山西一帶，開始春耕生產，此時太陽下山不久，參宿正在西方地平線上閃耀。因此夏族選擇觀測參宿為春耕生產來臨時刻的標誌，是十分合適的。

從傳說看，商族是和夏族同時興起的，但是到它強大起來，構成夏族的威脅，已是五百多年以後。由於歲差關係，參宿一的赤經為 2 時 44 分，在商丘附近的平原地帶觀測，參宿星群離

西方地平線已經很高了。此時大火（心宿二）的赤經卻正好是
13 時（現在是 16 時 15 分），春分前後，太陽下山不久，大火正
在東方地平線上。商族就改觀測參宿定播種季節為觀測大火定
播種季節了。這就是夏族祭祀參宿、商族祭祀大火，也即閼伯
「主辰」、實沈「主參」的科學涵義。

由此可見，觀測一定的星辰的出沒以定春耕季節，在我國，
至遲到夏代，也就是四千多年前就開始了。

五、 共工

據《淮南子‧天文訓》：

> 昔者共工與顓頊爭為帝，怒而觸不周之山，天柱折，
> 地維絕。天傾西北，故日月星辰移焉；地不滿東南，
> 故水潦塵埃歸焉。

共工是我國神話中一位赫赫有名的造反神，在與顓頊的戰
爭中他竟然把不周山給撞壞了，於是又有一個女神女媧出來「練
石補天」。

一座山塌了，為什麼「天」也會出現窟窿呢？原來，這座
不周山，不是普通的山，而是支撐天穹的一根擎天柱。這是遠
古人們對宇宙結構的一種樸素的想像。大地是平平地伸展開來
的，上面有高山大河、平原谷地，天則像一口鍋倒扣在上面，
日月星辰附麗於其上運行不息。這是我國古代最早的一種宇宙
結構體系——天圓地方說；也即《晉書‧天文志》裡所謂「天
圓如張蓋，地方如棋局。」

因爲《晉書·天文志》把天圓地方說列爲「周髀家」言，後人很易於與《周髀算經》相混，而《周髀算經》又假託爲周初著作，所以後人往往把天圓地方說認爲是產生於周初的一種宇宙結構學說。其實，全世界各個古老民族都產生過類似天圓地方說的思想。例如古印度人認爲天是一個半圓形的罩子，罩在大地上，大地則由四頭象馱著，四頭象立在一頭大鯨魚背上，鯨魚遨遊在無邊無際的海洋上。巴比倫人將天想像爲半圓的天穹覆在水上，水則包圍著圓盤形的大地。古埃及人認爲世界好像一只長方盒子，稍呈凹形的大地是盒子的底，天是盒子的頂，撐在從大地四角升起的四座大山頂上。[1]這些設想反映了早期人類對天地最直觀最質樸的看法。

在我國，這種宇宙結構體系也應該出現於原始民族中間，而不是早已進入文明社會的周代。共工這則神話也從側面證明了這一點。

天圓地方的「方」，並不一定是指正方形或長方形，而是平平正正之謂。春秋時代，孔門弟子曾參就領會錯了這一點，問道：「天圓而地方，則是四角之不揜也？」——半球形的天穹和方形的大地，怎麼能夠吻合呢？實際上，古老的天圓地方說也並不認爲天緊緊倒扣在地上，而是有八根柱子撐著，懸在半空，有如一個頂部爲拱形的亭子。對於這樣的宇宙結構，詩人屈原是懷疑的。他在《天問》中問道：

　　斡維焉係？

　　天極焉加？

　　八柱何當？

　　東南何虧？

---

[1] 梅森：《自然科學史》，上海人民出版社，1977 年，第 10 頁。

九天之際，安放安屬？

隅隈多有，誰知其數？

天何所沓？

十二焉分？

日月安屬？

列星安際？

翻譯成現代語言，便是這樣：

這天蓋的傘把子，

到底插在什麼地方？

繩子，究竟拴在何處，

來扯著這個帳篷？

八方有八根擎天柱，

指的畢竟是什麼山？

東南方是海水所在，

擎天柱豈不會完蛋？

九重天蓋的邊緣，

是放在什麼東西上面？

既有很多彎曲，

誰個把它的度數曉的周全？

到底根據什麼尺子，

把天空分成了十二等分？

太陽和月亮何以不墜，

星宿何以嵌得很穩？[1]

這八根擎天柱，就是八座大山。其中位於西北方的叫不周山。《史記·律書》:「不周風居西北，主殺生。」這樣，就不難理解，擎天柱被共工撞折了，天就會塌一塊，所以用得著女媧氏採煉五色石子把天上的窟窿補好。

為什麼會出現共工氏頭觸西北方的不周山的神話呢？

因為我國原始民族主要居住在黃河中、下游一帶，山地多在西北此其一。

日月星辰都是東升西落的，天球赤道以北的那些星更是從東北升起，西北方落下；西北方的天空不坍塌，星辰怎麼會往哪兒跑呢？此其二。

我國河流，尤其是黃河，發源於西北向東流入海；這就是所謂「地不滿東南，故水潦塵埃歸焉。」此其三。

這樣，關於共工的神話實際上是一種原始的對宇宙結構的認識。

六、 盤古與渾沌

在我國古代神話中，盤古是開天闢地的巨人。因此，有關盤古的神話反映了遠古時代對於天地起源的想像。用現代術語來說，是一種樸素的天體演化思想。

但是這個問題還有些複雜。我國南方和西南方苗、傜、黎、畬等少數民族，也有很古老的槃瓠傳說，卻認為槃瓠是高辛氏

---

[1] 郭沫若:《屈原賦今譯》，人民文學出版社，1953 年，第 59 頁。

的一條狗，由於殺敵有功，高辛氏只好遵照諾言把公主配給它。但這卻不是一條凡狗，用金鐘罩七天，便可變成人。只因爲公主過於性急，六天就打開金鐘，結果槃瓠全身變成人了，只剩下一個狗頭。據說這槃瓠就是人類的祖先。[1]據徐整《三五歷紀》：

> 天地渾沌如雞子，盤古生其中。萬八千歲，天地開辟，
> 陽清爲天，陰濁爲地，盤古在其中，一日九變。神於
> 天，聖於地。天日高一丈，地日厚一丈，盤古日長一
> 丈。如此萬八千歲，天數極高，地數極深，盤古極長。
> 故天去地九萬里。

這是一個渾沌中生成天地的故事。世界是如何形成的？這是原始人類有時不免思索到的大問題。無怪乎詩人屈原在《問天》中一開頭就問道：

> 曰：
>
> 遂古之初，誰傳道之？
> 上下未形，何由考之？
> 冥昭瞢闇，誰能極之？
> 馮翼惟像，何以識之？
> 明明闇闇，惟時何爲？
> 陰陽三合，何本何化？
> 圜則九重，孰營度之？
> 惟茲何功，孰初作之？

翻譯成現代語言，便是：

---

[1]　袁珂：《中國古代神話》，商務印書館，1957 年，第 35-36 頁。

請問：

關於遠古開頭，誰個能夠傳授？

那時天地未分，能根據什麼來考究？

那時是渾渾沌沌，誰個能夠弄清？

有什麼在回旋浮動，如何可以分明？

無底的黑暗生出光明，這樣為的何故？

陰陽二氣，滲合而生，它們的來歷又在何處？

穹窿的天蓋共有九層，是誰動手經營？

這樣一個工程，何等偉大，誰個是最初的工人？[1]

可見天地原先是一片渾沌的思想是很早就出現的。見印度古籍《奧義書》：

> 在最初的時候是空洞無物的。後來，有物出現，它逐漸成長，成為一個雞卵。經過了一年，它分裂為二：一半是銀的，一半是金的。銀的變為大地，金的變為天宇。[2]

在古希臘，希西阿德的《神譜》裡也提到世界的始原：

> 首先出現的是渾沌，第二出現的是胸襟廣闊、作為萬物永恒基礎的大地……從渾沌中產生了黑暗和夜晚，它和黑暗交配之後，又從夜晚產生了天和白日。於是大地首先產生和它本身同樣廣大，點綴著繁星的天宇，將自身團團圍住並作為幸福神靈的永恆居處……[3]

---

[1] 郭沫若：《屈原賦今譯》，人民文學出版社，1953 年，第 58-59 頁。

[2] 湯姆遜：《古代哲學家》，三聯書店，1963 年。

[3] 同上。

在這則神話中，「渾沌」指的是什麼，並沒有明確的概念。但在巴比倫一首描述世界起源的長詩《埃努瑪·伊利什》中卻提到，作為世界始原的渾沌，是水。據說，宇宙初期天地不分，也沒有神和人，到處是茫茫大水。以後，渾沌的大水分開為三種型態：清水、海水和雲霧。兩個大神拉赫姆和拉哈姆從水中誕生，他們自相配合，生成安薩爾和吉薩這一對神──安薩爾代表天穹，吉薩爾代表大地。他們的兒子安努就是巴比倫人信奉的掌管天穹之神，而安努的兒子納第穆特，或名恩基，則是掌管大地之神[1]。

那麼，我國古代的「渾沌」，是指的什麼東西呢？神話裡這樣寫的：

> 昆侖西有獸焉，其狀如犬……名為「渾沌」，空居無為，常咋其尾，回轉仰天而笑。（《神異經》）

這裡把「渾沌」寫成一種神格化了的動物，作者企圖通過這樣的形象來表述一種渾渾噩噩的境界：一只胡裡胡塗的狗，一天到晚無所事事，咬著自己的尾巴，團團轉個不休，而且仰面大笑。在《莊子·應帝王》中，有一則寓言化的神話，十分形象地描繪了他對「渾沌」的理解：

> 南海之帝為「倏」，北海之帝為「忽」，中央之帝為「渾沌」。「倏」與「忽」時相遇於「渾沌」之地。「渾沌」待之甚善。
> 「倏」與「忽」謀報「渾沌」之德，曰：「人皆有七竅，以視聽食息，此獨無有，嘗試鑿之。」
> 日鑿一竅，七日而「渾沌」死。

---

[1] 鄭文光：《康德星雲說的哲學意義》，人民出版社，1974 年，第 7 頁。

原來「渾沌」是一個沒有七竅的神。有了七竅，能夠視、聽、食和呼吸了，自然就不再渾渾噩噩了。因此七竅開而「渾沌」死，死就是向非渾沌轉化，即向明朗的境界轉化。促成這轉化的是什麼力量呢？是「倏忽」——即迅疾的時間促成了天地的開闢。

我國古代認為，「渾沌」就是一團朦朧不分的、無定形的氣——到了後代，元氣學說幾乎成為一切自然現象的始原。這無定形的氣經過摩蕩，流動，分化，逐漸擴散，上升的部份叫陽氣，下沉的部份叫陰氣。天和地就這麼分開了。在《淮南子・精神訓》中，又把這陰陽二氣加以神格化：

> 古未有天地之時，惟象無形；窈窈冥冥，芒芠漠閔，澒蒙鴻洞，莫知其門。有二神混生，經天營地，孔乎莫知其所終極，滔乎莫知其所止息。於是乃別為陰陽，離為八極，剛柔相成，萬物乃形。煩氣為蟲，精氣為人。

這裡，竟變成陰陽二神經天營地、創造日月星辰以至於世間萬物了。但是，徐整《三五曆紀》中關於天地起源的神話，卻應當承認包含著樸素唯物主義和樸素辯證法思想：第一，它指出。現存的世界不是從來如此，一成不變的，而是有它的生成、發展、變化的歷史；第二，這種促使世界發展變話的力量並不是外來的，並不是盤古「經天營地」，而是天地自行分化，甚至盤古本人也是自然的產物；第三，「陽清為天，陰濁為地」成為我國一切天地開闢理論的基礎。現代關於恒星和星系是從星雲中經過凝聚、引力吸積而生的思想頗有與之相類似之處——當然，現代天體演化理論是科學的推論，而我國「陽清為天，陰濁為地」的思想純粹是思辨性的臆測。

七、 夸父、后羿及其他

　　我國還有許多牽涉到日、月的神話。「夸父逐日」是其中很有意思的一個。說的是巨人夸父與太陽競走，在太陽將要落下的時候，捉住了它。他自己也渴極了，把河水喝乾了還沒有解除口渴，又去喝大澤的水，但還未走到大澤便倒地死了。夸父為什麼要追逐太陽呢？據《山海經·大荒北經》：

　　　夸父不量力，欲追日景，逮之於禹谷。

　　這裡十分清楚，夸父追的是日影。而古代天文學正是從測量日影開始的。追隨著太陽的運行，不斷測量太陽的影子，直至日落西山。從這意義上說夸父可說是最早的天文學家。把他神話了，就變成追逐太陽的巨人。

　　后羿射日也是一則關於太陽的神話。前面已經提到，這和十干記日法有關。但是這則神話還反映了別的天文學含義。傳說被射中的九個太陽，落到地下卻是一枝只帶箭的烏鴉。

　　屈原《天問》：「羿焉彈日？烏焉解羽？」就是問的這回事。

　　王逸注：「羿仰射十日，中其九日，日中九鳥皆死，墮其羽翼。」也肯定太陽裡面有隻烏鴉的。

　　《淮南子·精神訓》就演繹成：「日中有踆鳥。」

　　《春秋緯·元命苞》也說：「日中有三足鳥。」

　　烏鴉，或者踆鳥，或者三足鳥，是什麼東西？我認為，這是指的太陽黑子。我國觀測太陽黑子的記錄甚早。現在世界公認最早的記錄是《漢書·五行志》所載的：「河平元三月乙未，日出黃，有黑氣，大如錢，居日中央。」河平元年就是公元前二十八年。在這之前，漢文帝時，即公元前 179－157 年，也有「日中有王字」記載，這也是指太陽黑子。

　　我國的太陽黑子記錄非常多，並有許多描述：「如錢」，「如卵」，「如棗」，「如飛鵲」等等。三足鳥無疑也是指的黑子，而且年代可遠推至產生后羿射日神話的年代。

　　我國神話傳說中還有一則小故事不大爲人注意，實際上和天文曆法的產生有很深刻的淵源。見於《繹史》卷九引《田俅子》：

　　　堯爲天子，蓂莢生於庭，爲帝成曆。

　　任昉《述異記》也說：

　　　堯爲仁君……曆草生階宮。

　　這所謂蓂莢或曆草，是指生於階沿的一種草，每月從初一起，每天結一個豆莢，到月半一共結了十五個；從十六開始，它每天落下一個豆莢。如果是大月（三十日）它就落盡了；如果是小月（二十九日），它就剩下一個豆莢枯焦了不落下來。這則神話反映了古人對朔望月的認識，意思是十分明顯的。所以後來張衡竟做了一個木製的蓂莢，作爲日曆用。

八、　簡短的結論

　　我國神話反映了遠古時代我國人民對宇宙的想像和對日月星辰運行規律的認識。我國古代神話是十分豐富多彩的。上面所引的只是其中的一部份，但已經涉及到干支的起源，十二辰和十二次的誕生，觀測恒星的出沒時刻以定農事季節，測定日影以定回歸年長度，以至對於宇宙結構、天體演化等等重大問題的探討。這幾乎包括了天文學的主要內容。

　　神話，當然不能代替真實的歷史記載和出土文物。我們只能說，神話是從側面反映了這麼一個事實：我國天文學起源非常早。早到什麼時候？外國神話（例如希臘）的研究者一般認爲，神話是反映了原始氏族社會的生活的，我國神話至少也應當是史前時期社會意識形態的反映。雖然這些神話本身產生於何時，也難以確切地回答，但大致上至少可以指出一個下限。例如屈原的《天問》的年代是可靠的，那麼后羿射日的神話不能晚於戰國時代，即我國觀測到太陽黑子至少當在戰國以前。《尚書・堯典》記載的是殷末周初的材料，那麼，有關羲和的神話，只能在其前。參、商不相見的故事既然反映了夏、商兩族的鬥爭，則觀測恒星出沒以定農事季節的觀象授時時代也至少要上推到四千多年以前。至於干支記日法，有殷墟甲骨文爲證，則年代更是確鑿無疑了。

　　以下各章，我們就用歷史事實的科學分析來論證這個推斷吧。

第二章 觀象授時

觀象授時，語出自《尚書·堯典》：「曆象日月星辰，敬授人時。」意思是，在遠古時代，曆法還沒有誕生，需要直接觀察日月星辰的出沒來確定農業活動的安排。清代畢沅在《夏小正考證》中首先提出了「觀象授時」這一術語，用以描述原始民族萌芽狀態的天文學知識。

全世界各個古老民族經歷過觀象授時這一歷史時代。西元前八世紀的古希臘詩人希西阿德的《田功農時》就是一部出色的觀象授時作品。請看這幾段：

> 當阿特拉斯的女兒們昴星團正在上升的時候（五月初），要開始你的收獲，而當她們正在沈落的時候（十一月），要開始你的耕作。他們有四十晝夜不見，而後復現，到這時便是一個周年，那時你首先得磨快你的鐮刀。

> 當太陽逼人的炎威和嚴酷的熱氣已經減退而全能的宙斯送來秋雨（十月），人們的肉體覺得好過一些時，天狼星正走過那終有一死的人們的頭頂，晝短夜長……

> 當宙斯結束了冬至六十天的冬日，牧夫星座（二至三月）正離開海洋的神聖波濤，第一次在黃昏升上發光。在他之後，那鳴聲尖銳的潘狄翁的女兒，燕子，也出現人間，那時春天剛剛開始。要在她還未到來之前，修剪葡萄藤，這樣做最好。

　　而當移家者（蝸牛，指五月中）由地面爬上樹梢躲避
昴星團時，就已經不再是挖掘葡萄園，而是磨利你的
鐮刀，喚起你的奴隸的季節。

　　當強大的獵戶星座（七月）第一次出現時，要命令你
的奴隸，在一處空氣流通的地方，在一塊平滑的打穀
板上，簸揚那些密透的神聖穀物。

　　但是，當獵戶星座和天狼星都走上中天，而玫瑰色手
指的晨光女神看到牧夫座時（九月），伯爾塞斯，這
時要割掉所有的葡萄叢，並把它拿回家去。

　　到了昴星團和金牛座五群星和強大的獵戶星座開始
沈落（十月末），記住，要及時耕作：這樣，那完成
了的年當將適當地走到地下去。

　　但是，如果你有那不愉快的航海的願望，那麼，當昴
星團投入那多霧海（十月末或十一月初）以避免獵戶
座的暴力時，各種各樣的大風正在流行。

　　在夏至後五十日，炎熱的季節已經結束，這是人們航
海的好時光。[1]

　　這些田園詩式的作品提到了葡萄藤、航海者、多霧的愛琴
海，反映了希臘半島的風貌。其中所描寫的恒星的出沒規律也
是十分準確的。

　　我國古籍中，《尚書·堯典》、《夏小正》、《逸周書·時訓解》
等書裡，也有不少觀象授時的記述。我們現在就來認真分析一
下。

---

[1] 林志純主編：《世界通史資料選輯》，第一卷，商務印書館，第 255-257 頁。

一、 從觀察物候說起

元謀猿人的發現，使我們有可能把人類的歷史上溯至遠比過去所確認的早得多的年代。不過人類剛從動物分化出來不久，還只過著採集果實、獵取野獸、捕魚網雀的生活，歷史學家稱之爲攫取經濟階段，這時是不大可能產生天文學的。四時變化固然也影響到野獸的出沒，禽鳥的棲止，魚蝦的汛期，果實的生長，但是，在地廣人稀、自然資源相對說來非常豐饒的遠古時代，收穫量主要決定於個人的勞動技巧和勞動組織、勞動工具的改進。無怪乎在人類文明的早期，是以勞動工具爲劃分時代的標誌的，這就是從舊石器時代過渡到新石器時代。

農牧業生產發展，從一開始就有賴於掌握時令。畜群的繁殖，尤其是農業的春種秋收，季節性很強。荀子《天論》裡說：

> 列星隨旋，日月遞炤，四時代禦，陰陽大化，風雨博
> 施。

這描述了日月星辰的出沒，運動和四時、風雨之間的聯繫，反映了對自然界的統一性的認識。

新石器時代的科學水平，我們今天雖然不能直接加以考證，但是，西安半坡遺址窖藏的粟粒、保存在陶罐中的白菜和芥菜菜籽，浙江餘姚河姆渡遺址中大量的稻穀，證明從黃河流域到長江以南的廣闊土地上，遠在六千年前就有了一定水平的農業。應當承認，這個時候，人們已經基本掌握四時變化的基本規律和農作物生長周期的關係了。

當然，這還不足以證明，那個時代人們已經學會觀察天象並掌握其變化規律。因爲原始人類認識到季節的變化，最早並不是根據天象，而是根據大地上各種自然現象：樹葉的萌發或

枯落，花朵的盛開或凋謝，鳥獸的孳生或蟄伏，雷雨或霜雪的降臨，等等。到如今，有經驗的老農根據這些自然現象猜測節氣，仍然有一定程度的把握。這就是所謂「物候」。宋代王應麟的《玉海》卷十中說：

> 堯之作曆，仰觀象於天，俯觀事於民，遠觀宜於鳥獸。

這確實反映了遠古時代確定農時的幾種方法。其中「遠觀宜於鳥獸」而得到物候知識是最直接的。

《夏小正》雖然據信是戰國年間的作品，但是其中大量的豐富的物候描述，比起希西阿德的《田功農時》來毫不遜色，表明它保存了悠久歷史年代裡積累起來的大量的觀察自然現象的經驗。我們舉幾個例子看看──由於文字過於古奧，我們已翻譯成現代語言：

> 正月，雁飛向北方，魚從結冰的河浮上來了、田鼠出洞，桃樹開花了……
>
> 二月，開始種黍，羊也產羔了，堇菜開始長出來，昆蟲也蠢蠢動了……
>
> 三月，桑葉萌芽，楊柳抽枝，螻咕鳴，冰已融化……
>
> 四月，杏樹結果，蛙鳴馬駒也開始放牧……
>
> 五月，杜鵑鳴，結瓜，蟬也鳴叫了……
>
> 六月，桃子熟了，小鷹正學飛……
>
> 七月，雨季到來，葦子長成了，秋風起……
>
> 八月，瓜熟季節，棗也下來了……
>
> 九月，大雁南遷，鳥獸準備過冬，菊花盛開，準備冬衣……

十月，準備冬季狩獵季節的到來，烏鴉亂飛……

十一月，狩獵開始，鹿角禿了……

十二月，昆蟲潛入地下，鳶鳥在天上飛鳴……

雖然《夏小正》所敘述的時代已經過了幾千年，現代曆法已經編製的十分準確，人們再也用不著觀察物候來定農事活動的季節了，但是我國物候觀察的傳統一直流傳到現在，這表現在民間的農業諺語中。漢代詩人枚乘寫道：「野人無曆日，鳥啼知四時。」其實，豈只「野人」而已，至今我國南方地區則流傳著：「七九河開，八九雁來」——恐怕也有很悠久的歷史了。這些，都可以視之爲遠古時代物候觀察風尚的遺存吧。

不但漢族是這樣，我國少數民族也有自己的《夏小正》。據1976 年由民族、考古、天文方面工作者組成的雲南民族天文曆法調查組的考查，優尼人有一首古代流傳下來的優美的長詩，描述各個月份的自然現象。如：

且拉月（三月），鮮艷的杯佰花開老了，新種的穀子
正長得興旺哩。

諸如此類的物候描述，關於各民族人民對物候的觀查，也有不少記述。如《後漢書‧烏桓鮮卑列傳》就寫道：

見鳥獸孳乳，以別四節

——描畫出一幅遊牧民族的生活畫圖。

《魏書》卷一百描述了宕昌羌族的習俗：

俗無文字，但候草木榮枯以記歲時。

宋代孟珙的《蒙韃備錄》，說韃靼和女真人：

> 其俗每以草一青為一歲。有人問其歲，則曰：幾草矣。

——這就不光是農事活動依靠觀察物候，記年也靠觀察物候了。

同樣的例子也見於宋代的洪皓寫的《松漠紀聞》中：

> 女真……其民皆不知記年，問之，則曰我見草青幾度矣。蓋以草一青為一歲也。

漫長的歷史年代過去了。有些兄弟民族社會發展十分緩慢，因此，這些民族也保留了較多原始的物候觀察的描述。

例如，東北以狩獵和馴養鹿群為主要經濟部門的鄂倫春族，把一年分為四季，而分別稱之為「額魯開依」——雪化、「昭納」——草發芽、「保錄」——草枯黃、「托」——下雪；又按照鹿群的生長狀況分為鹿胎期、打鹿茸期、鹿交尾期、打細毛獸期。[1]

生活在西南地區的哈尼族，根據當地的氣候狀況把一年分為三季叫做：「造它」——相當於秋末與冬季；「渥都」——吹風轉熱之季，約當春季與初夏；「熱渥」——濕熱的雨季，約當夏季與初秋。哈尼族人民至今還流傳著關於布穀鳥的民間傳說，認為是一個勇敢的哈尼族青年，死後化為布穀鳥，每年到播種季節就飛來給人們報信。這個傳說是古代觀察物候習俗的孑遺。

大、小涼山的彝族一年也分為春、秋、冬三季，而且也同樣重視布穀鳥——他們叫做「支支比查」鳥。

在西雙版納的基諾人聚居的地區，大多種普洱茶，機諾人看竹筍生長情況決定播種日期。這也是一種古老的物候觀察習

---

[1] 呂振羽：《史前期國社會研究》，三聯書店，1962 年，198-247 頁

俗，因爲在西雙版納，野生的竹子是很多的。

也是生活在西南地區的傈僳族，則把一年分爲十個長短不同的月：花開月、鳥叫月、燒火山月、饑餓月（青黃不接的時候）、採集月、收穫月、酒醉月、狩獵月、過年月、蓋房月[1]——單單從這些月名我們就可以想見傈僳族生活地區的自然條件及其生活習俗了。

這些少數民族的季節和月份的劃分並不是依據天象，而是依據物候和比較原始的風俗習慣，它們代表了一種古老的傳統。尤其傈僳族把一年分爲十個月，也和漢族的十干一樣，無疑是十進位記數法的反映——這是人類早期所認識的一種記數體系。

由此可見，物候觀察一定經歷了十分悠久的歲月，因爲它依靠世世代代從事農牧生產的原始氏族積累下來的經驗。最初是純粹直觀的觀察，只有在大量、豐富例證的基礎上，才能進而摸索自然界變化的規律性。這個過程並且是在多次失敗的代價下取得的。觀察物候不準確，往往導致農牧業收成的重大損失。失敗，成功，再成功，如此反覆實踐，反覆認識。就這樣，經過一個曲折而持久的過程，就有可能總結出類似《夏小正》所記述的物候知識。

物候知識由於是大量經驗的總結，因此，它有一定的科學性。但是，它又有很大的局限性，主要表現在如下兩點：

第一，物候變化往往只是在狹小的地域範圍內適用，只要翻過一道山樑，越過一片湖泊，自然界的面貌就有或大或小的差別；

第二，作爲對大自然的宏觀觀察，物候變化誤差的緯度很

---

[1] 邵望平：《天文曆法是從生產實踐中產生的》，《天文考古文物論文集》。

大，它只能大致上定性地而不能定量地標定季節，據以定農時很不準確，收成很不穩定。

隨著原始人類活動範圍的擴大，農牧業生產規模的發展，有必要探尋更加準確的標示四時變化的自然現象，這就是天象。

二、 日月運行的觀測

原始人類觀察天象的第一個目標是太陽。太陽運行的規律性人們一定認識的相當早。如前所述，在山東大汶口龍山文化遺址出土的灰陶尊中，就有 ☉ 和 ☉ 的原始陶文，反映了新石器時代人們對於太陽、雲氣、山崗的觀察和描繪。「日出而作，日入而息，」太陽東升西落，從這一次日出到下一次日出，或從這一次日落到下一次日落，構成一個天然的時間周期，就是一日。

原始人類觀測天象的第二個目標是月亮。月亮的圓缺是夜天空最顯著的天象，又具有相當準確的周期性，也應當是人們最早認識的天象，由此而產生朔望月的概念；也就是由朔到朔、或由望到望，定為一個月，約略是 29-30 日。這是一個較長的時間周期。

這裡又牽涉到記數法問題。「古人以三為眾，數欲知十，殊非易易。」[1] 要數到 29 或 30，當然更得進化到一定階段，但也不像文人所想象的那麼困難。從認識論的角度看，即使還未掌握十進位法，對十以上的數字還是可以用直觀的方法來記述

---

[1] 郭沫若：《釋支干》，《沫若文集》第 14 卷，第 366-465 頁。

的，古代所謂結繩記事、刻木記事，就是這樣的直觀方法。

如今，在一些兄弟民族習俗中也可以找到諸如此類的遺跡。如獨龍族兩人約會，就把刻有許多道道的木板破開，各執一半，各人每天削去一格，削完了就到期。獨龍人出處遠行，腰裡繫一根麻繩，一天打一個結；返回的時候，一天解一個結，這樣可以預計到家的時間。這是記日法。記月法就是觀察月亮的圓缺。像佤族地區，人們往往在竹片上刻十二個刀口過一個月砍去一個。苗族則觀察月亮的圓缺，每見月圓一度就向竹筒裡放一小石子。積十二顆小石子掉換一顆大石子——不過這種記月法並不太原始，至少已經知道一年有十二個月了。黑龍江流域的赫哲人，則每年掛起一個鮭魚頭，用數魚頭的辦法來記自己的年齡。[1] 凡此種記日、記月、記年法，在各個民族中都有自己的創造。我國古籍上也老早就有記載了。如《宋書·索虜列傳第五十五》：「芮芮虜，不識文書，刻木以記事，其後漸知書契。」《魏書·列傳第九十一》：「蠕蠕，東胡之苗裔也，無文記，將帥以羊屎粗記兵數，後頗知刻木爲記。」《晉書·四夷列傳第六十七》：「倭人不知正歲四節，但計秋收之時以爲年紀。」都是例證。

恩格斯在論述到數學的起源的時候，指出：「和其他一切科學一樣，數學是從人的需要中產生的，是從丈量土地和測量容積，從計算時間和製造器皿產生的。」(《反杜林論》)可見計算時間，對於原始民族來說也是十分迫切需要的。但是，時間又只有借助於運動和變化才能表述。朔望月就是這樣一個借助於月相變化來表述的時間周期。

但是，月相變化的周期是 29.53 天，不是整數。這樣，勢必有的月份含 29 天，有的月份含 30 天。前者稱爲小月，後者稱

---

[1] 邵望平：《天文曆法是從生產實踐中產生的》，《天文考古文物論文集》。

爲大月。大小月份怎麼安排呢？最早，人們是以新月始見作爲月首的。我國古代稱爲「朏」。西南地區佤族有些部落，至今還採用這種朔望月制度。根據「朏」日往前推出朔日——即月亮與太陽在同一黃經，因而完全與太陽同時出沒、一點兒也看不見的日子，並以此作月首，當是較晚的事。周代還有這種「告朔」的禮儀，並且把從新日始見的「朏」日到上弦這一段時間，稱爲「初吉」。我國古代封建皇朝的改朝換代，稱爲「易正朔」，仍然保留遠古時代對推算「朔」日的重視。實際上，朔日推算得十分準確，已經是漢代以後的事了。

　　我國兄弟民族中也有一些判定朔望月是大月或小月的辦法，大概也是古代傳下來的風習。例如，優尼人特別注意在初二那天晚上，觀察是否看到一點點月芽兒，如果看到，這月就是小月，否則就是大月。採用「朔日」爲月首的某些佤族部落，則每月二十九一大早起來看，東方天邊如果有一點點殘月，這個月就是大月，否則就是小月；又有的佤族部落在十六那天一大早起來看，西方地平線上的月亮是滿圓滿圓的呢，還是有一點點兒缺，如果缺了一點點，這個月就是小月，否則就是大月。這些，都是直接觀察月相來確定時間周期的辦法。

　　月的圓缺在沒有燈燭的遠古時代是十分重要的，狩獵、捕魚、放牧牲畜和某些農事活動都可利用晴明的月色進行。即使到了可以用火來照明的時代，也明顯可以看到月圓月缺對於人民生活的影響。如《漢書·匈奴傳》中就指出：「舉事常隨月，盛壯以攻戰，月虧則退兵。」行軍打仗也要利用月色，反映了遊牧民族生活習俗與月相的密切關係。因此，對朔望月的認識在遙遠的古代有著重要的意義。

　　四時變化是更長的時間周期，對農牧業生產來說也是更重要的生產周期。最早，人們可能認識到，約略地每經十二個朔

望月，季節就會重複一次。這就是太陽年。古代巴比倫所在的兩河流域，直到西元前五世紀，還始終採用太陽曆。[1]我國最早也是採用太陽曆的，由此而產生十二地支、十二辰的概念。無怪乎《周禮‧春官》裡說：

> 馮相氏掌十有二歲，十有二月，十有二辰，十日，二十有八星之位，辨其敘事，以會天位。冬夏致日，春秋致月，以辨四時之敘。

這段話裡的一串數字，都是我國古代天文學中的最基本的常數。但是，經過生產實踐的考驗，證明用太陽年記錄四時變化是極不準確的。因為十二個朔望月只有 354-355 天，比一個回歸年要少 11 天左右——而季節是隨回歸年而變化的。對於農事，11 天的誤差也不算小，如果積累兩三年，誤差就達一個月。顯然，這麼粗略的農時安排是不會導致什麼好收成的。需要找尋一種比太陽年更準確的反映四季變化的長周期時間尺度。

對太陽的視運動的觀察就提供了這種時間尺度。雲南拉祜族和佤族當中流傳著的一個傳說，很能說明問題——證明不需要儀器，僅憑肉眼和經驗就可以觀察得多麼仔細。傳說是這樣的，夏天，太陽騎著豬在天上經過，豬走得慢，因此白晝長；冬天，太陽騎著馬在天上經過，馬跑得快，因此白晝短。騎豬走得高，騎馬走的低。騎豬出來的方位偏北，騎馬出來的方位偏南。因此，記住太陽從哪個山口或山梁出來，從哪個村寨或樹叢落下的，根據祖輩相傳的經驗，可以知道，這時候是播種或打獵的最好季節。長時間的觀察還使觀測者掌握了規律：他們知道，夏曆五月份太陽走得最慢，因此白晝最長；夏曆十一月份太陽走得最快，因此白晝最長；夏曆十一月份太陽走得最

---

[1] 湯姆遜：《古代哲學家》，三聯書局，1963 年。

快，因此白晝最短。他們認爲，二月是換乘豬的時候，八月是換乘馬的時候——這些，已經是樸素的二分、二至觀念了。有經驗的觀測者還會計算太陽從這一山口下山到翌年又從同一山口下山的天數，這就是一個回歸年。

大、小涼山的彝族，每年一定時候，總有一位經驗豐富的老人，到寨子附近一定地方，或則一處山口，或則一塊大石頭，以一定的姿態，或則直立，或則一腳踏在石頭上，觀察太陽落山的位置，而定播種季節。據說能精確到誤差不超過五天。

其實，在我國古籍中，也記載過這種觀察太陽升起和落山位置以定季節的辦法。如《山海經·大荒東經》就記載了六座日出之山：

> 東海之外，大荒之中，有山名曰大言，日月所出。
>
> 大荒之中，有山名曰合虛，日月所出。
>
> 大荒之中，有山曰明星，日月所出。
>
> 大荒之中，有山名曰鞠陵，於天東極離瞀，日月所出。
>
> 大荒之中，有山名曰猗天蘇門，日月所出。
>
> 大荒之中，有山名曰壑明俊疾，日月所出。

同樣，在《山海經·大荒山經》裡記載了六座日入之山：

> 南海之外，大荒之中，有方山者，上有青樹，名曰柜格之松，日月所出入也。
>
> 大荒之中，又山名豐沮玉門，日月所入。
>
> 大荒之中，有山名曰日月山，天樞也，吳姬天門，日月所入。
>
> 大荒之中，有山名曰鏖鏊鉅，日月所入者。

大荒之中，有山名日常陽之山，日月所入。

大荒之中，有山名日大荒之山，日月所入。

六座日出之山，六座日入之山，兩兩成對。說明古人對不同季節不同月份太陽出山入山時在不同的方位，已經有了十分清晰的認識。如果我們把六座日出之山擺在東面，自東北至於東南；又把六座日入之山擺在西面，自西北至於西南，那麼，從冬至後算起，即今陽曆一月份，太陽出入於最北的一對山；二月份，太陽出入於往南數第二對山；以後三月份、四月份、五月份、六月份，太陽出入的山依次往南，到夏至而達到最南點；七月份太陽出入的山仍然是最南面的一對，八月份就依次向北挪動了，經九月份、十月份、十一月份、至十二月份，太陽出入的山又回到最北面的一對了；到冬至而達於最北點。這樣，六對太陽出入的山，實際上反映了一年內十二個月太陽出入於不同的方位，有經驗的人完全可以據此判斷出月份來。

這種觀察太陽出入方位的方法，也和觀察物候一樣，是經驗的方法。它也有同樣的局限性，即：第一，只在很小的地區範圍內是適用的；第二，誤差仍然很大。生產的發展和人類活動範圍的擴大要求盡量準確地確定四時。

觀察日影長度的變化，也是觀察太陽運行的一種方法。最早，一定是利用自然物的影長，如樹的影子、房屋的影子等等。以後進一步發展，就是立竿測影，這樣，觀象授時就進入數量化時代。

三、 早期的恆星觀測

　　觀察恒星的出沒，是早期人類社會一種較準確地確定四時的觀象授時方法。據《公羊傳‧昭公十七年》：

　　大火為大辰，伐為大辰，北極亦為大辰。

　　何休《解詁》：

　　大火謂心星，伐為參星；大火與伐，所以示民時之早晚。

　　可見觀察大火（心宿二）和觀察參宿的出沒以定農時，在我國有悠久的歷史傳統，它們是我國遠古時代觀象授時的主要對象。

　　大火在我國歷史上是最著名的一顆星。

　　如《尚書‧堯典》：

　　日永星火，以正仲夏。

　　《夏小正》：

　　五月初昏，大火中。

　　九月內火。

　　《詩經》：

　　七月流火，九月授衣。

　　《左傳‧昭公三年》：

　　火中，寒暑乃退。

　　《左傳‧昭公十七年》：

火出，於夏為三月，於商為四月，於周為五月。

《周禮‧春官》：

季春火星始見，出之以宣其氣；季秋火星始伏，納之
以息其氣。

關於大火的記載不但多，而且記其昏升、昏中時間也不完
全一致，反映了這些記載不是同一時代的天象，可見大火在長
達一千多年間一直是我們古代觀象授時的重要對象。

古代觀象授時另一重要的星是「參」。上一章說過觀察參星
以定農時是夏民族的傳統。因此，參宿是夏民族主要祭祀的星。
而大火則是商民族主要祭祀的星。參宿和大火是我國奴隸社會
初期兩大民族的觀象授時的主要對象。後世參星不如大火著
名，主要是政治原因：祭祀大火的商族奴隸主頭子是征服者；
而祭祀參星的夏族奴隸主政權則滅亡了

新城新藏十分注意我國古代天文學中的「辰」字，他認為，
觀象授時「所觀測之標準星象，通稱之謂辰。」[1]因此，「大火
為大辰，伐為大辰」。但是為什麼「北極亦為大辰」呢？新城新
藏以為，北極應為北斗。[2]這話我是同意的。因為，隨著歲差的
推移，天球北極未必總有什麼亮星可作為標誌，而最好的標誌
點應是觀察北斗的迴轉而定出大圓的圓心──即天球北極。我
國自古以來就有觀察北斗迴轉的傳統，這在後面還要談到。

根據經驗觀察一定的恒星出沒以定四時，可視為恒星觀測
的早期階段，此時未必知道恒星視運動的規律性。而且，此時
仍然需要依靠觀察物候來檢驗天象。我國較古的古籍如《尚書‧
堯典》，用「鳥獸孳尾」、「鳥獸希革」、「鳥獸毛毨」、「鳥獸氄毛」

---

[1] 新城新藏：《東洋天文學史研究》，沈璿譯，商務印書館，1933 年，第 4-7 頁。
[2] 同上。

等與觀察星辰的記錄並列，反映了古代遊牧民族觀察物候與天
象並重的傳統。《夏小正》更是一部大量物候描述與天象記錄摻
雜在一起的著作。儘管疑古派考據學家認爲這兩本書成書較
晚，但我們認爲它們確實反映了人類社會早期（至少是奴隸社
會初期）的知識和風習。元代許謙在《讀書叢說》中說：

> 仲叔專候天以驗曆：以日景驗，一也；以中星驗，二
> 也；既仰觀而又俯察於人事，三也；析因隩夷，皆人
> 性不謀而同者，又慮人爲或相習而成，則又遠取諸
> 物，四也。蓋鳥獸無智而圍於氣，其動出於自然故也。

　　第一、觀察太陽；第二、觀察昏旦中星；第四，觀察鳥獸
活動。這對於判定四時都是可資利用的材料。獨獨第三點，許
謙的說法是不對的。因爲人類的農業生產活動取決於四時，而
不是四時取決於人類的活動。但是，辯證地來看，卻也無可厚
非，因爲人類通過長期生產活動而形成的習慣，確實也可以在
一定程度上反映四時變化。其餘觀日、觀星、觀鳥獸（物候）
三者，它們的互相配合，可以達到較準確測定時令的目的。這
段話對於我國古代觀象授時的產生是很好的科學概括。

　　這裡要注意的是，早期的恒星觀測，往往具有廣泛的群眾
性。當腦力勞動和體力勞動的分工還沒有形成，或者雖已有初
步分工而尚未截然分開的時候，群眾性的生產實踐爲科學的發
展提供了取之不盡、用之不竭的素材。即使到了奴隸制社會初
期，奴隸主頭子還未能發佈統一的行之有效的曆法，農時仍然
依靠親身參加農業勞動的奴隸們所積累的大量經驗。因之，早
期的恒星觀測，一方面具有與生產實踐結合的特點，而且又和
各個地區的地理、氣候、生產和生活習慣相適應。年代悠久，
這些原始經驗保存下來的不多了。周代民歌集子《詩經》保留
了一部份。如「定之方中，作於楚宮」——「定」即室宿，約

十月昏中，此時農事基本結束，天氣又不太冷，奴隸主頭子就抽調大批勞力去修築宮室。《左傳‧莊公二十九年》也記載了類似的風習：

> 凡土功，水昏正而栽。

——「水」也是室宿，黃昏正中天時，適合築牆立版，蓋房子。《國語》裡有一段更是結合天象描繪了從初秋到深秋一系列的自然界景象：

> 辰角見而雨畢，天根見而水涸，本見而草木節解，駟
> 見而隕霜，火見而清風戒寒。

——角宿晨見，進入初秋，雨季過去了；亢宿（本）晨見，草木逐漸枯落；氐宿（天根）晨見，小河開始乾涸；房宿（駟）晨見，開始降霜；心宿（火）晨見，天氣就感到涼颼颼了。不是親身參加生產實踐的勞動群眾，是不可如此形象而準確地描繪天象和大自然的景色的！無怪乎明末顧炎武在《日知錄》中說：

> 三代以上，人人皆知天文：七月流火，農夫之辭也；
> 三星在戶，婦人之語也；月離於畢，戍卒之作也；龍
> 尾伏辰，兒童之謠也。

這幾句話概括地說明，夏、商、周三代，也就是奴隸制時代，雖然有了初步的專業分工，但是群眾性的觀星經驗還大量流傳。即使到了後世，官方的司天監已經把曆法制定得十分準確，觀星民謠仍然有存在的價值。如漢代崔寔的《四民月令》中就記錄了：

> 農諺曰：河射角，堪夜作；犁星沒，水生骨

——黃昏時銀河偏向西北角，表示秋天到了，夜晚漸長，可以幹點夜活兒；犁星沒，水生骨，據淸代焦循《北湖小志》裡解釋：「中三星橫斜若犁，名曰犁星。諺云：『星落地水成冰』，謂十二月夜半，參宿西流也。」至今東北地區還有「銀河吊角，雞報春早」的諺語——拂曉看銀河斜指西北，春天就到了。這些民諺很可以說明：群眾性的恒星觀測的傳統可以綿延多麼久遠的歷史。

我國各個地區的少數民族，也都各有自己的觀星習俗。在雲南西雙版納一帶生活的基諾人，注意觀測的是一組叫「少些」的星群，當它們黃昏時出現於西方地平線上，播種就要完畢。「少些」星，就是參宿，這與夏代的觀星習俗幾乎是完全一致的。這是偶然的巧合呢，還是中原地區的古老風尚傳到南方邊陲，一直保存到現在？也是西南邊陲地區的優尼人，則注意觀測昂星團，叫做「阿勾國章」，是六個一團的意思。他們也注意觀測參宿三星，稱爲「阿勾則薄」，即三星一排的意思。拉祜族和布朗族則稱之爲扁擔星。值得注意的是，雲南地區少數民族都很熟悉冬季星空，這是和雲南四季如春的氣候分不開的。而居住在東北邊境的鄂倫春人，則格外注意觀察北斗七星。他們稱北斗爲「奧倫」——倉庫的意思。四顆亮星組成一個方框，三星爲爬上倉庫的梯子。有一個民族傳說：夫婦倆人，生活困難，女的想另謀生路，但在出走以前先去「奧倫」拿點乾糧，丈夫發覺了，射了一箭，於是「奧倫」的一根柱子歪了——這是多麼形象地描繪了北斗七星的圖形啊！我國西北地區的吉爾吉斯人則稱北極星爲「空中的銀栓」：北斗七中的三顆，是三匹栓在銀栓上的馬，四隻狼永遠在馬後面繞著圈子追趕著馬，如果追到了，就是世界的末日。不用說，這是永遠也追不到的。這個故事十分形象地描繪了北斗七星的周而復始的迴旋。諸如此類關於恒星的民間傳說，是很多的。這給我們一個啓示：古代民

族往往是借助於這些故事來傳授觀星的知識，指導農牧業生產和人們的生活。

正是在這樣大量、豐富、細致的觀星知識的基礎上，經過綜合、分析和研究，才大體上知道了全天恒星的佈局，以及它們周而復始地繞天極匀速迴轉運動的規律性，這以後，觀象授時就進入定量化時代。

四、　兩種觀象授時系統

由於地球每天基本上匀速自轉一周，反映在天穹上，就是日月星辰的東升西落——這叫做天體的周日視運動。又由於地球每年繞太陽公轉一圈，反映在天穹上就是全天恒星，每天晚上要比前一天晚上早四分鐘升起，日積月累，過了不到半年，黃昏時候原來在東方地平線上的星星竟然到了西方地平線上；過了一整年，又再回到原來的位置。這樣，仿佛全天恒星每年自東向西緩慢地迴轉一周天——這叫做天體的周年視運動。

觀察恒星的周日視運作，可以確定一天的時間；觀察恒星的周年視運動，可以確定一年的時間周期——季節的變換。恒星離開我們非常遙遠，所以在有史以來的年代間，恒星相互間的位置基本上沒有發生變化，可以據此組成各種圖形；三角形、四邊形、五邊形或其他容易辨認的圖形。人們就是根據這些圖形去認識恒星的——到現在也還是這樣。因此，觀察恒星的時間長老，自然會發覺恒星是有一定佈局的。這樣，觀象授時才能越出原始的狹隘的地域限制，而開始利用恒星視運動的規律性知識。《尚書·堯典》裡記述的就是這樣定量化、普遍化的觀

象授時的嘗試：

> 日中星鳥，以殷仲春；日永星火，以正仲夏；宵中星
> 虛，以殷仲秋；日短星昴，以正仲冬。

這是用鳥、火、虛、昴四星的昏中來定春、夏、秋、冬四時。據《書·傳》：

> 主春者張，昏中可以種穀；主夏者火，昏中可以種黍；
> 主秋者虛，昏中可以種麥；主冬者昴，昏中可以收斂。

這段話最清楚不過地表明四仲中星的觀測是為了安排農事的需要。《堯典》四仲中星在我國歷史上非常著名，圍繞著它們的爭論也非常多。例如：

第一、所謂仲春、仲夏、仲秋、仲冬是什麼意思？是指四個季節的「中點」？（這「中點」又是如何確定的？）還是如有些人所認為那樣，指春分、夏至、秋分、冬至這四天？

第二、鳥、火、星、昴四星指的是什麼星？按上述《書·傳》，當是指張宿一（長蛇座 ν_1）[1]、心宿二（天蠍座 α）虛宿一（寶瓶座 β）和昴星團（金牛座 17）。但是竺可楨以為「鳥」是指星宿——（長蛇座 α）[2]，它與張宿一的赤經差約半小時。

四仲星是否真的是傳說中的唐堯時代的天象呢？這四顆「中星」（「鳥」星無論是張宿一還是星宿一）彼此間的赤經差，在歷史上任何年代裡，都不是恰好一個象限。因此，想根據歲差法記算出其年代來，都免不自相矛盾。唐代李淳風已經說過：

---

[1]　據伊世同。但 J.Needham 認為是長蛇座 μ、陳遵媯認為是長蛇座 λ。
[2]　竺可楨：《論以歲差定尚書堯典四仲中星之年代》，《科學》第 10 卷，第 12 期，1926 年。

> 若冬至昴中，則夏至、秋分，星火、星虛皆在未正之
> 西。若以夏至火中，秋分虛中，則冬至昴在巳正之東。

（《新唐書·天文志》）

但是梁啓超卻認爲，四仲中星確是西元前 2400 年時的天象[1]，他的根據是很不足的。竺可楨曾做過十分認眞的計算，結論和李淳風是一致的：

> 以鳥、火、虛三宿而論，至早不能爲商代以前之現象。
> 惟星昴則爲唐堯以前之天象，與鳥、火、虛三宿者俱
> 不相合。[2]

這矛盾如何解決？他的解釋是，因爲鳥、火、虛三宿，正當春、夏、秋三季，農事活動繁忙，要等天完全黑透（天文學上叫做「昏影終」）再觀察星象；而昴宿上中天時正值冬季農閒，天氣又冷，觀察時間一定大爲提前。因此，他認爲，四仲中星並不是唐堯時代、而是殷末周初的天象。

我個人認爲，四仲中星的年代，不應用現代天文學的方法嚴格地推算。因爲，第一，恒星的中天，沒有相當精密的儀器是測不準的；第二，沒有精密的計時儀器，就很難保證每次觀測總在一定的時間。而觀察時間只要相差半小時，年代之差就達五百年；中天位置偏離五度，年代之差也達三百餘年。四仲中星，恐怕僅僅是遠古時代人們四季觀星的幾個大致的標誌點。因此，我們也只能大致推定它的產生年代。我們的推斷放在後面再談。

還有一部古書《夏小正》，提供了更多的觀象授時資料，雖

---

[1] 梁啓超：《中國歷史研究法》。第 142 頁。
[2] 竺可楨：《論以歲差定尙書堯典四仲中星之年代》，《科學》第 10 卷，第 12 期，1926 年。

然沒有像《尚書・堯典》那樣整齊劃一，但卻更加值得重視。
我們舉幾個例子。如：

> 正月，鞠則見，初昏參中，斗柄懸在下。
>
> 三月，參則伏。
>
> 六月，初昏斗柄正在上。
>
> 七月，漢案戶，初昏織女正東鄉（向），斗柄懸在下
> 則旦。
>
> 八月，辰則伏，參中則旦。
>
> 十月，初昏南門見，織女正北向則旦。

　　《夏小正》這幾句話也和《堯典》四仲中星一樣，有些地
方是自相矛盾的，也很難據此定出其年代。這方面還需要做些
專門的研究。我們在這裡只是分析它們所羅列的幾種不同的觀
星方法：

　　1.「則見」，是指恒星剛升上來，在東方地平線上；

　　2.「則伏」，是指恒星在西方地平線上，快要落下去了；

　　3.「昏中」，是指初昏時恒星在南方中天；

　　4.「旦中」，是指平旦時恒星在南方中天；

　　5.對織女，則有所謂「初昏……正東向」、「正北向則旦」的
特殊描述；

　　6.還有關於「初昏斗柄正在上」、「斗柄懸在下則旦」的描述。

　　這些觀星方法，既有時代的差異，也有不同地區、不同民
族的差異。方法一至四，都是觀察基本沿著天球赤道、從東方
地平線升起、越過南中天、向西方落下的恒星。只是觀察時間
不同，方位也因之而異。這四種方法中，我認為「則見」和「則

伏」是較「昏中」、「旦中」爲早的。因爲在還未產生儀器的古代，恒星的中天很難測得十分準確；而在地平線上，只要沒有山崗、樹木、房舍的遮掩，地平線本身就是一個現成的參照物。「星」字甲骨文中爲𣆶，形象是兩顆星分佈在樹的兩旁，下面也不忘記畫上一道地平線。可見古人認識天體的方位很早就是以地平線爲參考座標的。因之，遠古的「火正」，也是首先觀察大火的昏升即「則見」來定季節。等到能夠比較準確地測定恒星中天的時刻，那是產生一定的儀器以後的事了。

我們這樣的分析也有古籍記載爲證。據《左傳·襄公九年》：

> 古之火正，或食於心，或食於味，以出內火；是故味爲鶉火，心爲大火。

可見「火正」的觀星對象也有一段歷史發展過程：早期是觀察大火的，後來卻改爲觀察鶉火，即味，也就是柳宿了。爲什麼有這個變化？因爲殷的先世關伯被封爲「火正」的時候，約西元前二千二百年左右，春耕開始時大火初昏東升。但隨著時日推移，歲差作用使得大火越升越晚；到商代中葉以後，春耕開始了，初昏仍看不到大火東升，而鶉火——柳、星、張三宿正在南中天。這三宿雖然沒有什麼亮星，但是佔的天區廣闊，仍然十分引人注目，構成天上一隻翺翔的大鳥形象。因此，「火正」的任務，也就改爲觀察鶉火的中天了。殷墟甲骨文中已證認的兩顆最著名的星是「火」和「鳥」，可見這兩顆星在先後不同的歷史年代裡都對預報農時起過作用。至於商代中葉已經產生什麼儀器有助於觀察恒星中天，我們將在以後討論。但是無論如何，從觀察恒星昏升到觀察恒星昏中以定四時，是歷史發展的必然結果。到戰國時代的《呂氏春秋·十二月紀》和《禮記·月令》，更是完全採用昏旦中星標示時令。這方法便於推定在地平線下的太陽位置。例如：

　　孟春之月，日在營室，昏參中，旦尾中。

　　太陽在營室，這是肉眼看不見的，但是初昏時看到參宿中天，平旦時看到尾宿中天，如果知道了參宿和尾宿的中間正是營室的話，就可以推斷出太陽此時正在營室一帶。由此可見，根據昏、旦中星推測太陽位置，要有一個前提條件，即十分準確地知道全天恆星的佈局——也即是說，要有一張星圖或星表。這當然是較晚年代的事。

　　《夏小正》裡觀星方法中的第六種，是對於北斗斗柄迴轉的描述。這是另一種截然不同的觀象授時系統。由於地球自轉軸正對天球北極，在地球自轉和公轉所反映出來的恆星周日和周年視運動中，天球北極是不動的，其他恆星則繞之旋轉。我國黃河中下游流域，約為北緯 36 度，因此天球北極也高出於北方地平線上 36 度。以這 36 度為半徑畫的一個圓，叫做恆星圈，其中的星星雖則總在繞北極迴環不息地轉動，卻始終不會隱沒到地平線下。北斗正在這部份天區，它的七顆星都比較亮，所占天區也很廣，很清楚地顯示出一個大杓子的形象。跟據斗柄所指的不同方位是可以定四時的。如《鶡冠子·環流》說：「斗柄北指，天下皆冬。」《鶡冠子》雖是後人所托，但所反映的則是比較原始的根據斗柄迴轉而定四時的民諺。

　　還有一點我們要注意到，即距今四千年前，北極並不在今天的勾陳一（小熊座 α），而是在右樞（天龍座 α）附近。那時，北斗比今天更靠近天球北極，它的迴轉現象更顯著，甚至斗柄延伸下去的玄戈（牧夫座 λ）、招搖（牧夫座 γ）兩星也在恆顯圈內，這就是所謂北斗七星。《後漢書·天文志》劉昭注云：

　　璿璣者，謂北極星也；玉衡者，謂斗九星也。

　　可見，這九顆大星在北方天空上是十分顯赫的。雖然到漢

代，招搖已不在恒顯圈內了，但漢代著作《淮南子·時則訓》中仍然寫道：

> 孟春之月，招搖指寅，昏參中。

這裡以招搖作為斗柄代名詞，當是保存古之遺風。視斗柄所指方位而定時令，正是後世曆法中「斗建」的起源，所謂「夏正建寅，商正建丑，周正建子」，都是指以斗柄所指的方位來定歲首。

觀察北斗迴轉以定四時，在世界各古代文明發祥地中只有我國應用。這是因為黃河中下游一帶，緯度較高，北斗始終在恒星圈內。無怪乎《公羊傳·昭公十七年》裡說：「大火為大辰，伐為大辰，北極亦為大辰」了。

由此可見，我國古代的觀象授時，基本上是兩個系統：一個是觀察赤道附近恒星從東升起橫過中天向西落下；一個是觀察終年不落的北斗繞北極迴轉不息。這兩個系統，我認為，是反映了不同地區或不同民族的傳統。

在中國這塊廣闊富饒的土地上，自古以來就生活著許多民族。雖然歷史上向以黃河中下游為夏、商及其以前的傳說時代的政治中心，但是考古發掘證明，長江流域至今兩湖、兩廣、雲、貴一帶，構成中華民族的各原始民族早就在其間勞動、生息。這就十分清楚了：在人類社會的早期，我國各族人民，都在自己進行農牧業生產實踐的過程中，產生了天文學知識。只是在交往進一步發展的過程中，這些原始的、樸素的、零散的天文知識才得以互相交流、影響、融化，共同創造了我國獨有的、與西方、中近東、南亞等地區迥然不同的天文學體系。

因之，我國古代兩種不同的觀象授時系統，大體上就是南方和北方兩個系統。後來，兩者融合而成三恒二十八宿、十二

次的恒星分群體系了。但是南方學派和北方學派之間仍然存在小的差異。戰國時代北方魏國的石申，和南方楚國的甘德（《史記·天官書》以爲齊人，一說爲魯人，但《史記·正義》引《七錄》作楚人；據長沙馬王堆漢墓帛書引用的資料看，當以楚人爲宜），就代表兩個不同的學派。郭沫若在《釋支干》裡說：

> 甘、石二氏，實判然二系。《呂覽》、《月令》、《淮南子》大抵祖石氏者也。《史記·律書》則祖述甘氏，其《天官書》復宗石氏。

這段話從歷史淵源上說是對的。不過到了甘、石時代，兩種觀、象授時系統已逐漸融合爲一了，只留下少數的差異。如二十八宿體系中，北方的石氏用了井、鬼、觜等偏北的恒星，南方的甘氏則用了狼、弧、伐等偏南的恒星；還有少數幾個星名不同，恐是南北語音不同所致。

《夏小正》裡還有觀星方法中的第五種，用的是織女的所向，這又是屬於哪個觀象授時系統？這是一個很有意思的問題。織女，有三顆恒星：織女一（天琴座 α），是一顆光耀奪目的零等星，其東西有織女二和織女三（天琴座 ε），都是四等以下的小星，構成一個小小的等邊三角形。如以織女一爲頂點，則織女二、三正如同一只張開的喇叭，織女所向就是指這喇叭口所向。織女離開天球赤道很遠，不大可能屬於南方系統；但也不在恒星顯圈內，只是因爲緯度偏北，在黃河中下游流域，一年的大半時間裏可以看到。用織女所向以定四時，我以爲，正反映了南、北兩大系統相互交流、影響、融合過程中一定歷史時期的創造。

由此可見，《夏小正》裡既保存了我國在漫長的歷史年代裡各個地區各個民族的一些觀象授時資料；同時又可以看到，在幅員廣闊的我國土地上，各族人民自古以來就有了交往和文化

交流。共同爲創造統一的中華民族絢爛多彩的文化作出過重大
貢獻。

五、　兩套曆法系統

前面說過，一般認爲，觀象授時是曆法誕生以前天文學的
初始階段。那麼，曆法誕生以後，觀象授時是否就用不著了呢？

我國曆法，有文字記載的，是自甲骨文所記的殷曆開始。
殷曆有許多人研究過，且有許多爭論。現在能夠肯定下來的，
是殷曆有了干支記日；朔望月有大小月之分；有了閏月的設置，
叫十三月，即年終置閏；後期採用年中置閏，有多（後）六月、
冬（後）八月之稱，但置閏的規律不明[1]。

我們看許多兄弟民族流傳下來的習俗，也有這種不規則的
置閏方法。前引宋代孟琪《蒙韃備錄》，提到韃靼和女真人「每
見月圓爲一月，見草青遲遲，方知是年有閏月也」。據考查，雲
南岳宋的佤族，每年二月份，頭人到江邊看魚上水了沒有，或
者到郊外看一塊大石頭上野蜂是否已經麇集，如果魚沒有上
水，野蜂遲遲不來，就增加一個二月，稱之爲「怪月」。這就是
根據物候觀察，採取隨時置閏的方法來調整太陽年與四時變化
之間的誤差。這可視之爲陰陽合曆的初始階段。我國殷曆大致
也相當於這種狀況。

這樣的陰陽合曆在指導農時上誤差仍在 ±11-22 天左右。因
爲，我國自古以來採用朔望月，如前所述，初期確實有利於晴
明的月色從事農牧業生產活動。但是，進入階級社會後，就增

---

[1] 陳夢家：《殷墟卜辭綜述》。

加了政治因素。朔日，成了奴隸主貴族和後來的封建統治者舉行宗教儀式的日子，「正朔」是統治權力的象徵。正如《史記‧曆書》所謂：

> 王者易姓受命，必慎始初，改正朔，易服色，推本天元，順承厥意。

周代曆法還不十分細密，經常要推算朔日，把「告朔」視為一件大事。《儀禮》裡對於朔日致祭有一套繁文縟節的禮儀規定。《左傳‧文公六年》裡指出：

> 閏月不告朔，非禮也。閏以正時，時以作事，事以厚生，生民之道，於是乎在矣。不告閏朔，棄時政教也，何以為民？

實際上「正時」、「作事」、「厚生」，都跟朔望月沒有太多直接的關係。「正朔」無非是歷史上統治階級在曆法上打下的階級烙印。

我國除漢族外，藏族、回族、傣族和許多別的兄弟民族，也一直採用朔望月。最有深長意味的是，少數民族的朔望月重「望」不重「朔」，即是月圓之夜總在十五，日月合朔不一定在初一。在西雙版納大勐龍發現的石碑上記載著，傣族曆法甚至把一個朔望月分成兩半，謂之上、下月。最有特色的是基諾人，他們規定上弦為初八，朔、望都隨上弦日而定。而佤族則乾脆以新月始見為月首——可見還是較原始的狀態。這些，都說明，少數民族較少受到漢族的「正朔」思想的影響。

既要照顧四時變化，又要符合月的朔望，置閏就必須置一整月。陰陽合曆的一年長度便從 354-384 天不等。不用說，對於指導農時是十分不準確的。

1975 年底在湖北雲夢睡虎地出土的秦簡中，有秦昭王元年

（西元前 306 年）到秦始皇三十年（西元前 217 年）的曆日，其中有後九月記載。按秦以十月爲歲首，後九月也就是年終置閏。從殷武丁時代至此時，已經歷經一千年的歲月，奴隸制社會由繁榮走向衰落，封建制度正在取而代之，中國社會發生了深刻的變化。曆法雖也幾經改革，但是與時令相比誤差很大的年終置閏的陰陽合曆仍然在施行。爲了正確地指導農時，觀象授時還是要發揮它的作用，而且向前發展了。

　　社會的動盪和變化促進了各地區各民族的交往、文化交流和融合，形成了我國恒星觀測方面的二十八宿體系。二十八宿體系的出現，使觀象授時進入新的階段。整個天球赤道帶附近的星分爲二十八群，絡繹不絕地從東方升起，經過南中天，向西方落下。這樣，恒星視運動的規律性是掌握得很準確了。因此，戰國時代的《呂氏春秋·十二月紀》和《禮記·月令》用以記述時令的昏旦中星，就是採用二十八宿體系，到西漢時代的《淮南子·時則訓》，也還是如此。值得注意的是，這些著作都保持了自古以來天象與物候並存的傳統。《史記·曆書》中，一開始也首先談到物候：

> 昔自在古，曆建正於孟春。於時冰泮發蟄，百草奮興，
> 秭鳩先滜。

　　一直到了唐代，還搞了一部《唐月令》。物候記述傳統甚至保持到清代的《時憲書》中，可謂歷史悠久矣！可見《月令》這類書正是古代觀象授時傳統的繼承和發展。

　　但是，恒星在天球上的分佈，並不是那麼整齊劃一的。以二十八宿而論，每宿跨度廣狹相差懸殊，據之以定時令，其準確度受很大限制。隨著社會生產力的發展，農業上精耕細作的程度愈高，對時令的準確性的要求也愈高，觀星定時令於是發展爲以二十四氣定時令。這是我國天文學史上一項重大的里程

碑式的變革。

　　二十四氣始於何時？如前所述，《尚書・堯典》的「仲春」、「仲夏」、「仲秋」、「仲冬」四詞，一般認爲，就是春分、夏至、秋分、冬至四氣。這應當是二十四氣系統形成的初始階段。《左傳・昭公十七年》提到傳說中的少皥氏設置曆官：

> 鳳鳥氏，曆正也；玄鳥氏，司分者也；伯趙氏，司至
> 者也；青鳥氏，司啟者也；丹鳥氏，司閉者也。

　　所謂分、至、啓、閉、注家多以爲：「分」指春分、秋分；「至」指夏至、冬至；「啓」指立春、立夏；「閉」指立秋、立冬。這是二十四氣中最重要的八氣。當然傳說不是信史，把八氣的建立推至傳說中的少皥時代，更不足信。但這段話至少可以說說明，二分、二至和四立，是最先產生的八氣。《呂氏春秋・十二月紀》和《禮記・月令》，也是只記述了這八氣。到《淮南子・天文訓》，二十四氣名字才完備。但是，在據信是從戰國魏安釐王墓中發現的《逸周書・時訓解》中，二十四氣不但齊全，每氣還分爲三候，五日爲一候，和現代科學的節候的劃分法完全一致，而且物候的描述又十分細致。《逸周書・時訓解》雖有人疑爲後人所托，但是戰時代二十四已經全部形成還是可信的。

　　二十四氣又分爲兩部份。一部份是十二個節氣：立春、驚蟄、清明、立夏、芒種、小暑、立秋、白露、寒露、立冬、大雪、小寒；另一部份是十二個中氣：雨水、春分、穀雨、小滿、夏至、大暑、處暑、秋分、霜降、小雪、冬至、大寒。節氣和中氣相間排列，即：立春、雨水、驚蟄、春分……等。不過這是後世的排列法，西漢末年以前，雨水和驚蟄、清明和穀雨是顛倒的。

　　二十四氣是和時令緊密吻合的。二十四氣的名字，除早其

建立的二分、二至、四立外，其餘十六氣都是採用有關天氣和物候的名稱，足證它跟古代觀象授時有深刻的歷史淵源。二十四氣又和我們今天的農業生產與人民生活息息相關。「氣」和「候」這兩字一直使用到今天。如今我國農村還在流傳的有關農時的民諺，並不是採自我國傳統的陰陽合曆，也不是採自世界通用的格里曆，而是採自二十四氣。可見我們民族自己的創造是符合科學的，因而有極其悠久的生命力。

二十四氣如何劃分？顯然，二十八宿跨度廣狹不等，是不能作為劃分的標誌的。虧得也正是在這段歷史時期，以木星運行一周天分為十二次的天空區劃方法大大發展了。

木星，古稱歲星，它的恒星周期為 11.86 年，古人以為 12 年，因此根據它每年在星空背景上的位置，把周天劃分為十二次。但是早期的十二次是配合二十八宿的。即：斗、牛為星紀；女、虛、危為玄枵；室、壁為娵訾；奎、婁為降婁；胃、昴、畢為大梁；觜、參為實沈；井、鬼為鶉首；柳、星、張為鶉火；翼、軫為鶉尾；角、亢為壽星；氐、房、心為大火；尾、箕為析木。有的「次」含三宿，有的「次」含兩宿，這是因為二十八並不正好是十二的整倍數，勢必劃分得參差不齊；再加上各宿本身的廣度不等，十二次的各「次」寬狹也就相差很遠了。比如實沈這一次，觜宿 2 度，參宿 9 度，加起來只有 11 度；鶉首呢，井宿 33 度，鬼宿 4 度，加起來達 37 度；鶉火，柳宿 15 度，星宿 7 度，張宿 18 度，加起來竟達 40 度！寬狹相差如此懸殊的十二次和二十八宿（也就是和具體的星象）分開，在天球赤道上想像出十二個等距離的點，自西向東地把天球赤道等分為十二段，成為一個獨立的天空區劃系統。

這就開始了我國古代記述時令脫離具體星象，而進入抽象化的時代。從按具體的星辰為標誌點區劃天空到按看不見的標

誌點區劃天空，是人類認識事物方法上的飛躍。十二次的產生成了我國古代天文學的一項重大成就。春秋戰國時代，並以木星處在何「次」以記年，這就是著名的歲星紀年法。

但是十二次的作用遠不止此。既然把周天分爲相等的十二段，太陽在周天星空背景上自西向東運行一圈的時間，即一個回歸年，不是也可以分爲大致相等的十二段嗎？太陽曆的月份就是這麼定的。如果把十二次的各次再一分爲二，那就恰好是二十四段，配以二十四氣，每兩氣就正好等於太陽曆的一個月了。

我國古代二十四氣，就是這麼劃分的。在古籍上也可找到佐證。《漢書·律曆志》說：

> 凡十二次，日至其初爲節；至其中，斗建下爲十二辰，
> 視其辰而知其次。

可見，二十四氣是據太陽周年視運動而劃分的：太陽在每一次的初度是節氣，在每一次的中間是中氣。有了二十四氣，回歸年可以找到另一套規律嚴整的劃分方法，無須乎借諸於朔望月加置閏這一套十分囉嗦的制度，後者使一年長度參差於354-384天之間，使用起來十分不便。

這樣，事實上，二十四氣形成了另外一套曆法系統，即一套太陽曆系統。這是我國獨創的、純粹的、全世界各國都沒有的一種太陽曆系統。外國至今還只有二分、二至這四氣。有人以爲我國二十四氣是根據外國傳來的陽曆編製的，那是誤解。遠在現今世界通用的格里曆產生以前，在兩千多年前的戰國時代，我國就產生了以二十四氣爲標誌的自己民族的太陽曆。從此，它在我國歷史上，一直與陰陽合曆並行不悖，成爲同時並存的兩套曆法系統。《禮記·月令》的注疏者是認識到這兩套曆

法系統同時並存的。他說：

> 中數曰歲，朔數曰年。中數者，謂十二月中氣一周，
> 總三百六十五日四分之一，謂之一歲。朔數者，謂十
> 二月之朔一周，總三百五十四日，謂之為年。

這裡歲、年兩個概念區分得很清楚：歲是十二個中氣或二十四氣組成的回歸年，是太陽曆；年是十二個朔望月組成的太陰年，是太陰曆。

可以概略地說，我國一部曆法改革的歷史，就是怎樣調整以二十四氣為標度的太陽曆和以十二個朔望月為標度的太陰曆的歷史。方法只有一個，就是置閏。宋代王應麟在《玉海》卷十中說：

> 作曆之法必先定方隅，驗昏旦，測時氣，齊晷刻，候
> 中氣。又驗之以農事之早晚，物類之變化，然後中氣
> 可得而定。中氣既定，然後閏餘可得而推。

這段話表明，二十四氣誕生以後，我國傳統的陰陽合曆的編製也發生了根本性的變化。以現在可以考證到的我國最早的完整曆法——漢「太初曆」為例，就是這麼配置二十四氣的：以十二個中氣，自雨水至大寒，分別配於正月至十二月。但因為每兩個中氣間的間距大於一個朔望月，過兩三年後有的朔望月就分配不到中氣了，這個月就是閏月（這是早期的粗略的置閏法，實際上後世還有更細致的計算法）。這就是《漢書·律曆志》所謂：「朔不得中，是謂閏月。」這樣，閏月就不是設於年終，又不是靠觀察物候而隨時設置，而是有一定的規則，而這規則又是根據太陽的周年視運動而定的。因此，這樣的陰陽合曆對於四時變化來說，誤差較小，不超過半個朔望月，即 14-15天。

在我國曆法的發展過程中，對於二十四氣的設置，還迭有改進。南北朝時代的北齊張子信，通過三十多年的實測，發現了太陽的周年視運動有快有慢（這是地球繞太陽公轉的速度有快有慢的反映），因此二十四氣的間距有不應是一樣的，而是在14-17天之間。到隋代，著名天文學家劉焯提出，不能再像過去那樣以一個回歸均分爲二十四等分來劃分二十四氣（這叫做「平氣」）了，而應該以太陽實際的行度來劃分二十四氣（這叫做「定氣」）。這樣，二十四氣更能準確地反映太陽的周年視運動，從而也更能準確地反映四時變化，更能有效地指導農時。

我國以二十四氣爲標誌的太陽曆，比起現今世界通行的陽曆格里曆，還要更科學一些。格里曆雖然也是根據太陽周年視運動編製的，但它的月份安排很不合理，最莫明其妙的是二月只有二十八天。我國宋代科學家沈括，就曾經建議依據二十四氣制曆：立春爲正月初一，驚蟄爲二月初一，清明爲三月初一……；即十二節氣安排在十二個月月首，十二個中氣安排在各個月中。這是最徹底、最完善、最能反映實際時令的太陽曆。正如沈括自己說的：「如此曆日，豈不簡單端平，上符天運，無補綴之勞，」（《夢溪筆談·補筆談》）可惜在腐朽反動的封建王朝下，這樣先進的曆法未被採用。

統觀我國古代觀象授時的歷史：從觀察物候到觀察天象，又從觀察天象到二十四氣的制定，並根據二十四氣不斷改革曆法，我們的祖先沿著一條正確的認識路線越來越準確地掌握大自然四時變化的規律。二十四氣的誕生，是觀象授時走向更普遍、更概括、經過抽象化而上升爲理論的階段。從此，觀象授時就爲二十四氣取代了。可以說，到了這時，觀象授時才完成自己歷史任務，退出歷史舞台。

六、　簡短的結論

　　從我國古代觀象授時的起源、發展和演變，我們可以看到，我國天文學從一開始就是緊密地為農牧業生產服務的。由觀察自然界物候的大量經驗的積累，到結合觀察天體的方位以定四時；由狹隘的地域性的天象記述，到普遍化和定量化的觀象授時系統的建立；由主要依靠直接觀察恒星而安排農時，到抽象化和理論化階段而定出二十四氣，我國早期為農牧業服務的天文學走過漫長的、不斷前進的道路。我們研究觀象授時的發展，正是要剖析我國古代萌芽狀態的天文學。

　　我們在前言裡說過，在交往還不發達的古代，世界上各個地區各個民族的天文學，一般地說，都是有自己的獨立的起源的。現在，我們已進一步闡明，在中國大地上，各個原始民族也都創造了自己的觀象授時方法，只是在互相交往、融合、滲透的過程中，才逐漸統一起來，形成中國古代天文學的獨立體系。我們在下面各章，將從各個方面來探討、分析、研究這個體系。

第三章 二十八宿研究

二十八宿體系是我國古代天文學的重大創造。它是把全天連續通過南中天的恆星分為二十八群，各以一個字來命名。這就是：角、亢、氐、房、心、尾、箕、斗、牛、女、虛、危、室、壁、奎、婁、胃、昴、畢、觜、參、井、鬼、柳、星、張、翼、軫。自古以來，人們就根據它們的出沒和中天時刻以定四時，為農業生產服務。

對於二十八宿，爭論非常多。近代不少中國和外國的研究者曾經對這個恆星分群體發表了大量文章，涉及到二十八宿的特徵、分群依據、起源地點、產生時代等諸方面。我國科學史界老前輩竺可楨曾寫過《二十八宿起源之時代與地點》[1]，其中綜述了各派研究者的觀點。近年來，夏鼐的《從宣化遼墓的星圖論二十八宿和黃道十二宮》[2]，也提供了討論二十八宿的大量資料。

研究二十八宿的大量文章表明，在這個問題上，材料是豐富的，但是還未做到有系統依據材料的內在聯繫把這些材料加以整理，走進理論的領域。二十八宿體系，是隨同我國早期天文學一起誕生和發展，它反映了先秦甚至直溯奴隸社會的我國早期天文學的若干重要思想的形成。從二十八宿的來龍去脈，可以看到我國古代天文學是如何一步一個腳印地形成自己獨特的體系的。這是一個西方、中近東和南亞天文學迥然不同的體

---

[1] 《思想與時代》月刊，第三十四期，1944 年。

[2] 《考古學報》1976 年第二期。

系。因此，我們嘗試從整個古代天文學歷史的廣闊背景上，重新探索二十八宿體系的形成和發展。

一、 有關二十八宿的幾個問題

有關二十八宿的問題，眾說紛紜，莫衷一是。我們這裡略作歸納，使得爭論的焦點突出，眉目清晰，便於研究。

第一個問題是：二十八宿劃分的依據是什麼？

我們知道，古代巴比倫天文學把黃道劃分為十二宮，這是因為每一回歸年有十二個月，太陽沿黃道周年視運動，每月進入一宮。這個黃道十二宮體系為希臘天文學承傳下來，一直沿用至今。我國二十八宿體系與歐洲迥然不同。自古以來，不少人就認為是月躔所繫，即月亮視運動的標誌點。由於月亮在恒星背景上移行一周天（叫作月亮的恒星周期或恒星月）為 27.32 日，取其整數，劃分為二十八宿，宿者，月亮每天住處也，也有稱為二十八舍。《呂氏春秋·圓道》說：

> 月躔二十八宿，軫與角屬，圓道也。

東漢王充在《論衡·談天》中也說：

> 二十八宿為日、月舍，猶地有郵亭，為長吏廨矣。

二十八宿是月躔所繫或「日、月舍」的觀點，在近代有了進一步的發揮。日本新城新藏說：

> 蓋由間接參酌月在天空之位置而的以推定太陽之位置，是

上古天文學一大進步。[1]

爲什麼是一大進步呢？新城新藏自己解釋道：

> 夫於黃道附近之天空，以顯著之星爲目標，自西向東劃設
> 二十七或二十八個標準點者，乃全爲研究月對於恒星的運
> 動，即爲逆推日、月在朔的位置而已。[2]

十分清楚，新城新藏的主張是，二十八宿的劃分，是定朔日用的。因爲朔日月亮看不見，只能從「朏」日（陰曆初三）新月出現時，往前推算朔日，從而也就能推算出太陽的位置。

英國李約瑟卻認爲，二十八宿是標定望月的位置用的。因爲望月和太陽正處於「沖」的關係，即黃經相査差 180° 由望月所在也可推知太陽的位置。因此，月躔法其實是間接的日躔法，二十八宿這個數字，是取朔望月（29.53）和恒星月（27.32）的平均數，是「量度月球運動的刻度標尺。」[3]

我國的研究者也大都認爲二十八宿是月躔所繫。這似乎沒有多大的爭論。但是，這一來馬上就帶來如下的問題，即：

第二個問題，這二十八宿到底是沿天球赤道還是沿黃道劃分的？

按目前的天球上的分佈來說，二十八宿的「距星」——也就是各「宿」的一號星，在黃道上 ±10° 以內的，有角、亢、氐、房、心、箕、斗、牛、女、虛、婁、昴、畢、井、鬼等十五宿；而在赤道±10° 以內的，只有女、虛、危、觜、參、柳、星等七

---

[1] 新城新藏：《中國上古天文》，沈璿譯，中華學藝社，1928 年。

[2] 新城新藏：《東洋天文學史研究》，沈璿譯，中華學藝社，1933 年。

[3] J.Needham：Science & Civilisation in China，Vol，III，Cambridge University Press，1959。

宿。不過我們要考慮到，由於歲差關係，在歷史上某個時候，二十八宿的距星必然有更多一部份靠近赤道兩側。竺可楨曾作過記算，認爲公元前 2300-4300 年間，二十八宿中有 18-20 宿在赤道±10° 附近。[1]因此，大多數研究都認爲二十八宿是沿赤道劃分天區的。支持這種說法的，還可以從我國古籍中的到旁證。較早的古書，如漢代的《淮南子‧天文訓》、《漢書‧律曆志》和雖成書於唐代、但據信包含有戰國時代天文學家石申的觀測材料的《開元占經》，在標明二十八宿距度時，也是用的赤道度數。

但是，這又是和二十八宿是月躔所繫相矛盾的。月亮視運動軌道——白道，與黃道密近，與赤道交角卻很大。如果二十八宿是標示月亮的視運動，則應該沿黃道劃分而不應該沿赤道劃分。在歷史上，沈括對這點是持異議的。他在《夢溪筆談》卷七第 129 條中說：

> 循黃道，日之行一朞，當者止二十八宿星而已，今所謂距度星是也。

這段話指明二十八宿是「循黃道」。有人認爲黃道乃赤道之誤。因爲沈括在同書（卷八第 147 條）說：「凡二十八宿度數，皆以赤道爲法。」但是我認爲，這並不是筆誤或沈括自相矛盾，因爲這裡只是講「度數」以赤道爲法，恰好符合上述《淮南子》、《漢書‧律曆志》等書所記的赤道度數，這裡牽涉到一個我國自古以來首先採用赤道座標系統的問題；而按沈括的意見，二十八宿的劃分，實際上還是沿黃道的。

關於二十八宿是沿黃道還是沿赤道劃分。近代也不是毫無爭論的。前面所引新城新藏一段話明指是「黃道附近之天空」，

---

[1] 竺可楨：《二十八宿起源之地點與時間》、《氣象學報》，十八期，1944 年。

而李約瑟卻毫不猶豫地認為是「赤道上的標準點」。錢寶琮則認為我國古代有黃道二十八宿和赤道二十八舍兩種體系[1]這問題並不像初看那麼簡單，因為它又牽涉到：

第三個問題，二十八宿體系是什麼時候形成的？

二十八宿全部名稱首見於馬王堆三號漢墓出土的帛書（約公元前 170）。公元前一世紀成書的《淮南子‧天文訓》和略晚的《史記‧律書》中，亦有載列，只是名字稍有參差。《史記‧律書》以斗為建，昴為留，畢為濁，觜、參為參、罰，井為狼，鬼為弧，柳為注，星與張位置互換等。在更前（戰國時代成書）的《禮記‧月令》中，只有二十五宿。唐代《開元占經》裡的石氏星表（如前所述，據信也是戰國時代資料），二十八宿卻已全部載列。因此，可以認為，至遲在戰國時代，二十八宿體系已經完備了。

但是這只是一個下限。它的上限在何時？竺可楨跟據歲差，算出公元前 2300-4300 年，沿赤道±10°的達 18-20 宿，那麼，二十八宿如果是沿赤道劃分話，是否形成於此時？另外，竺可楨也指出過，牛、女兩宿距星本來是牽牛（河鼓、天鷹座 α）和織女（天琴 α）兩星，後來才為今牛宿一（摩羯座 β）和女宿一（寶瓶 ε）替代。但目前織女在河鼓西，不符合牛、女的順序，據計算，公元前 2400 年，河鼓在織女西。這是否意味著，二十八形成於公元前 2400 年？[2]

但是，說二十八宿整個體系形成於公元前二千多年的原始社會或奴隸制初期，論據還略嫌不足。竺可楨本人，後來又修改他自己的觀點。他於 1951 年說：「大概在周朝初年已經應用

---

[1] 錢寶琮：《論二十八宿之來歷》，《思想與時代》第四十三期。1947 年。

[2] 竺可楨：《二十八宿起源之時代與地點》，《思想與時代》，第十八期，1944 年。

二十八宿[1]」；在 1956 年，它認爲，二十八宿的形成不會早於公元前四世紀[2]。郭沫若則認爲在戰國初年[3]。錢寶琮認爲黃道二十八宿成立於戰國，而赤道二十八舍則成立於春秋[4]。新城新藏認爲，二十八宿形成於周初以前[5]。而另一位日本人飯島忠夫則認爲，二十八宿的劃分，是以牽牛初度爲冬至點，按歲差推算，形成於公元前 396-382 年間[6]。——按歲差推算，好像是很科學的方法，但是因爲是以牽牛初度爲冬至點這個主觀臆想爲大前提出發，因此實際上是最不科學的。公元前 396-382 年，即約石申的時代。遠在這以前，包括西周和東周的民歌集子《詩經》，已經提到火（心）、箕、斗、牽牛、織女、定（室、壁）、昴、畢、參等宿，即二十八宿中重要的恒星都已認識了，而在《周禮》（據信成書於春秋），甚至也已有二十八星的提法。

　　關於二十八宿的形成年代，也不是孤立的。這又和下一個問題有關係，即：

第四個問題，二十八宿起源於我國，還是自外國傳入的？

　　我們在《前言》中已涉及這問題，這是中國天文學起源的爭論中最激烈的一個方面。爲什麼呢？因爲二十八宿的劃分，不但中國有，印度、阿拉伯、伊朗也有（伊朗的二十八宿體系一般傾向於認爲來自阿拉伯）。印度稱爲「納沙特拉」（Nakshatra）、阿拉伯稱爲「月站」（Al-Manazil）。這三種體系都是沿黃道或赤道把天空劃分爲二十八個部分。甚至有人認

---

[1]　竺可楨：《中國古代在天文學上的偉大貢獻》，《科學通報》，1951 年第二期。

[2]　竺可楨：《二十八宿的起源》，《第八屆國際科學史會議文集》，1956 年。

[3]　郭沫若：《釋支干》《郭沫若文集》第十四卷，366-465 頁。

[4]　錢寶琮：《論二十八宿之來歷》，《思想與時代》第四十三期。1947 年。

[5]　新城新藏：《東洋天文學史研究》，沈璿譯，中華學藝社，1933 年。

[6]　飯島忠夫：《中國古代曆法概論》，《東洋天文學史研究》附錄。

為，二十八宿起源於巴比倫，然後分別傳入阿拉伯、印度和中國[1]。但是在巴比倫古代資料中沒有找到任何有關二十八宿的痕跡，因此這種論點可置之勿論。李約瑟已指出過，阿拉伯的「月站」體系不是對手，剩下只有印度的「納沙特拉」和中國的二十八宿體系孰先孰後，還需要討論一下。

印度的「納沙特拉」和中國的二十八宿，據竺可楨研究，距星相同者有九宿，距星不同而在同一星座者有十一宿，因此它認為同一源[2]。我國學者如郭沫若、竺可楨、夏鼐等，都認為二十八宿是我國傳入印度。我們在《前言》中引用了新城新藏的話，他甚至認定是春秋中葉後，從中國經中亞細亞而傳入印度、伊朗、阿拉伯。1977 年中國天文學史整理研究小組和西南民族學院的同志在涼山彝族自治州調查，發現彝族當中也有二十八宿，他們初步認定，二十八宿傳入印度的路徑是經由西南邊陲的。

我們在《前言》中也提到另一個日本人飯島忠夫，他認為公元前 331 年馬其頓亞歷山大帝滅掉波斯帝國時，其勢力曾直逼中亞，西方天文學、包括二十八宿體系在內，也於其時傳入中國。在外國學者中，持這種論點者頗不乏其人。

無論說二十八宿體系源自中國，或源自印度，這兩種觀點在一個問題卻是一致的，即都認為兩者同源。關於這問題，我想提出一個新的看法，儘管印度的「納沙特拉」和中國的二十八宿體系有不少相同之點，但是，如果較為客觀地看，相異之點更多。夏鼐已指出，印度有二十八宿和二十七宿兩種體系，更多用是二十七宿體系。拿印度二十七宿體系與我國的相比，

[1] J.Needham：Science & Civilisation in China，Vol，III，Cambridge University Press，1959。

[2] 竺可楨：《二十八宿起源之時代與地點》，《思想與時代》，第十八期，1944 年。

差別更大。印度二十七宿的廣度是相同的，而我國二十八宿寬狹卻極為懸殊[1]。竺可楨也指出，印度「納沙特拉」的主星中採用了很多亮星，一等星以上者竟達十顆之多，四等星以下的只有三顆[2]；而我國二十八宿的距星卻大多是暗星，只有一顆一等星，而四等以下的竟達八顆，鬼宿一甚至是一顆肉眼勉強能夠看到的六等星。這是兩個體系的一個重大差異之點，不知為什麼往往被人忽略了。許多跡象表明，二十八宿和「納沙特拉」很可能是根本不同源的兩個體系。我們有必要詳加討論。

　　還有第五個問題，是以前許多研究者尚未解決的，即：

　　二十八宿為什麼寬狹不等，而且大相懸殊？最寬的井宿達33度[3]，而觜宿只有2度。

　　沈括的說法是：「二十八宿，為其有二十八星當度，故立以為宿。」（《夢溪筆談》卷八第147條）又說：「非不欲均也，黃道所由當度之星，止有此而已。」（《夢溪筆談》卷七第129條）意思是選取距星時不問亮暗，也不問寬狹不等，主要是度數湊成整數。這裡由是很站不住腳的。因為既然不限亮暗，又不限在黃道或赤道上，可供選擇的星很多，為了各宿距星相度整數為整數，完全無需乎弄得各宿寬狹差別如此懸殊。

　　李約瑟認為，中國「古代天文學家所感興趣的是天空的幾何學分區，如果亮星對於他們的目的沒有用處，便會放棄不用。

---

[1]　夏鼐：《從宣化遼墓的星圖論二十八宿和黃道十二宮》，《考古學報》，1976 年第 2 期。

[2]　竺可楨：《二十八宿起源之時代與地點》，《思想與時代》，第十八期，1944 年。

[3]　指我國古度，即周天分為 365 度。下文用「度」均同。如按 360° 分法，則用數字右肩上加「°」。

¹」各宿狹不等也從屬於這個原則。這論點是來自早期研究二十八宿的比約（J. B. Biot）的觀點，他認為，二十八宿所以廣狹不等，是因為選定各宿距星的時候，要求這些距星與經常可見的拱極星赤經相同，所謂「栓在一起，這樣，即使這些距星在地平線下，也可以由拱極星而推知它們的位置[2]」。這說法部份地是正確的。但是有更多一部份距星並不與拱極星「栓在一起」。

另一個早期研究我國古代天文學的德莎素則認為，二十八宿距星一定要選取相配成偶，即赤經相差 180°，遙遙相對的，如角配奎、亢配婁等[3]。這說法也部份地是正確的，但不正確的地方更多。如井宿 33 度，而相對的斗宿只有 26 度；和 2 度的觜宿相對的尾宿卻達 18 度，差別更大。

順便說一句，德莎素認為，二十八宿分為四陸，即四個部份，反映了四季的星象，即東方宿（角、亢、氐、房、心、尾、箕）為春，南方七宿（斗、牛、女、虛、危、室、壁）為夏，西方七宿（奎、婁、胃、昴、畢、觜、參）為秋，北方七宿（井、鬼、柳、星、張、翼、軫）為冬。我國黃河流域一帶的實際氣候，春、秋短而夏、冬長，所以東方七宿、西方七宿總度數比南方七宿、北方七宿總度數狹得多。這點並且是二十八宿體系起源於我國的證據之一。不少中國研究者也同意這一說法。但是，單就各宿而論，寬狹不等而又這麼懸殊，完全是一個懸而未決的問題。

最後，第六個問題，是一個過去較少注意的問題，就是：

---

¹　J.Needham：Science & Civilisation in China，Vol，III，Cambridge University Press，1959。

²　E.Biot：Traduction et Examen d'un ancien Ouvrage intitulé Tcheou-pei，littéralement Style ou Signal dans une circonférence，1942。

³　De Saussure：Les Origines de l'Astronomie Chinoise，Les Cing Palais Célestes，1909。

二十八宿的距星為什麼大多數是暗星？

就人類的認識規律而言，既然二十八宿是黃道或赤道上的標準點，當然應當盡可能採用亮星。新城新藏甚至說：「以顯著之星為目標。」其實卻不然。

前面已提出，原來是一等星的河鼓（天鷹座 α）和零等星織女（天琴座 α）竟被三等星的牛宿一（摩羯座 β）和四等星的女宿一（寶瓶座 ε）代替了。如果說，這是因為織女距赤道和黃道都過於遙遠，那麼，河鼓離開赤道甚至比牛宿一還近一些哩。這類例還可以舉出好些。心宿二（天蠍座 α）是一顆一等亮星，自古以來就以「大火」著名，但在二十八宿體系中卻不用它作距星，而改用了三等星心宿一（天蠍座 σ），兩者跟黃道、赤道的距離差不多是一樣的。軒轅十四（獅子座 α）這顆一等亮星在黃道上，離赤道也不遠，卻不用作距星，而採用了既遠離黃道又遠離赤道的四等小星張宿一（長蛇座 ν₁）。畢宿一（金牛座 ε）和畢宿五（金牛座 α）都在赤道和黃道附近，卻寧可舍掉一等亮星畢宿五而選取四等小星畢宿一作為距星。參宿是亮星群集的宿，其中參宿七（獵戶座 β）是零等星，參宿四（獵戶座 α）是一等星，卻都沒有被選作距星，而選用了一顆二等星參宿一（獵戶座 ζ）。在《史記‧律書》裡，二十八宿包括狼、弧、狼即天狼（大犬座 α）。是全天最亮的星，但終於被一顆三等星井宿一（雙子座 μ）取代了。諸如此類的例子還可以舉出一些。

從整個二十八宿體系看，我們毋寧說，選擇距星時，有躲開亮星的傾向。即使早期已經選擇了亮星的，在發展過程中，也盡量改用暗星。這實在是一個十分奇特的現象，一個值得深思的問題。過去有人說這是為了盡量要求距星靠近黃道或赤道，但上述許多例子反駁了這一論點。

二、 二十八宿劃分的依據

如上所述，關於二十八宿體系雖然已寫了大量文章，但懸而未決的問題，主要的至少有六個。我們從哪一個著手討論呢？二十八宿體系的主要矛盾，我認為，就是二十八宿劃分的依據，也就是：為什麼要黃道或赤道天區劃分為寬狹不等的二十八個部份？

以為二十八宿是月躔所繫，並從月亮位置逆推太陽位置，不管是從「朏」往前推「朔」，或者如李約瑟所說那樣，從望月推算其相對處的太陽，論據是十分不足的。因為，無論「朏」也好，「望」也好，每個朔望月中只有一夜，即一個回歸年中只有十二夜（考慮到置閏問題，則有些年是十三夜）可用以推算太陽位置。這樣，只需把黃道或赤道天區劃分為十二段，有如巴比倫的黃道十二宮就行了。二十八段劃分法是用不上的。而且，要推算太陽在恒星間的位置，無需借助於月亮，盡可採用李約瑟所說的偕日出或偕日沒法（即觀測恒星的晨出東方或昏入西方）。李約瑟說：

> 古代最有名的科學觀測之一，就是古埃及對天狼星偕
> 日出（預示尼羅河大氾濫）的觀測。[1]

竺可楨對此曾加以論述：

> 西方側重觀測晨星，如埃及以天狼星之晨升為尼羅河
> 氾濫之兆，巴比倫以廣車星[2]之朝覿，為一年之始，

---

[1] J.Needham：Science & Civilisation in China，Vol，III，Cambridge University Press，1959。

[2] 即五車二，御夫座。

而中國則著重昏星。[1]

這看法是頗有理由的，但仍有值得商榷之處。在馬王堆漢墓帛書中，對木星、土星視運動的描述，都是指的「晨出東方」，即偕日出。而在較古的《夏小正》一書中，有「三月，參則伏，參中則旦」等等，可見觀測晨星與觀測昏星是並重的。但在我國，最常用的並不是偕日出或偕日沒，也不是什麼借助於月亮的沖日法，而是用昏、旦中星來測定太陽的位置。《呂氏春秋》、《禮記・月令》都採用了這種方法。舉個例來說：「孟春之月，日在營室，昏參中，旦尾中」，即觀察初昏時參宿南中天，將旦時尾宿南中天，由此推知太陽在參宿與尾宿中間的室宿。可見我國古代推算太陽位置的方法，絲毫也不借助於月亮，與月躔無關。

或者有人認為，我國自古採用陰陽合曆，觀測月亮的視運動以定朔望周期至關重要。但是，與月亮的朔望周期有關的是月相，即月亮與太陽的相對位置關係，與恒星周期無關。即使要標定月亮每夜在恒星背景上的移行路徑，則一個恒星周期是27.32 日，比較接近於 27 而不接近於 28。而且，月亮在恒星間移行，並不是每夜都能觀測到的，朔日前後一兩天根本看不見月亮，也就無從標定其在恒星間的位置。最後，我們還有一點要充分注意的，即：月亮在白道上運行儘管有遲疾，但總是每天約略 13 度左右。如果二十八宿是月舍，則其寬狹應基本相等，或相差不遠，決不至於有井宿寬達 33 度、而觜宿只有 2 度的情形。

由此可見，二十八宿是月躔所繫的觀點，還值的斟酌。至少可以說，二十八宿的制定，不是起源於月亮的恒星周期。只

---

[1] 竺可楨：《二十八宿起源之時代與地點》，《思想與時代》，第三十四期，1944 年。

是自古以來，相沿成習，近代人也異口同聲襲用下去。不過我們這裡討論的只是中國的二十八宿體系。至於阿拉伯的「月站」，印度的「納沙特拉」，那又另當別論。尤其是「納沙特拉」，如前所述，有二十七宿與二十八宿兩種體系，而二十七宿體系中各宿廣狹相等，倒真的有可能是根據月躔所繫劃分的。如此說來，中、印、阿的二十八宿體系更加可以證明是不同源的了。

那麼，我國古代以什麼爲依據劃分二十八宿呢？我認爲，二十八宿劃分的依據，是土星的視運動。我國在很早的時後，就把土星稱爲鎮星或塡星，這是由於認爲土星 28 年一周天，一周天既分爲二十八宿，則每年土星鎮行一宿。鎮星或塡星之名就是這麼來的。後來人們知道，土星的恒星周期不是 28 年，而是 29.46 年，但是土星 28 年一周天的說法還一直沿用下去，《淮南子・天文訓》、《史記・天官書》，甚至到後世唐代和宋代的著作中，仍然有人重複這個說法。如果認爲，以我國天文觀測的精勤縝密的傳統，土星又是一顆運行得十分緩慢、很容易測定其方位的行星，居然到宋代還測不準它的恒星周期，是難以想像的。事實上，馬王堆漢墓帛書中，土星的恒星周期就已定爲 30 年，比今測值只大 0.54 年；到了《漢書・律曆志》，土星的恒星周期的觀測值，精度又提高到 29.79，即比今測值只大 0.33 年，相對誤差僅 1.1%。

那麼，爲什麼後世有的書中，仍然認爲土星「歲行一宿」，即 28 年一周天呢？我認爲這有兩方面的原因：

第一個原因是封建時代文人「信而好古」的保守思想，喜歡襲用前人的說法；雖然歷代司天監都勤於觀測，土星的方位迭有記錄，但寫書的人不一定是司天監人員，未必能窮三十年的精力去實測土星的恒星周期。

第二個原因比較複雜，需要作深入的探討。我們且看馬王

堆帛書。它記錄從秦始皇元年[1]（公元前 246 年）到漢文帝三年（公元前 177 年）共七十年間土星的位置[2]。我們取它的第二個周期，即自秦三十一年（公元前 216 年）至漢高后元年（公元前 187 年）共三十年間的土星位置來分析。這是因為，第二個周期比第一個更接近帛書成書年代，當較為準確。這三十年間，土星基本上每年進入一宿，只有室和井跨了兩年，故土星在二十八宿間運行時間須三十年。井宿寬達 33 度，跨行兩年，是必需的。室宿只有 16 度，而土星平均每年移行 12-13 度，何至於要跨越兩年呢？

　　表 1 列出這三十年間土星晨出東方日期一項，以當日土星黃經＝太陽黃經—20°，此時大致是天文晨光始，土星正在東方地平線上。土星雖為一等亮星，民用晨光始時刻計算。當時土星黃經度和同時的太陽黃經度（未列表上），係據 1962 年出版的托克爾曼的《公元前 601 年至公元元年太陽、月亮及各大行星位置表》[3]，二十八宿黃經度則按公元前 210 年算[4]。

　　還要說明一點的是，按我國傳統方法，計算二十八宿的赤經廣度，是指從這宿的距星到下一宿的距星的赤經差。我們在這表上採用的黃經（為跟土星的黃經度相一致）廣度也用這種方法。但是實際上，距星並不一定在本宿最西面，即不一定是黃經值最小的，因此常有本宿的星侵入前一宿的現象。土星位置在何宿也考慮到這一點。

　　從表上可以看出，漢高祖元年（公元前 206 年）以前土星

---

[1] 此時嬴政未統一六國，實際上應稱秦王政元年。

[2] 《五星占附表釋文》，《文物》1974 年 11 期 37-39 頁。

[3] Bryant Tuckerman：Planetary，Lunar & Solar Positions，601 B.C. to A .D.I，1962。

[4] 席澤宗：《中國天文史上的一個重要發現—馬王堆漢墓帛書中的〈五星占〉》，《中國天文史文集》，科學出版社，1978 年。

所在宿與帛書是基本相合的。這年以後，因為土星晨出東方日
期正

表一

年代		公元	土星晨出東方		帛書給出的二十八宿		土星在何宿
			日期	黃經	宿名	黃經	
秦	31	−216	2 月 17 日	305°.8	室	316°−334°	危
秦	32	−215	3 月 02 日	318°.1	室	316°−334°	室
秦	33	−214	3 月 15 日	331°.0	壁	334°−345°	室
秦	34	−213	3 月 28 日	344°.3	奎	345°−0°	壁
秦	35	−212	4 月 11 日	359°.8	粆	0°−12°	奎
秦	36	−211	4 月 26 日	11°.8	胃	12°−27°	胃
秦	37	−210	5 月 12 日	26°.2	昴	27°−39°	昴
張楚	38	−209	5 月 26 日	40°.6	此	39°−56°	比
張楚	39	−208	6 月 10 日	55°.0	觜	56°−58°	參
張楚	40	−207	6 月 25 日	69°.1	參	58°−65°	井
漢高	1	−206	7 月 11 日	83°.8	井	65°−95°	井
漢高	2	−205	7 月 25 日	97°.9	井	65°−95°	鬼
漢高	3	−204	8 月 08 日	111°.6	鬼	95°−99°	柳
漢高	4	−203	8 月 22 日	125°.1	柳	99°−113°	張
漢高	5	−202	9 月 04 日	138°.0	星	113°−119°	張
漢高	6	−201	9 月 16 日	150°.7	張	119°−136°	翼
漢高	7	−200	9 月 30 日	162°.9	翼	136°−154°	軫
漢高	8	−199	10 月 11 日	175°.1	軫	154°−172°	角
漢高	9	−198	10 月 23 日	186°.8	角	172°−185°	亢
漢高	10	−197	11 月 03 日	198°.4	亢	185°−195°	氐
漢高	11	−196	11 月 14 日	209°.6	氐	195°−210°	氐
漢高	13	−195	11 月 25 日	220°.8	房	210°−215°	尾
孝惠	1	−194	12 月 04 日	231°.7	心	215°−220°	尾
孝惠	2	−193	12 月 16 日	213°.0	尾	220°−239°	箕
孝惠	3	−192	12 月 28 日	254°.3	箕	239°−249°	斗
孝惠	4	−191			斗	249°−273°	
孝惠	5	−190	1 月 08 日	265°.5	牛	273°−280°	斗
孝惠	6	−189	1 月 20 日	277°.0	女	280°−291°	牛
孝惠	7	−188	1 月 31 日	288°.8	虛	291°−299°	女
高后	1	−187	2 月 12 日	300°.6	危	299°−316°	危

好是地球運行到遠日點附近速度最慢，因此土星晨出東方日期間隔也較長，土星所在宿後移，與帛書差一宿。到漢孝惠四年（公元前 191 年），整年間土星並不晨出東方，無從計算。因此30 年間實際上只有 29 個值，即 30 年間土星只有 29 次晨出東方，平均分配於二十八宿，只需井宿跨越兩年即可；室宿跨越兩年在這兒是巧合，實際上是不一定的。至於爲什麼帛書列室宿跨越兩年而不列更寬的斗宿，可能是因爲帛書中土星行度是自室宿開始之故。

從表上又可看出，土星晨出東方的日期，逐年後移，後移的值爲 9-16 日，平均爲 13 日，這是因爲土星的會合周期 378 日（帛書給出的值爲 377 日，只差一日），比回歸年長約 13 日。

土星的恒星周期與會合周期的關係，正好是：

$$\frac{29.46\,\text{年（恒星周期）}\times365.25\,\text{（回歸年日數）}}{378\,\text{日（會合周期）}}=28.46$$

這就是二十八宿的由來！

我們先從理論上加以分析。馬王堆帛書指明，我國古代觀測木、土兩大行星的運行，都是採用觀測它晨出東方時在恒星背景間的位置。而對視運動較快的內行星金星（可能還有水星），則有時觀測它們晨出東方，有時觀測它們夕入西方，其所以如此，都是爲了便於標定相對於太陽的位置，並沒有借助於月亮。既然是標定相對於太陽的位置，則每兩次觀測土星時間的間隔，正好就是一個會合周期。所以土星不是每個回歸年鎮一宿，而是每個會合周期鎮一宿。不過土星的會合周期只比回歸年長 13 日，差值不大，古人有時會弄錯罷了。

我們先回答這個問題：爲什麼各宿寬狹不等，而且相差懸殊？

　　從上面的表可以看出，土星在各個會合周期間，行度基本上是均勻的。土星各次晨出東方，黃經差一般在 11°-14° 之間，也就是帛書所說：「卅日行一度」，即一個會合周期約行 12-13 度。而二十八宿的黃經廣度並不總在 11°-14° 之間，這就是土星每次晨出東方時並恰好正在帛書所給出的宿內的緣故。

　　但是，我們知道，土星在一個會合周期內，因為有順、逆、留的關係，行度是不均勻的，而且相差很大。我們取表 1 最初三年為例，推算土星在每個會合周期內的運行，如表 2。

表二

年代	公元	土星行度		太陽黃經	土星在何宿
		日期	黃經		
秦 31	−216	2 月 17 日	305°.8	325°.8	危
秦 31	−216	8 月 25 日	307°.8	148°.0	危
秦 32	−215	3 月 02 日	318°.1	338°.3	室
秦 32	−215	9 月 07 日	320°.3	160°.6	室
秦 33	−214	3 月 15 日	331°.0	350°.7	室
秦 33	−214	9 月 20 日	332°.8	173°.3	室

　　表 2 給出的土星行度日期和黃經度，是每半年會合周期（189 天）一個值。我們可以看到：在每個會合周期前半段，土星行度只有 2° 上下；而在後半段，土星行度達 11°。這是因為土星於晨出東方後，不久即達於西方照，然後是留、逆行，行度十分緩慢。室宿不過只跨 16°，由於順、逆、留關係，從公元前 215 年 3 月至公元前 214 年 9 月一年半間，土星竟在室宿內徘徊不去。

　　由此我們可以進一步推論：帛書所給出的土星晨出東方的宿次，並不完全是根據實測，而是摻雜了理論推算的值。事實上，土星基本上終年可見。帛書明確指出：「伏卅二日」，即每會合周期內只有 32 天是看不見的，其餘時間不是晨見，就是夕見，即在一年內大多數時間可以觀測。隨著觀測時間的不同，

土星行度也有很大的變化。作爲土星行度的標尺的二十八宿，寬狹相差是可以很懸殊的。當然，二十八宿寬狹相差懸殊還有別的原因，那是在二十八宿體形成和調整過程中造成的，詳見下節。

　　二十八宿不用亮星的原則也可以得到解釋。如果二十八宿是月躔所繫，則其距星當然選取越亮的越好。因爲在望月旁邊，五、六等小星是很難看見的。但是，如果二十八宿是標示土星行度，則用亮星作爲距星，會很容易與土星本身相混淆。因此，在二十八宿形成和調整的過程中，早期選用的明亮距星都改用暗星了。亮的距星只保留角宿一。那是因爲，角宿是二十八宿之首，在二十八宿體系的形成和發展過程中起了特殊的作用。

　　那麼，二十八宿的劃分是沿黃道還是沿赤道呢？土星視運動軌道是與黃道密近的，因而二十八宿距星似乎也應選擇離黃道不遠的恒星爲宜。但是還有兩個因素需要考慮：第一，要考慮當恒星不會被土星凌掩，稍稍離黃道有一點距離是比較合適的；第二，我國自古以來重視觀測拱極星，很早就有天極概念，同時不可免地產生赤道概念，這是我國古代天文學採用赤道座標系的主要原因。二十八宿體系形成過程中，也要考慮盡可能接近赤道，這樣便於計算赤道上的距度，也就是赤經差。那麼，爲什麼早期的資料中，二十八宿只有赤道度數，到《後漢書·律曆志》，二十八宿才加上黃道度數？那是因爲，東漢時出現了黃道渾儀的緣故。因此，可以說，二十八宿是沿黃道和赤道間劃分的。在本文的開頭說：「二十八宿……是把全天連續通過南中天的恒星分爲二十八群」，我們認爲這是比較確切的定義。

　　這一來，有些問題就可以迎刃而解，沒有討論的必要了，如「二十八宿外來說」。如果阿拉伯和印度的二十八宿或二十七宿不過是「月站」，而我國二十八宿卻是土星行度的標尺，那就

是說，兩者數字雖同爲二十八，卻是不搭界的。

　　不過，我們要注意到，這裡只是討論二十八宿的起源時代。年代愈早，人們的活動半徑愈小，甚至同在我國大地上，南方和北方的交流也是要到原始社會末期甚至奴隸社會初期才逐步發展起來的。不能設想，遠隔幾千甚至幾萬里外的古老民族，在天文學方面（或在其他科學文化方面）會有同一的起源。但是，我們也不能排除在奴隸社會進一步發展，以至進入封建社會，生產力逐漸增長，交通逐步發達，中外交流逐漸增多，各古老民族間相類似的二十八宿體系也有互相影響、滲透、融合的時候。這點，要放在二十八宿體系進一步發展的背景上去探討。

　　現在我們先回答最關鍵的一個問題：二十八宿是什麼時後形成的？這個問題需要專門討論一下。

三、　二十八宿體系的形成和發展

　　關於這個問題，大體上可以這樣回答：二十八宿體系不是一次形成的，而是經歷一個漫長的過程。

　　我們又要再次提到《尚書·堯典》的四仲中星。那裡提到仲春、仲夏、仲秋、仲冬四個時令，並各有一顆標誌星：鳥、火、虛、昴。這四顆星，互相間的間距雖不是精確地相等，但大致是把周天劃分爲四段的標誌點。因此，它是二十八宿裡最關鍵的星。

　　這四顆星中，最值得注意的是「火」──即大火，也就是心宿二。這幾乎是我國所有古籍中處處提到的一顆星。最早，在

傳統中就有「火正」黎，專司觀測大火。殷族先世的閼伯，就是「火正」出身。《夏小正》不但有「五月初昏大火中」，而且有「九月內火」這樣的記述。什麼叫「內火」？《周禮・夏官・司爟》：

> 掌行火之法令……季春正火，民咸從之；季秋內火，
> 民亦如之。

可見「出火」表示火始昏見，「內火」表示火伏——與太陽同沒，在這兩個時令都要舉行一定的儀式。《尸子》甚至說：「燧人察辰心而出火」——把觀察心宿的昏見而舉行「出火」活動上推至發明用火的傳說時代的燧人氏。可能原始氏族是以大火昏見東方作為農事季節之始。此時尚是「出火」的含義吧！《禮記・郊特牲》有一句話可以為證：「季春出火，為焚也。」《左傳》裡有大量關於大火的記事，其中昭公三年「火中，寒暑乃退」這一條格外有意思。據《詩・豳風・七月》孔疏引服虔曰：「季冬十二月平旦正中，在南方，大寒退；季夏六月黃昏大火中，大暑退，是為寒暑之候也。」如此看來，古人是一年四季都觀測大火的，昏中和旦中，都標示節氣。昏中後不久，就是大火西流，即《詩・豳風》的「七月流火，九月授衣」。更晚些時候，大火與太陽同度，看不見了，就是《左傳・哀公十二年》所謂：「火伏而後蟄者畢」——深秋了，蟲蛇龜鼠這類動物要蟄伏了。又再晚些時後，大火在太陽西面，於是晨見於東方，即《國語・周語》裡所謂「火見而清風戒寒」。天氣冷了，農事已結束，於是，「凡土功，火見而致用」（《左傳・昭公二十九年》）——早晨看見大火升起，就要準備建築工具去修築城郭宮室了。最後，大火又名「農祥」。所謂「農祥晨正」（《國語・周語》），也就是上面說的「季冬十二月平旦正中，在南方，大寒退」，此時「土氣震發」——即大地開始有點解凍了，要準備春耕。請看，古人是

一年到頭觀測大火，並以大火作為自己生產活動和日常生活的日程表的！

昴宿和虛宿沒有大火那樣著名，主要是它們的出、沒、中天不能像大火那樣指導農時。但是《夏小正》裡也有：「四月，昴則見。」最有意思的，是《左傳·昭公四年》：「古者日在北陸而藏冰，西陸朝覿而出之」。北陸和西陸是什麼？據《爾雅·釋天》：「北陸，虛也；西陸，昴也。」日在虛宿是何時？《禮記·月令》：「季冬之月，日在婺女」。則日在虛宿還在其後，正是冬盡春來之際，宜乎藏冰以待來年之用。昴宿朝覿，即日在畢宿，依《禮記·用令》：「孟夏之月，日在畢」，正是將人暑季，宜乎出冰了。可見昴宿和虛宿也是和人民生活有一定關係的。

成問題的是「鳥」星。我們在第二章裡已說過「鳥」星指哪顆星，還有張宿一與星宿一之爭，兩者赤經差約 6°，在公元前兩千二百年左右，達 7.5°。這「鳥」星看來很值得重視。因為甲骨文中，能夠確鑿地證認為恒星的，只有「火」、「鳥」、「鳥」三字。「鳥」指哪顆星，也未能定論。有一塊甲骨片（乙6664，6672，6673）提到卯鳥星，有人認為「卯鳥」連讀，即指昴星。還有甲骨文七，B43-12：「貞，翌戌申母其星」──意思是占卜第二天戌申日將看不到星星；但是，也有人認為，應讀作：「翌戌申婐其……」那麼，「婐」又似乎是一顆星名了，而且據說「婐」就是婺女（寶瓶座ε），正在虛宿旁不遠處[1]。這一來《堯典》四種仲中星可全見之於甲骨文，即至遲商代已有四仲中星了。

我們再看另一部古書《夏小正》，那裡有六顆星名：參、昴、火、織女、南門和鞠。其中南門遠在南方地平線上，根本不屬於二十八宿；鞠，李約瑟認為是柳宿（長蛇座δ），但《夏小正經傳集解》認為是「瓠瓜」，這是屬於海豚座的幾顆密集的五、

---

[1] 丁山：《中國古代宗教與神話考》，龍門聯合書局，1961 年，第 142-144。

六等星，在虛宿之北。不管怎樣吧，二十八宿至少有五宿已見了。

　　《堯典》和《夏小正》顯然並不就是唐堯和夏代的作品，但其中可能包含一些殷周以前的天文知識。對此我們在前面也論述過。這裡還要談一談我國古代兩種觀象授時系統與二十八宿的形成問題。這兩種系統，一種觀測初昏時南中天的恆星，與二十八宿的淵源自不待說；就是以斗柄迴轉以定四時的這一系統，斗柄所指正是角宿所在——角宿是二十八宿之首。我們認為，這兩種觀象授時系統的融合、影響，就是二十八宿體系的形成過程。《詩經》記載了參、畢、昴、定（室、壁）、織女、牽牛、斗、箕、火等宿，可以說，二十八宿中重要的「宿」，已經載列了。由此可見，至遲在《詩經》中的民歌流傳的年代，二十八宿體系應該說基本完備了。

　　既然二十八宿體系形成過程中融合了兩種觀象授時系統，這也是影響到二十八宿各宿寬狹不等的因素之一。舉個例來說，觜宿和參宿很可能就是來自不同的觀象授時系統。參宿早見於《夏小正》，它也是古代觀象授時的主要對象，我們前面也說過，它可能就是夏民族主要觀測和祭祀的星。它是屬於與拱極星「栓在一起」（李約瑟認為它是北斗斗柄反方向所指的星）一類，而觜宿則於公元前 1600 年時正在當時的赤道上，應屬於用觀測恒星昏中方法的另一類。兩者的同時並存，使觜宿只剩下 2 度的狹小地位。總之，關於各宿的寬狹不等，恐怕有著綜合的、複雜的多方面因素，還需要很好地具體分析。

　　但是，《詩經》中的民歌，據信是西周至春秋年間的作品，二十八宿體系到這時才算形成嗎？

　　研究二十八宿體系的形成，過去人們往往局限於煩瑣的考證：什麼時代人們認識了哪一宿。這樣做當然也是有用的，但

是更重要的，是要研究作爲一個體系的二十八宿什麼時後初步成型。這是兩個互相關聯又互相區別的問題，就如研究一棵棵樹木的生長與研究整個森林一樣。

由於年代久遠，古籍材料、甚至考古發掘中不確定的因素很多，要從不完全的不確切的知識到比較完全比較確切的知識，就要從更廣泛的角度和以更全面的觀點去分析研究。比如說我們十分需要分析一下產生二十八宿體系的實際需要和社會生產條件，即作爲一個完整體系的二十八宿在什麼社會狀況下和什麼歷史年代裡得以形成·

竺可楨研究《堯典》四仲中星，提出了一個很有見地的觀點，即四季的劃分在認識天象方面起了關鍵的作用。滿天恒星，自從人們察覺到它們的運轉與四時交替有一種內在的聯繫以後，人們就要努力去探索這內在聯繫的規律性。至遲在甲骨文中，也即殷代，人們對恒星的分佈已經有一定的認識，否則是無法出現如下的新星記錄的：「七日已巳、夕豈，有新大星並火。」（後下 9.1）甲骨文中見「新星」一詞還有兩例。就是今天，我們要發現一顆新星，也必須對於恒星分佈有一定的知識，即心中有一張「星圖」。但是，要把雜亂無章的恒星記憶住，就必須努力把它們聯想成某種圖形，如井、斗、箕、畢（捕兔用的帶柄的小網）、參（三星並列）等等。由於天文學是勞動人民在生產實踐過程中創造的，因此人們最初聯想的恒星分佈圖形，都是勞動工具、勞動人民形象（牽牛、織女），以及勞動人民在生產和日常生活中習見的動物和植物。

上文我們提到過，「鳥」星很值得研究。因爲二十八宿分爲四象：東宮蒼龍、北宮玄武（龜、蛇之象）、西宮白虎和南宮朱鳥（或朱雀）等，這雖然到《淮南子·天文訓》才算定下來，但是《堯典》四仲中星已有周天恒星分爲四方的意思，《左傳·

昭公四年》更有西陸、北陸的說法，可見二十八宿爲四群的思想是很早就產生的。其中「鳥」的形象是古已有之。《堯典》有星鳥，甲骨文中不但有鳥星，還有卯鳥星，有鷫星，都和鳥有關。

《左傳・昭公十七年》有一段話，我以爲是描述原始氏族的圖騰或自然崇拜——當然是得自傳聞的：

> 昔者黃帝氏以雲紀，故為雲師而云名；炎帝氏以火紀，故為火師而火名；共工氏以水紀，故為水師而水名；太皞氏以龍紀，故為龍師而龍名。我高祖少皞摯之立也，鳳鳥適至，故紀於鳥，為鳥師而鳥名：風鳥氏，歷正氏；玄鳥氏，司分者也；伯趙氏，司至者也；青鳥氏，司啟者也；丹鳥氏，司閉者也。

這裡獨獨對於鳥有諸多描述。尤其值得注意的是「鳳鳥氏，歷正也」，讓風鳥來管理曆法，而且手下還有四名鳥「官」，分管分（春、秋分）、至（夏多至）、啓（立春、立夏）、閉（立秋、立多）。可見「鳥」與天文學的密切關係。

以歲星（木星）運行爲依據而劃分的十二次，其中三次的名字爲鶉首、鶉火、鶉尾，這三「次」共占了全天四分之一，即一個象限的位置，也正是這三「次」合起來稱爲南宮朱鳥，共包括七個宿：井、鬼、柳、星、張、翼、軫，赤經廣度共達112度，構成翺翔在天上的一隻大鳥。十二次的全套命名可能到周代以後才定下來，但三「鶉」的名字是早就有了的，詳見下章。

《堯典》說：「日中星鳥，以殷仲春。」這不是無因的。無論中國或外國，鳥和春天的聯繫在許多文學作品中都有描述。遠在沒有曆法的原始社會，鳥的出現往往就是春天來臨的訊

號，把春天初昏時南中天的恒星想像作一隻大鳥的形象，不是很自然的嗎？

我們再看看四象的布列。四象同為二十八宿的組成部分，都是絡繹經過南中天的恒星群，為什麼有東宮、北宮、西宮、南宮之別？這是因為是以春天的觀測為基準的。初春的黃昏，朱鳥七宿正在南中天，它的東面是蒼龍七宿，西面是白虎七宿，北面（北方地平線下）是玄武七宿，這種星群佈列方式不止一次在各種古書裡描述過。如《鶡冠子》：「前張後極，左角右鉞。」張代表朱鳥七宿，正在坐北朝南的人的正前方，後面是北天極，左面（東面）是蒼龍七宿的代表角宿，右面（西面）是白虎七宿的代表參宿（參宿一名伐，也就是鉞）。《曲禮》裡甚至說行軍佈陣也要師法天上星宿的佈列：「前朱雀，後玄武，左青龍，右白虎。」張衡更用文學的語言描述道：「蒼龍連續於左，白虎猛據於右，朱雀備翼於前，靈龜圈首於後。」(《靈憲》)

不特如此，古書裡還有對於四象更具體的描述。如《說文》：「龍，鱗蟲之長也，春分而登天，秋分而潛淵。」這是說作為動物的龍嗎？不盡然。作為天象的蒼龍七宿不正是從春分到秋分這一段時間裡初昏時橫亙過南中天嗎？直到現代，民間傳說還有二月初二「龍抬頭」的說法。「龍頭」是什麼？就是東宮蒼龍第一宿角宿，正是這段時間裡「抬頭」於東方。由此可見，有關四象的佈列的傳統習俗有著悠久的歷史。有人根據西方日躔法來附會我國另成體系的古代天文學，力圖論證「堯典的四仲中星和史記天官書的東宮蒼龍是怎樣錯排的？[1]」這種研究方法我以為是不妥當的。《書‧傳》說：

> 四方皆有七宿，可成一形。東方成龍形，西方成虎形，

---

[1] 見《中山大學報》(社會科學版) 1957 年第 1 期。

皆南首而北尾；南方成鳥形，北方成龜形，皆西首而
東尾。

這把四象圖形都描述出來了。近世高魯作《星象統箋》，就
據此畫出四象圖形。這個佈局仍然是春天初昏的星象佈局：南
中天上，自西向東，鶉首、鶉火、鶉尾，這只大鳥確是西首東
尾；東方蒼龍，西方白虎，南首北尾，即龍、虎兩首此時都朝
南，一在東南角，一在西南角。有趣的是，西方白虎的虎首為
參宿，依次向西是觜、畢、昴、胃、婁、奎，後面幾宿赤經緯
很高，因此整個白虎七宿基本可見於西：東方蒼龍則不然，龍
首角、亢、氐固可見於東南，但龍尾尤其是心、尾、箕三宿，
赤緯很低，都在地平線下，看不見。恐怕這正是《國語・晉語》
裡所謂「龍尾伏辰[1]」吧。

再從十二次和十二辰的關係也可以看到我國古代恒星的佈
局確是以春天初昏天象為觀測的基準點的。十二次自西至東，
以星紀為首，依次為玄枵、娵訾、降婁、大梁、實沈、鶉首、
鶉火、鶉尾、壽星、大火、析木；十二辰則相反，自東向西，
按十二地支排列。兩者對應關係如圖1。

這個對應關係的關鍵在於午位鶉火。午位就是正南方，所
以至今還把天球上從天北極到正南方的大圓，稱為子午圈（天
北極以下為子位）。這仍然是以鶉首、鶉火、鶉尾三次橫亙南中
天而佈局的，仍然是依據春天初昏的星象！

這恐怕已足夠證明，我國古代天文學可以稱為「春天的天
文學」，即從整個天文學的起源可以看出是為了春耕生產服務

---

[1] 按《國語・晉語》：「童謠有之，曰，丙之辰，龍尾伏辰。均服振振，取虢之旂。
鶉之賁賁，天策焞焞，火中成軍，虢公其奔。火中而旦，其九月、十月之交乎？」
這裡「龍尾伏辰」指的是九月、十月之交平旦時天象，即鶉火旦中，跟春天初昏
的星象佈局是一樣的。

的。二十八宿的起源也是爲了春耕生產服務的。

　　由此可見，南宮朱鳥七宿對於標誌春耕生產季節的到來有特殊意義。二十八宿體系以東宮蒼龍第一宿角宿爲首，源於斗建，已如前述。但我們前面也說過，我國古代有兩種觀象授時系統。這第二種系統，即觀南中天星象的方法，應以南宮朱鳥的第一宿井宿爲首。由於土星恒星周期除了以它的會合周期，

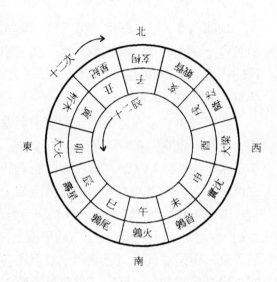

圖 1　十二次與十二辰

其商數不是正好 28，而是 28.46，這多餘的 0.46 就給了井宿。這就無怪乎井宿要占 33 度之寬了；也無怪乎在《史記·律書》所依據的甘德體系裡，以全天最亮的天狼星代替井宿——當然，甘德是楚人，處在南方，看天狼星的地平線高度還是比較高的，這也是原因之一吧。

　　這裡要講一步談到一個重要的問題，即鶉火一次名稱的演變。在清代周世樟的《五經類編》裡，鶉火叫作鶉心。若以鶉首、鶉火、鶉尾三次作爲一隻大鳥的形象，則鶉心一名要比鶉火合理些。有趣的是，大火一星，在二十八宿裡卻正在心宿中。心和火有什麼關係呢？《左傳·襄公九年》提供了解決這問題的線索：

古之火正，或食於心，或食於咮，以出內火，是故咮
為鶉火，心為大火。

咮即鳥喙。按《爾雅・釋天》：「咮謂之柳。柳，鶉火也。」
但實際上鶉火一次一般指柳、星、張三宿。從這段故事看，古
代的「火正」，有的觀測心宿二，即「大火」；有的觀測柳宿或
柳星、張三宿，即鶉火。

我們在第二章裡概略地談到這個問題。現在再深入討論一
下，商族始祖閼伯被封爲「火正」，觀測「大火」昏見東方爲一
年農業生產的開始，是在傳統中的唐堯時代，約當公元前二十
二世紀，春分點在昴六度。按黃河流域，春耕開始是在雨水節
──即今驚蟄（漢以前雨水、驚蟄與今是顛倒的），約當陽曆三
月初，「大火」初昏出現於東方地平線上。有商一代，這習俗相
沿下來。但是商代可能已測定出夏至和冬至，因之，相應地也
能求出春分和秋分，就是《堯典》所謂：「四仲」。觀測春天的
星也改在春分日進行了。這倒是正好適應了歲差現象引起的星
象變化。因爲盤庚遷殷後，即甲骨文所記年代，春分點已移至
胃宿九度左右，雨水日初昏大火尚在地平線下，到春分日初昏
才剛升上地平線。到了殷商末世，約當公元前十二世紀，春分
短又移至胃宿六度附近，此時春分日初昏，也已看不到大火現
於東方，而張宿正好南中天。張宿雖然沒有什麼亮星，但附近
星數較稀，而柳、星、張連成一片，仍是南中天顯著的星象，
於是改觀測大火易名爲「心」。到周人滅殷，觀測鶉火的昏中以
定農業生產季節這整套制度也保存下來了。

春秋時代興起了一套分野說，即以天上的二十八宿、十二
次配地上的國家或地區。據《周禮・春官・保章氏》鄭注：

九州州中諸國之封城，於星亦有分焉；今存其可言
者，十二次之分也。星紀，吳越，玄枵，齊也；娵訾，

衛也；降婁，魯也；大梁，趙也；實沈，晉也；鶉首，
秦也；鶉火，周也；鶉尾，楚也；壽星，鄭也；大火，
宋也；析木，燕也。

為什麼要這樣分配？《名義考》說：

> 古者封國，皆有分星，以觀妖祥，或繫之北斗，如魁
> 主雍；或繫之二十八宿，如星紀主吳、越；或繫之五
> 星，如歲星主齊、吳之類。有土南而星北，土東而星
> 西，反相屬者，何耶？先儒以為受封之日，歲星所在
> 之辰，其國屬焉。吳、越同次者，以同日受封也。

這意思是說分野主要是依據這個國受封之日，歲星在那一
次來定。但是，至少有三國，不是這樣分的：

一個是宋，「大火，宋也」。春秋時代的宋，就是被周滅了
的殷商的後裔，仍以大火為其分野，明為不忘先祖之意，可見
殷人的族星為大火，是反映在分野中了。

一個是周，「鶉火，周也。」周人沿襲了殷人後期觀測鶉火
以定農時的習尚，鶉火於是成了周的分野（一說是武王伐紂之
年，歲星正是鶉火一次中）。

一個是晉，「實沈，晉也。」實沈是夏族始祖，夏為商滅後，
周成王封弟唐叔虞於其舊址，後來就是晉國。

可見，這三個分野實際上反映了古代不同民族觀測不同的
星辰；或者說，不同民族各有自己的族星。過去有的研究天文
學史的人以為分野說只是搞星占用的，是宗教迷信，不值的理
會，沒有什麼科學價值。看來，遠不是這樣。

由此可見，以鶉火為觀測標誌代替了以大火為觀測標誌，
應在殷商末世，至遲在殷周之交，即公元前十一世紀。此時春
分日初昏，整個南宮朱鳥展現在南中天，而鶉火一次正當午位，

我們上面所說的為農業生產服務整個「春天的天文學」體系，此時已全部形成了。這也是二十八宿作為一個體系誕生的時代。當然，以後還會有一系列星名、距星變化和調整、發展，但二十八宿體系的主要點是完備了。

四、 二十八宿與我國古代的天文學思想

我國自古以來，就十分注意日、月和水、金、火、木、土五大行星的行度。這是因為，在恒星周期視運動的背景上，只有日、月、五星還有與眾不同的各自的運動。《尚書‧舜典》說：

> 在璇璣玉衡，以齊七政。

七政可能就是指日、月、五星這七個移動的發光體。什麼叫做「以齊七政」？就是要探索這七個天體運行的規律。

研究太陽和月亮的運行，產生了回歸年和朔望月，這是我國陰陽合曆的基礎。我國至遲到殷商時代，已有一定水平的曆法。殷商農業較之新石器時代，有了十分巨大的進展，這除了勞動組織和工具改進以外，用曆法來指導，適時播種耕種，不誤農時，也是重要原因之一。

研究五大行星的運行，對於農牧業生產有什麼幫助呢？從我國古代的天文學思想看，古人還想更進一步，努力去探求比回歸年更長的時間周期。這倒並不是出於統計學上的興趣，主要是從編製曆法的需要出發，力圖把回歸年的長度定得更準確些。

我們知道，最早定回歸年長度的方法之一，是用土圭測定每天午時的日影長度，由日影最長的一天到下一個日影最長的

一天（就是冬至，古稱日南至），或由日影最短的一天到下一個日影最短的一天（就是夏至），正是一個回歸年。但是這樣的測日影法十分不準確，因爲在冬至前後和夏至前後，日影長度變化甚微，回歸年長度的誤差可達數天之多。在沒有更精確的儀器產生之前，最好的辦法還是連續觀測若干年，然後加以平均，這樣可以減少誤差，提高精度。甲骨文證明，殷代已有六十干支周期。如能連續六十年測定日影長度變化，回歸年的長度可以定得相當準確了。

　　但是六十干支是人爲的規定，而人類的思想是經常從自然界得到啓示的。自然界中有沒有什麼物體的運動可以作爲長周期的時間尺度呢？

　　五大行星中，水、金、火三星行動飄忽，只有木星和土星移行較慢，因此測定這兩大行星的運動規律開始很早。「大歲」一名也已見於甲骨文，如果是指木星的話，當是已發現木星十二年一周天的規律了。順便說一句，觀察五大行星的運動這一傳統一直在我國曆法沿革中承傳下來，除了日躔月離之外，五星行度始終是我國曆法的重要組成部分，緣由或在於此。

　　土星視運動可以記錄更長的周期。因此，二十八宿也和十二次一樣，最初應當是土星運動的標誌點和計算曆法用的時間尺度。馬王堆漢墓帛書記錄了土星七十年間晨出東方的宿次，當是古之遺風。但是，由於土星的恒星周期只是等於二十八宿個土星的會合周期，而並不等於二十八個回歸年，因此二十八宿就不作爲時間尺度使用，只剩下作爲天空上恒星分群的標誌點了。木星十二年一周天的周期，只比真正的恒星周期長 0.14 年，誤差很小，所以一直應用下去，發展成完整的歲星紀年方法。十二次既是天空區劃，又是時間周期。後來觀測年代長久了，精度提高了，發現了歲星超辰現象，歲星紀年法就廢置不

用了。只有人爲編定的六十干支周期還一直沿用下去。

　　如上所述，我國古代的兩種觀測恒星昏中以定四時，在融合二十八宿體系的過程中，都承傳下來了。拱極區變爲中宮紫薇垣，和二十八宿的東、北、西、南四宮相配，正好又和五行說合拍。《史記·天官書》已有「太徽」、「天市」等名，但未稱「恒」。三恒、二十八宿恒星分群體系的建立當在其後。這時黃河流域一帶可見恒星大都有了分區，並陸續把二十八宿以南的恒星補充上去。根據東漢張衡的計算，已定名的恒星數達三百二十，未定名但認識大大超過同時期的西方。那些認爲中國古代天文學傳自巴比倫、印度甚至伊朗的人，作何解釋？

　　但是二十八宿體系的建立，決不僅僅是有助於對恒星分佈的認識而已。二十八宿又是我國渾天說宇宙體系的重要組成部分。《呂氏春秋·圓道》論述：

　　　二十八宿，軫與角屬，圓道也。

　　可見在二十八宿體系形成的年代，人們早就認爲，天是一個包著大地在內的大圓球，所以二十八宿才能絡繹不絕一個接一個經過南中天，循環周迴，無休無止；所以拱極區的北斗七星才能繞天極不停迴轉。「天球」概念的確立是渾天說體系的精髓。當然關於大地是球形的概念要比這晚得多。但是以天文學的發展來說，「天球」概念的形成是決定性的一步。不是嗎？儘管我們今天早就知道無窮無盡的宇宙空間並沒有「天球」這個實體，但是天文學一入門仍然要首先引入「天球」的概念。因爲沒有這個「天球」，就無法標示和計算天體的視運動，不可能產生星圖、星表，也可以說，無法產生真正科學的天文學。

　　我們過去總以爲，「天圓如張蓋，地方如棋局」的天圓地方說產生於周代，因爲《晉書·天文志》寫明這是「周髀家說」，

而《周髀算經》又假託爲周公所作。但是這種天圓地方的「周髀家說」實際上不見載於《周髀算經》，正不知它是何年何月的產物？既然二十八宿體系甚至產生於周代以前，而二十八宿絡繹不絕周天運行是跟一個半球的「天」的概念相矛盾的，怎能想像到了此時還堅持天圓地方說而沒有渾天思想？李約瑟提到，《計倪子》有太陽運行「未始有極」的話，《文子》有天是「輪轉無窮」的話，認爲公元前三、四世紀時我國已有渾天思想，這也是大大落後於實際了。一個很早就認識了天極，知道觀察北斗迴轉以定四時，又知道全天恒星周而復始地迴環不息的民族，會不產生「天球」概念嗎？實際上，天圓地方說只產生於原始民族當中。古代巴比倫和埃及大地浮於水、天象個蓋子一樣罩在上面的想法（在各個民族中細節是不同的）。古希臘，荷馬的不朽史詩《伊里亞特》裡就有類似的描述。古印度人更認爲大地由四頭象馱著，四頭象立在一頭大鯨魚背上，鯨魚則遨遊在無邊無際的大海上。諸如此類最直觀、最樸素的宇宙論的產生，在我國至遲應推至新石器時代。

　　我國對天極的認識，以及由於觀察到天體的循環運轉而產生天球的概念，不但導致了渾天說宇宙體系的形成，同時又是赤道座標系統產生的基礎。赤道是什麼？是天球上一個與天極處處垂直的大圓。有了天極和赤道這兩個概念，然後可以量度天體的角距離和沿赤道的角距離，即所謂「去極度」和「距度」，赤道座標就誕生了。赤道座標系統的出現可說是奠定了與西方、近東、東亞等地迥不相同的我國古代天文學的獨立體系。那些地方的天文學是採用黃道座標系的。當然，這兩種座標系各有短長。但是赤道座標系的誕生，使得我國赤道式裝置的渾儀的出現遠早於世界各國。

　　渾儀的基本結構是一個與天球赤道相一致的圓環——赤道

環，和一個通過天極、與赤道環垂直而可以轉動的圓環——時圈環，再加上一根可以在時圈環內迴轉的窺管（當然實際的渾儀裝置還要複雜些）。這種裝置使得觀測者只要轉動時圈環和其中的窺管，便可以通過窺管觀測任何一部份天空上的天體，並且可以在時圈環上讀出這天體的「去極度」，在赤道環上讀出這天體與另一天體的「距度」。「去極度」就是赤緯的餘弧，「距度」就是兩天體的「赤經差」。如果天體之一換爲春分點，距度也就是赤經了。因此，渾儀結構的基本原理，就是使它對應於天體繞天極的圓周

赤道環

時圈環

窺管

圖 2 渾儀結構

運動。這種赤道式裝置十分便於跟蹤觀測天體的周日視運動，因而一直到今天還在現代化的天文望遠鏡中採用著。渾儀的應用，大大增加了觀測天體的精確度，從而大大增加了測定回歸年、朔望月的精確度，整個中國古代天文學的大廈就麼一磚一瓦地建立起來了。

　　有理由相信，這整個過程完成於殷代至戰國前期，也就是由奴隸社會中世到向封建社會過渡的歷史年代裡。因爲到了甘德和石申時，二十八宿的去極度和距度已經測出來了，許多其他恒星的入宿度（與二十八宿距星的赤經差）也測出來了。沒有渾天儀說的宇宙結構理論，沒有赤道座標系統以及按照這個系統裝置的渾儀，是不可能有甘氏、石氏星表的誕生的，也不

可能有馬王堆漢墓帛書的比較精確的五星行度表的誕生的[1]。

這裡我們已經可以概略地看到我國早期天文學發展的道路。它無可辨駁地證明，我國天文學的萌芽，確時源於農業生產的需要，具體地說，源於預報春耕時刻的需要。通過大量的、多年的天象觀測，並積累了豐富的資料，在這基礎上，概括出天體視運動的規律性，形成在「天球」上群星繞北天極迴環不息運轉的思想，導致了渾天說的宇宙結構理論的誕生。理論反過來又指導實踐，「天球」和北天極的概念的廣延，就形成了赤道座標系統，並在這系統的基礎上產生渾儀。這兩者又進一步促進了天象觀測的發展。

五、 兩點補充

有人可能認為，我們這裡提出的以土星視運動為二十八宿劃分依據，主要建立在邏輯推理上，缺少物證。例如，甲骨文中就可從來沒有提到過鎮星或填星。關於這問題，我們可以舉一個例子。郭沫若在《奴隸制時代》一書中說：

> 殷代已是青銅器時代，然而數萬片卜辭中竟不見「金」
> 字（古人稱銅為金），我們不能說殷代還沒有銅。

這是因為，殷墟甲骨文主要是占卜用的，並不能包羅當時已有的全部文字；第二，已發現的甲骨文字，尚有很大一部份我們並不認識。我們的理論還有待於今後考古發掘和甲骨文的

---

[1] 徐振韜：《從帛書〈五星占〉看「先秦渾儀」的創制》，《考古》，1976 年第 2 期第 89-94 頁。

進一步研究所驗證。這是要補充的第一點。

要補充的第二點是，我們這一章論述的只是二十八宿起源時的狀況，並不排除二十八宿體系的進一步發展也可用於作為月亮甚至太陽的視運作的標尺。王充所說的「二十八宿為日、月舍」的論點還是有可取之處的。尤其是，中國天文學史整理研究小組和西南民族學院的同志們在涼山彝族地區調查，發現彝族也有二十八宿體系，而且頗有其獨特之處。彝族二十八宿體系有兩種：一種是最後一宿與最初一宿重合，因而實際上是二十七宿；一種是不重合，是真正的二十八宿。而且彝族往往是第一、二月用二十七宿體系，第三月就用二十八宿體系。這樣，就頗為獨到地反映了 27.32 日這個月亮的恒星周期，因而能較準確地描述月亮在群星間的視運動。

我認為，這個例子說明，二十八宿體系的確也作為描述月亮視運動的「月站」在歷史上使用過。雖然至今我們還不明白，這種「月站」對於天文曆法的發展，對於指導農時或人民生活有什麼用處。也許，在二十八宿體系確立以後，人們發現，它與月亮的恒星周期十分接近，也可以用來描述月亮的行度。這情形十分類似於十二次體系。十二次本來是根據木星行度而劃分的，但後來卻用來描述太陽的周年視運動。歷史上這類例子是不少的。我們絕不可因此而受到干擾，影響了對於二十八宿起源的探索。

第四章 十二辰與十二次

十二，是中國古代天文學的一個重要數字。

《周禮·春官》：

> 馮相氏掌十有二歲，十又二月，十有二辰……。

《尚書·舜典》：

> 舜受終於文祖……肇十有二州，封十有二山。

《左傳·哀公七年》：

> 周之王也，制禮上物，不過十二，以為天之大數也。

《左傳·襄公九年》：

> 十二年矣，是謂一終，一星終也。

屈原《天問》裡也問道：

> 天河所沓？十二焉分？

神話裡還有「生月十有二」的帝俊妻常羲（《山海經·大荒西經》），「生歲十有二」的噎鳴（《山海經·海內經》）。

最後，我國自古以來使用的干支記日法，也是十干和十二支的組合。

這個「天之大數」是怎麼來的呢？殷墟甲骨文中有不少干支表，證明至遲在公元前十四世紀的武丁時代，就有了十二支的劃分。十二支應用於天空區劃，就是十二辰，即沿著地平線

的大圓，以正北方爲子，向東、向南、向西依次爲丑、寅、卯、
辰、巳、午、未、申、酉、戌、亥。其中正東爲卯，正南爲午，
正西爲酉。這種十二個方位的制度今天仍然在應用，所以把正
北到正南經過天頂的一線稱爲子午線。漢代以後，又把十二辰
用於計時，即一晝夜分爲十二個時辰，以太陽所在方位命名，
如日出爲卯時，太陽當頭爲午時，日沒爲酉時，等等。這種記
時法一直應用到近代。

與此同時，我國古代還有另外一套天空區劃，這就是第二
章所提到的十二次：沿天球赤道，自北向西、向南、向東依次
爲：星紀、玄枵、娵訾、降婁、大梁、實沈、鶉首、鶉火、鶉
尾、壽星、大火、析木。十二次與十二辰正好方向相反。如以
十二辰爲左旋的話，十二次便是右旋。它們的對應關係如圖 1（第
105 頁）。

如第二章所述，十二次曾用於歲星紀年。如《國語・周語》：
「武王伐紂，歲在鶉火」;《左傳・襄公二十八年》:「歲在星紀，
而淫於玄枵。」後來，大約在戰國時代，又據十二次制定二十
四氣。二十四氣成爲兩千年來一直指導農時的科學的太陽曆。

現在，問題在於：同是十二等分的天空區劃，爲什麼有兩
套，而且相反？這在古代也容易引起混亂的，屈原因此才發生
疑問。現在，我們更有必要查清十二辰與十二次的來龍去脈。
問題不單是天空區劃而已。十二次和十二辰兩者不僅有密不可
分的聯繫，而且還牽涉到我國整個古代天文學體系的許多方
面。深入的探討將會使我們看清我國古代天文學在它的早期階
段的發展線索：遠古時代中國人民對於天體、宇宙和自然界的
認識，是怎樣生產實踐的推動下，逐漸取得進步的。

一、 辰和次、及其派生物——十二歲名

辰，在中國古代天文學中，用法十分廣泛。《左傳·昭公七年》：

> 公曰：「多語寡人辰，而莫同，何謂辰？」
>
> 對曰：「日月之會是謂辰，故以配日。」

在《公羊傳·昭公十七年》裡又說：

> 大火為大辰，伐為大辰，北極亦為大辰。

新城新藏以為，觀象授時「所觀測之標準星象……通稱之謂辰，所以隨著時代的不同。它的含義有種種變遷。」[1]

至於十二辰，沈括在《夢溪筆談》120 條中說得很明白：

> 今考子丑至於戌亥，謂之十二辰者，左傳云：「日月之會是謂辰。」一歲日月十二會，對十二會，則十二辰也。

自古及今，對十二辰的解釋大率是這樣。但是，這就留下一個無法回答的難題：日、月的周年視運動，都是自西向南向東右旋的；因而「日月之會」，即合朔之點，也是依次周天右旋的。為什麼十二辰的排列要反其道而行之？

再談「次」。《左傳·莊公三年》有個解釋：

> 凡師，一宿為舍，再宿為信，過信為次。

可見十二次之得名，與二十八宿是有關係的。1973 年在長沙馬王堆三號漢墓出土的帛書中，有「歲星居維，宿星二」、「歲

---

[1] 新城新藏：《東洋天文學史研究》，沈璿譯，中華學藝社，1933 年，第 4-7 頁。

星居中，宿星三」這樣的句子，即認為歲星所在的「次」，有的含三宿，有的含兩宿。十二不能整除二十八，十二次與二十八宿關係自然不能強求一律。但是，為什麼有「歲星居維」與「歲星居中」之分呢？

原來，這是遠古時代天圓地方說的殘存。《淮南子·天文訓》所謂「帝張四維，運之以斗」，即是指此。據高誘注：「四角為維」。一個方形的大地，自然有四個角落，即和半球形的天穹有四個接觸點。歲星運行到這些角落，

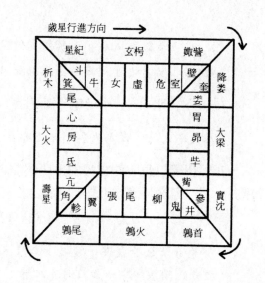

圖三「歲星居維，宿星二」、「歲星居中，宿星三」

需要拐彎，只住兩「宿」；運行到兩維之間，即「中」，是直線行進，暢通無阻，就經歷三「宿」，圖 3 就是示意圖。

這樣的佈列給我們兩點啓示：其一，十二次並不單純是天空區劃，而是照應到天地關係；其二，還保留著天圓地方說的殘餘，意味著其來源甚古。天圓地方說，在一切民族當中，都是最早出現的宇宙結構理論。那時人類只靠直觀認識來描繪世界。當然，漢代初葉的馬王堆帛書還持有這種觀點。只是保存了古之遺風，並不足以證明到那時還普遍認為大地是一塊方方平平的豆腐塊。

二十八宿的跨度是大相懸殊的。例如，最寬的井宿達 33 度，

最狹的觜宿只有 2 度；十二次又有含兩宿與含三宿之別，因之其寬度就很不一樣了。如按度數計算，實沈一次（觜、參兩宿）一共只有11度；而大梁一次（胃、昴、畢三宿）竟達 41 度。不過我們也不能過於鑿枘。事實上，這種對應關係只是大體而言的。因為當人類還未學會抽象思維的遠古時代，天空的分區只能以具體的恒星為標誌點。最早，二十八宿只是二十八宿標誌點，並未量出距度。十二次也只是標示天空的約略位置而已。

　　二十八宿距度的測量，最早當為戰國時代的甘德和石申。現存《開元占經》中的石氏星表，可信是石申的遺作。十二次也由此轉為脫離二十八宿，而成為一個獨立的體系，即《漢書·律曆志》所載的，沿天球赤道把周天分為均勻相等的十二部分。這樣，十二次和十二辰的劃分法，除掉方向相反以外，其他方面完全相一致。

　　這兩套方向相反的周天十二段劃分法，一定使古人傷透了腦筋。所以戰國時代就想出種種方法加以調整。最簡便的是假想有一個歲星運行速度相同（也是十二年一周天）、方向相反的太歲，又名歲陰、或太陰，按著十二辰的方向運行，每年進入一辰。所謂「歲星為陽，右行於天；太歲為陰，左行於地。」(《周禮》注) 由陰陽關係又演化為雌雄關係，即太歲為雌，歲星為雄。由此又派生出以太歲在哪一辰而定的一套十二個歲名。如《淮南子·天文訓》所列：

　　　太陽在寅，歲名曰攝提格，其雄為歲星，舍斗、牽牛；

　　　太陽在卯，歲名曰單閼，歲星舍須女、虛、危；

　　　太陽在辰，歲名曰執徐，歲星舍營室、東壁；

　　　太陽在巳，歲名曰大荒落，歲星舍奎、婁；

　　　太陽在午，歲名曰敦牂，歲星舍胃、昴、畢；

太陽在未，歲名曰協洽，歲星舍觜巂、參；

太陽在申，歲名曰涒灘，歲星舍東井、輿鬼；

太陽在酉，歲名曰作鄂，歲星舍柳、七星、張；

太陽在戌，歲名曰閹茂，歲星舍翼、軫；

太陽在亥，歲名曰大淵獻，歲星舍角、亢；

太陽在子，歲名曰困敦，歲星舍底、房、心；

太陽在丑，歲名曰赤奮若，歲星舍尾、箕。

　　馬王堆帛書以大荒落爲大荒洛，協洽爲汁給，涒灘爲丙莫；《史記·曆書》以閹茂爲淹茂；《爾雅·釋天》以作鄂爲作詻。大體上是一致的。如把二十八宿名換以十二次，就可得十二次與十二歲名的對應關係如圖4。

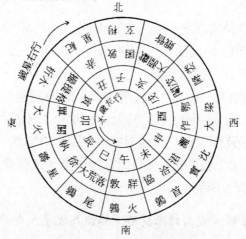

圖4　十二次與十二歲名的對應關係

　　這十二歲名。在歷史上應用得不太多。如秦漢間《呂氏春秋·序意》中的「維秦八年，歲在涒灘」；《漢書·禮樂志》中的「天馬徠，執徐時」；賈誼的《鵬鳥賦》中的「單閼之歲兮，四月孟夏，庚子曰施兮，鵬集予舍。」《史記·曆書》中記載太

初曆的數據，也採用了這套古怪名字，配合以《爾雅‧釋天》所載相當於自甲至癸的十干的一套同樣古怪的歲陽名字，用以記年：如太初元年為甲寅年，「歲名焉逢攝提格」；太初二年為乙卯年，叫「端蒙單閼」，等等。後代除見於詩詞（如唐代韓愈的「歲在淵獻牽牛中」），較有影響的著作也只有宋代司馬光編《資治通鑑》，採用了與《史記‧曆書》一樣的歲陽歲名聯合記年法，這除了反映封建保守思想外，似乎不能說明其他問題。

這套用途不大的歲名，卻引起了很大的爭論。因為秦漢之際採用什麼曆法，僅見於古籍的歲名是重要的參考資料。由於矛盾重重，難點很多，清代乾嘉學派大儒錢大昕，甚至認為歲陰與太歲是兩個不同的概念：這兩者雖然都是沿著十二辰左行，卻相差兩辰（《左傳會箋》）。這問題頗吸引不少人捲進爭論中去。我國當代學者如郭沫若、竺可楨、岑仲勉、錢寶琮[1]等，也爭論紛紜，但大都集中於從語源上推溯十二歲名的由來。因為十二個歲名十分古怪。難以考釋，就有人認為是來自巴比倫、印度、伊朗。更進一步，有的人甚至力圖證明，十二次連同二十八宿，即我國上古時代的絕大多數天文學知識，都是從伊朗傳入的；又有的力圖證明，子、丑、寅、卯……等十二支就是巴比倫黃道十二宮，於殷代以前傳入我國。

把弄不清楚的疑難問題一股腦兒推到外國去，自然十分省事。但是僅僅從個別字發音有某些相近之處這一點去證明，而且隨心所欲地去掉一個或數個元音或輔音，主觀地搞什麼「音轉」、「對音」，即使在我們這些古伊朗文、巴比倫文、梵文門外

---

[1] 郭沫若：《釋支干》，《沫若文集》十四卷，第366-465頁。竺可楨：《二十八宿起源之時代與地點》，《思想與時代》，三十四期，1944年，第1-24頁。岑仲勉：《我國上古天文曆數知識多導源於伊蘭》，《學原》第卷第五期，1947年。錢寶琮：《論二十八宿之來曆》，《思想與時代》第四十三期，1947年。

漢看來，也是很難同意的。

　　要知道，我國自古以來就是多民族的國家。不但現存有五十多個民族，就是漢族本身，也是歷史上許多民族融合、同化而成的。徐旭生考證我國古代有三個部族集團：華夏集團、東夷集團、苗蠻集團，每個集團還可以細分爲許多民族[1]。這些古代的民族語言？舉一個例子說，春秋時代鼎鼎大名的楚國令尹子文姓鬥，名穀於菟，因爲據說他小時候吃過老虎奶，楚語哺乳謂「穀」，虎謂「於菟」。春秋時代楚國語言尚且如許費解，攝提格、單閼這套歲名的字面含義，我們現在還解釋不了，也是情有可原的。

　　我傾向於不深究十二歲名的語源。因爲研究歲星紀年法，目的於探索戰國時代和秦漢之際的曆法。歲名的語源何自，能弄清當然很好，弄不清可以暫擱一邊。歸根結蒂，無分是十二次的花樣翻新。至於十二次名，其來源是很清楚的：星紀，表示歲星紀年以此爲首，戰國時代，冬至點在斗、牛，正是星紀一次。玄枵，是傳說時代黃帝的兒子玄囂的另一寫法。娵訾，是傳書時代帝嚳的妻子；這一次有時候又叫豕韋，是採用殷代一個方國的名字。降婁就是奎、婁，以宿取名。大梁是戰國時代魏國後期的都城。實沈是傳說時代高辛氏的兒子。鶉首、鶉火、鶉尾三次是把天上這一片星星聯想成一隻鳥形象，這隻鳥亦稱南宮朱鳥。壽星是傳說中的神名。大火是星名，就是心宿二，移用爲「次」名。析木是地名，屬燕太子丹的傳說。從這些名字看，十二次名不是一下子形成的。其中大梁一名恐怕要到魏國遷都大梁後才出現，那年是公元前 362 年。燕國勢力擴展到遼河流域，可能比這還要晚六、七十年。因此，十二次全部名稱的確定，當在戰國時代。

---

[1] 徐旭生：《中國古史的傳說時代》，科學出版社，1960 年，第 40-66 頁。

　　當然，這並不等於說十二次體系，也是到戰國時代才誕生。不是的。種種跡象表明，以右旋方式自西向南向東把周天等分為十二個區域的思想，來源很古。

二、 右旋？左旋？

　　我國古代天文學關於天體運行的描述，一直存在著右旋說與左旋說的爭論。這爭論甚至延續到清代、哥白尼太陽中心說在我國得到廣泛傳播以前，可謂歷史悠久了。究其根源，正是十二辰與十二次的矛盾。我國天文學史上右旋說左旋說之爭，起源在史前時期，雖然用文字記錄下來已經若干世代以後的事了。

　　右旋說認為附麗著恒星的整個天穹是自東向南向西旋的，其中日、月和（肉眼可見的）五大行星這七曜則從西向南向東右旋。但是天轉得快，七曜行得慢，所以讓天穹帶著向左轉了。《晉書・天文志》有一段很生動的描述：

> 天旁轉如推磨而左行，日月右行，隨天左轉。故日月實東行，而天牽之以西沒。譬之於蟻行磨石之上，磨左旋而蟻右去，磨疾而蟻遲，故不得的不隨磨以左迴焉。

　　以磨和蟻作比喻，實在是很形象的。這一觀念在蓋天說時代就產生了，可以說其淵源十分古老。但是西漢時劉向提出的左旋說也同樣古老。他的依據是《夏曆》：

> 以為列宿、日、月皆西移，列宿疾，而日次之，月最

遲。(《宋書‧天文志》)

這是認爲全部天體都是自東向南向西左旋，只不過快慢不同，日、月和行星比恒星慢，相比之下，倒象是反方向行進了。

從宇宙論角度看，右旋說與左旋說兩者都是以地球爲靜止不動的中心、日月星辰繞之迴轉這一「自然界的虛假觀念」爲基礎的，沒有深究的必要。但是以觀察和測定天體的視運動而論，右旋說比左旋說爲優，因而在制訂曆法、預告日、月食等方面有較大的實用價值。比方說，黃道原是太陽周年視運動的軌道，左旋說以之爲太陽周日視運動的軌道，那就錯了。如按左旋說冬天太陽降升於東南而沒於西北，夏天太陽將升於東北而沒於西南，事實顯然不是這樣。又比方說，太陽、月亮運行的遲疾變化是周期性的，如以其周日視運動作爲它們的真正的運動，那麼一天之內決不能發覺太陽和月亮的運動有什麼周期性的變化。這都是左旋說的致命弱點[1]。

右旋說左旋說之爭，本質上是制訂曆法的天文學工作者和搞思辨哲學的儒生間的論爭。正如明末清初的平民天文學家王錫闡所說的：

> 至宋而曆分兩途，有儒家之曆，有曆家之曆。儒者不
> 知曆數，而援虛理以立說；術士不知曆理，而爲定法
> 以驗天。(《曉庵新法‧序》)

王錫闡識見是很高的。我們分析一下，天體（不包括慧星和流星）的視運動基本上是這樣三種：

一、 全部天體周日視運動：自東向南向西，即左旋。

二、 日、月、五星的周年視運動：自西向南向東，即右

---

[1] 鄭文光、席澤宗：《中國歷史上的宇宙論》，人民出版社，1975 年，第 99-113 頁。

旋。

三、　恒星的周年視運動：相對於日、月、五星來說是自東向南向西，也是左旋。

恒星天左旋、七曜右旋的觀點進一步發展，就是《春秋緯·元命苞》所說的：「天左旋，地右動」。這話被認為是樸素地動觀念的萌芽。這裡從描繪恒星天與日月星的相對運動，發展為描繪恒星天與地球的相對運動，推論是十分合理的。寥寥六個字，認識論上有一定價值。

十二辰的佈局是自東向南向西左旋的。它適宜於表達天體的周日視運動和恒星天的周年視運動。因此，十二辰後來就用以記錄一天內的十二個時辰；又用以記錄一年間恒星周天旋轉的方位變化，其代表就是北斗的迴轉。

如果我們把罩在我們頭上的半個「天球」比喻為一個晝夜不息地旋轉的蓋子的話，北斗七星就是十分靠近旋轉軸心的一個十分容易辨認的星群。但是，這個蓋子又是傾斜的，在黃河中下游一帶，「天球」的旋轉軸心高出地面三十五、六度，因而在其半徑為三十五、六度的圓周之內的星星都是常年不隱的。在全世界各個古老的文明發祥地中，只有我國緯度較高，因而很早就產生了以斗柄迴轉而定四時的習俗。《夏小正》裡關於北斗的描述，可信確是夏代的資料。在公元前二千多年，北斗比今天更靠近天球北極，不僅天樞（大熊座 α）、天璇（大熊座 β）、天璣（大熊座 γ）、天權（大熊座 δ）、玉衡（大熊座 ε）、開陽（大雄座 ζ）、搖光（大熊座 η）七顆星，連同斗柄延伸下去的玄戈（牧夫座 λ）、招搖（牧夫座 γ）兩星，也都在恒星圈內，這九顆星在天上十分顯赫。我國古代曾有北斗九星之說，淵源當十分古老。據《後漢書·天文志》劉昭注：「璇璣者，謂北極星也，玉衡者，謂斗九星也。」斗柄所指，正是零等亮星大角

（牧夫座 α）。更家值得注意的是，大角兩旁，東西各有三顆小星，叫左、右攝提。十二歲名之首的「攝提格」是否由此而來？《史記‧天官書》是肯定的：

> 大角者，天王帝廷，其兩旁各有三星，鼎足勾之，曰
> 攝題。攝提者，直斗柄所指，以建時節，故曰攝提。

這就給我們一個啓示：歲星紀年和北斗斗柄所指之間有內在的聯繫。下面我們還要作較深入的探討。

十二次的佈列是自西向南向東右旋的。它適宜於表達日、月、五星的周年視運動。觀測太陽的周年視運動是制訂準確反映四時變化的太陽曆的基礎。但是對太陽位置的測定，要採用間接的方法，即觀察日出前和日沒後恒星的佈局來推知太陽在哪個天區，這要到相當準確地掌握了恒星的全天分佈狀況以後才辦得到。《呂氏春秋》、《禮記‧月令》、《淮南子‧時則訓》等都是用昏、旦中星來推知太陽的位置。但這些都是戰國及其後的著作，不能據以定出十二次產生的年代。

觀測月亮周年視運動，最主要的是土星和木星。觀察土星的周年視運動，導致二十八宿體系的誕生，已見第三章。觀察木星的周年視運動，正是十二次的由來，並產生了歲星紀年法。但是戰國後期以後，天象觀測日趨精密，由於木星的恒星周期不正好等於 12 年，而是等於 11.86 年，因此，發現了所謂歲星超辰，歲星紀年法就逐漸廢棄不用了。十二次成為專門用以記錄太陽周年視運動以定二十四氣的天空區劃。

由此可見，無論是左旋的十二辰，還是右旋的十二次，都是從確定農時的生產實踐需要出發，而以不同的天體視運動為目標制定的。這本來是很自然的事。完全無須乎假想有一個和歲星相配成對的太歲、或歲陰、或太陽，做反方向的運行。這

種思想實際上是戰國時代星占術的濫觴。後人還在太歲、歲陰、太陽等名目及歲名語源問題上大做文章，流於煩瑣考證並從中引申出不正確的推論，實在沒有必要。

三、 十二支的誕生

十二辰和十二次都有極其悠久的歷史，經歷過十分複雜的變化，往往造成很多假象。但是只要我們一步一個腳印地向前考察，還是能夠找出它的線索。探本求源，兩者都是來自十二支。因為甲骨文中已有完整的干支周期，足證十二支誕生於公元前十四世紀以前。

郭沫若在《釋干支》一文裡，考究了十二支的起源，雖然把它與巴比倫十二宮相類比，有值得商榷之處；但其思路，認為十二支是從觀察天象誕生的，這點確有見地。因為干支周期中的十干，無疑出自人手有十指，從而誕生了十進位的記數法。十二支何自？自然界中現成的十二這個數字，只有十二個朔望月約略等於一年這周期容易為人察覺，因此，十二支的起源，當來自十二個朔望月。

這裡的難點在於：干支周期我國最早用於記日。後來也用於記年，卻不用以記月。記月法從殷代起，就是用數字，看不出與十二支有什麼關係。但是我認為，這有意的迴避恰好證明十二支和十二朔望月有很深刻的、內在的聯繫。

為什麼？我認為，十二支者，不是直接記述朔望月的月次，而是描繪十二朔望有關的星象，即十二個朔望月中新月始見時（古代稱為「朏」，即初三）其附近的星座。這點與十二朔望月

月名不容混淆，這樣，十二支可用以記述一切與「十二」有關的周期，獨獨不用以記述月次。

要知道，月的圓缺變化在人類剛剛從動物分化出來不久的遙遠古代。有十分重大的意義。它不但是夜空中最醒目的天象；在沒有燈燭的年代，月亮又是夜間照明的主要光源；月的圓缺又有相當準確的周期性，可用以記時。遠古時代，特別重視對新月的觀察，稱之爲「朏」，從「月」，從「出」。在人們還沒有學會推算朔日以前，「朏」就是每月的月首。西南地區佤族的固有曆法，就是以新月始見爲月首，當是古之孑遺。《史記・曆書》說得很清楚：「日歸於西，起明於東；月歸於東，起明於西」，無疑是反映了古人對月亮方位與月相之間的關係的細致的觀念。每個新月確是見於西方的，而每個殘月則見之於東方。因此，在殘月已消失、新月將出現在的日子裡，古人引頸西望，仔細觀察是有一絲絲月牙兒出現（在太陽剛下山、天空尚十分明亮的時候，新月的始見並不是很容易發現的），應當是很古老的風尚了。

從新月所在天區的星象，又怎樣導致十二支的誕生呢？我們嘗試按十二支的順序加以考察。

十二支以「子」爲首。甲骨文中「子」作 屵、屾、岧 或 㝵 （有 26 種異形，這裡只舉其常見的，下面其餘各支均同）。這裡要注意的是，甲骨文並不是我國最原始的文字。甲骨文中「六書」——象形、指事、會意、形聲、轉注、假借這六種造字方法——全都具備，可見漢字從原始形態發現至甲骨文已經歷經了一段頗長的歷史。最早的文字（有人認爲是新石器時代的陶文[1]）應當是象形字。甲骨文中的「子」象什麼形？我認爲，

[1] 唐蘭：《從大汶口文話的陶器文字看我國最早的文化年代》。《光明日報》1977 年 7 月 14 日。

象參宿及其北面的觜宿，即獵戶座。

試看獵戶座的圖形——圖5。

甲骨文中「子」字不正是它的圖案化麼？有簡化的，如 ♇、♇ ，有複雜些的，如 ♇、♇ ，都十分相似。連觜宿三顆小星也不忘記畫上三根小辮子以表示之。

♇ ，郭沫若以爲是殷先公「契」，並推斷說此乃蠍形，以附會巴比倫天文學的天蠍座[1]。然而蠍有兩鉗，這裡卻是三根小辮；蠍有獨尾，這裡卻是兩腳，分明是一個頭上梳三根小辮、或插三根羽毛之類飾物的人形。這人形，古希臘認爲是英雄的獵人奧賴溫，古代中國則認爲是傳說中高辛氏的次子實沈。

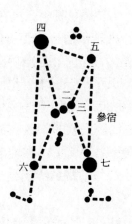

圖5 「子」

我們曾經敘述過參、商不相見的故事。傳說時代的帝王高辛氏有關伯、實沈兩個兒子。整天打架，高辛氏就把關伯遷於商丘，這就是商族始祖，以大火即心宿二爲其族星；把實沈遷於大夏，這就是夏族的始族，以參宿爲其族星。在天象上，參、心兩星相隔很遠，這顆就落下去了，很不容易同時見到。可見這傳說是有天文學上的依據的。

關伯是商族始祖，是沒有疑問的。《左傳·襄公九年》說，他的後人名相土——正是殷的先公。但實沈是否就是夏族始祖

---

[1] 郭沫若：《釋支干》，《沫若文集》十四卷，第366-465頁。

呢？「大夏」是否就是古代夏氏族的居處呢？我們稍作考證就可知道，夏爲殷商所滅，其地稱爲「唐」，周成王時，把他的弟弟封於此地，稱爲唐叔虞。《左傳・定公四年》還有一條線索：「封唐叔於夏墟」，可見大夏正是夏代的古都，實沈是傳說中夏氏族的先世。而這個唐叔虞，其後代卻建立了晉國。所以《詩經・唐風》有「綢繆束薪，三星在天」、「綢繆束芻，三星在隅」、「綢繆束楚，三星在戶」之句。「三星」就是參宿一（獵戶座ζ）、參宿二（獵戶座ε）、參宿三（獵戶座δ），也就是獵戶座的腰帶。《唐風》是晉人民歌，歌頌參宿，以示不忘根本，也反映了早就滅亡了的夏民族的觀星習慣。春秋時代晉國還是採用「夏曆」的，可見在歷史上到處留下了古代夏民族的印跡。甚至時至今日，山西臨汾地區群眾還有觀察參宿的風習，當地老鄉稱獵戶腰帶——即參宿三星爲「三晉」，古代的觀星傳統竟一直延續到今天。

我們在前面說過，閼伯與實沈兄弟間的鬥爭實際上是歷史上夏、商兩族戰爭之神話的反映。商代奴隸主貴族戰勝了夏代奴隸主貴族，取而代之，因而把自己的始祖尊爲老大，而把夏代始祖算作老二。但在十二支中，代表夏族的參星圖行衍化而來的「子」字，卻居十二支之首。可見十二支的由來，當在傳統中的夏代。

光靠神話傳說當然不足爲憑，我們還得用科學加以檢驗。參宿一（獵戶座ζ）現在的赤經是 5 時 40 分；公元前 2100 年即傳說中夏代初世，赤經是 2 時 20 分，即在春分點東面約 35 度。在春分附近的朒日，新月始見，正在參宿五（獵戶座γ）北面不遠處。由於春分日前後黃河流域一帶開始春耕季節之始的風習，參宿也就成了夏族主祭祀的星了。《公羊傳・昭公十七年》中所謂「大火爲大辰，伐爲大辰」，據何休解詁：「大火謂

心星，伐爲參星；大火與伐，所以示民時之早晚，」這就十分清楚了：參星是古代夏民族的「大辰」——即主要觀察的星；大火是古代商民族的「大辰」。這兩者的不同，不但是民族習俗的差異，而且還反映了天文學進步的趨勢。夏族以觀察新月始見爲標誌，因此著重觀察初昏現於西方的星；晚起的商族則丟掉了月亮這根「拐棍」，獨立觀察星象，而著重觀察正好和日落西山的太陽遙遙相對的東方地平線上的星，這就選中了「大火」。

　　這樣，十二支的制定，不但是依據星象，而且其年代可上推至公元前 2100 年，即傳說中的夏代初葉。

　　但是，孤證不能算數。我們就依次看看，十二支是否全部符合星象的圖形。

　　下一個朒日，新月在參宿東面 30 度，正是二十八宿中跨度最寬的井宿。井宿一至井宿八，都不是太亮的星。但是它附近卻有零等星南河三（小犬座 α）、一等星北河三（雙子座 β）和二等星北河二（雙子座 α）。這幾顆亮星，再加上井宿本身較亮的幾顆，可以構成圖 6。

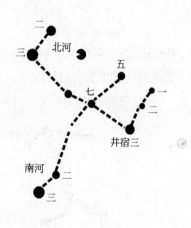

圖 6 「丑」

　　試跟甲骨文「丑」字相比：

　　方向有正反不同，但其形象是十分相似的。順便說一句，方向可以相反，在甲骨文中並不罕見。

　　這裡還有一個很有意思的現象。就是在小篆中，丑字寫成 丑，這與甲骨文的「丑」字有很大的不同。但是我們試跟同

赤經（即同時在西方地平線上出現）的狼、弧圖形相比，就發現確有相象之處。見圖 7。如果我們的比擬沒有不當之處的話，那麼，南、北兩個體系的星象都反映在古文字中了。

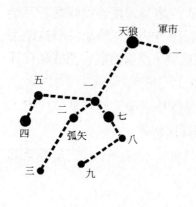

圖 7 小篆「丑」

這種把一些恒星聯結成爲某些圖形以造字，有無牽強附會之處？難免。但是我們力求避免主觀臆斷。肉眼可見星數較多的天區，我們選擇的都是亮星，或雖則不太亮但確實可以證實是古人觀測過的星，如二十八宿和《史記·天官書》或其他古籍中所描述的星。把較亮的星聯結爲某種圖形以便於記憶，這在古今中外都是一樣的：二十八宿如此，巴比倫和希臘的星座也如此。這決不是我們的杜撰。

第三個朏日，新月又東移 30°，正在獅子座頭部，我國古代名軒轅。其星象形如圖 8。

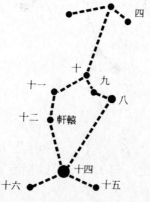

圖 8 「寅」

最上面三顆小星屬小獅座。我們試以甲骨文的「寅」字比較：𡩜、𡪀、𡪝。大致是：前期的十分像；後期的當然複雜化了，仍然沒有離開這個基本圖形。

第四個朏日，新月在翼、軫一帶。十二支依次爲「卯」，甲骨文作 𢀛、𢀛，也有作 𠨅 的。這種圖形在這天區星象中不難找到。但我們卻不必牽強附會，因爲這一帶沒有什麼亮星，不好定。據

《史記‧天官書》:「軫為車。」「軫」字也沒有車箱之意,然則 **中** 或 **兄** 形象是車箱及其伸出的兩轅。這是否確當?

第五個朒日,新月在角、亢一帶。十二支依次為辰。「辰」字在甲骨文中有許多的變化,大體上是兩類,一類為 **閃**、**囯**、**円**,一類為 **辰**、**辰**、**辰**。這兩類都可在星象中找到。如以角、亢二宿聯線,可得第一類,見圖9;以角、亢二宿,再加其西面各星,即室女座,置於西南方地平線上,可得第二類。見圖10。

圖9「辰」

我的意見,最初是採用比較簡單的第一類,創造了 **閃**、**円**等字;但是角、亢兩宿中只有角宿一(室女座 α)是顆亮星,其他星很暗,後來就以其西面的較亮的室女座諸星為主體,創造出 **辰**、**辰** 等字。

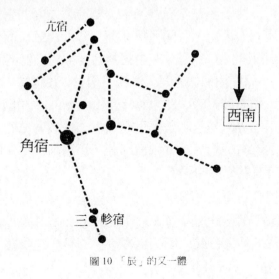

圖10 「辰」的又一體

第六個朏日，新月在房、心、尾等宿。

甲骨文中的「巳」字，基本上是這種寫法：𠂤、𠂤、𠂤，類似後世的「子」。但是在「祀」、「妃」、「改」等偏旁中，「巳」則作 𠃰、𠃰、𠃰。在後世的小篆中，「巳」卻作 𠃊，而「子」則作 𠄌，那個頭上有三根小辨兒的 𪚲 字不見了。

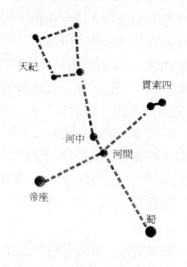

圖 11「巳」

文字的這種演變曾經造成混亂。有人就以為子、巳兩字都是「子」，即十二支中有雙子，並附會巴比倫－希臘天文學中的雙子座。這是不對的。第一，子從 𪚲 演化為 𠄌，巳 𠄌 演化為 𠃊，是文字本身的發展，並不是兩個「子」字；第二，雙子座在希臘神話中一雙非常友愛的孿生兄弟，所以並肩列於天市，我國名為北河二和北河三；而參（實沈）和大火（閼伯）這二「子」在中國神話中卻是一對冤家對頭，「日尋干戈」，只好把他們分開，遙遙不相見，後世詩人遂有「人生不相見，動如參與商」之句（杜甫：《贈衛八處士》）。中國神話與希臘神話毫不搭界，是遠隔數萬里兩個古老民族各自的創作。僅僅因為其中都有一對兄弟就判為同源，那麼阿拉伯、印度等民族何嘗沒有有關兄弟的神話？

我們且看星象。幾乎在同一赤經上，南北兩天區，各有一群恒星，其圖形分別與 𠄌 和 𠃊 相似。和 𠄌 相似的屬武仙座，加上附近北冕、巨蛇兩座的兩顆較亮的星，在我國，分別叫天

紀（武仙座ζ）、河中（武仙座β）、河間（武仙座γ）、帝座（武仙座α）、貫索四（北冕座α）和蜀（巨蛇座α）。這圖形占的天區很廣，十分清楚，見圖 11。和 **ᛐ** 相似的就是房、心、尾三宿，即天蠍座，見圖 12。它構成的圖形僅僅方向相反──我們前面說過，甲骨文的寫法是可以反方向的。

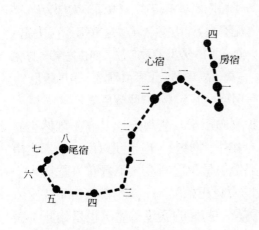

圖 12「巳」的又一體

天蠍座無論在中國或在外國都很著名。紅色亮星心宿二（天蠍座α），又名大火，如前所述，是商族主祭祀的星，恰如參宿之夏族主祭祀的星一樣。為什麼十二支中的「巳」，甲骨文作 **ꝭ**，偏旁卻又作 **ᛐ** 呢？我們嘗試加以分析：當夏代初世，模擬新月附近天區的星象制定十二支的時候，是以武仙座群為主體制定象形字 **ꝭ** 的。但是這一星群位置偏北，不便觀察；更加以大火為其主祭祀星的習俗。因此，商族奪取政權後，改以房、心、尾的圖形為「巳」的形象。

這個象形字本身雖早已制定，但汜、妃、祀等形聲字當是商代始創制，所以俱不從 **ꝭ** 而從 **ᛐ**。以後經金文至小篆，就據此把「巳」改 **ᘓ**，而把 **ꝭ** 代替了十分複雜的 **兜**，作為十二支之首的「子」字。

第七個朏日，新月在箕、斗等宿。十二支依次當為午，甲骨文作 **↓**、**ᛣ**、**ᛜ**，向以之為馬策之形。郭沫若以為：「殆

馱馬之轡也[1]」。這種圖形星象中比比皆是，難以確定。例如，斗宿的形象就像馬策或「馱馬之轡」。

我們還要考慮到這樣的因素：這一帶的恒星有不少是和馬有關的。房宿本身。據《史記・天官書》「房為府，曰天駟，其陰，右驂」；又有：「房南眾星曰騎官」。《史記・索隱》引《詩記曆樞》：「房為天馬，主車駕。」《史記・正義》：「房星，君之位，亦主左驂，亦主良馬，故為駟。王者恒祠之，是馬祖也。」

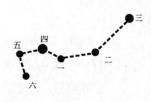

圖13 斗宿

有良馬，有騎官，當然就有馬策，正不必附會哪個星象。

這裡順便說一句。我國向以十二生肖配十二支。雖然正式的文字記載始於王充的《論衡・物勢》，但是我以為，十二生肖的思想，至少是其中一部份，是早已有之。不過有人認為，十二支來自十二生肖[2]，我的意見正相反，十二生肖來自十二支。午為馬，有天上眾星名為證。前面的辰星為龍，也是如此：辰位的角宿一（室女座 α）和大角（牧夫座 α）這兩顆亮星，正是象徵東宮蒼龍這條龍的兩角，因而得名。寅為虎，前述寅位眾星軒轅，形象十分像一隻蹲踞的猛獸的頭部，希臘以之為獅子座；我國不產獅，以之肖虎。當然，十二生肖不能完全從星象中找出根源，恐怕只有一部份符合，另一部份是拼湊上去的──這也不完全是題外話。

第八個朏日，新月在牛宿附近。甲骨文「未」字作 、 、 ，卻和牛字 十分接近。在星象方面，相似的則有稍為偏北的天津九星及其附近一些小星，今屬天鵝座。這星群正在銀河中，六顆亮星形成一個大十字。其中天津四（天

---

[1] 郭沫若：《釋支干》，《沫若文集》十四卷，第 366-465 頁。

[2] 鄧爾雅：《地支與十二禽》，《嶺南學報》第二卷第一期，1931 年。

鵝座 α ）是一顆一等亮星。

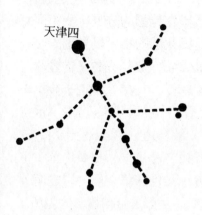

圖14「未」

第十個朏日，新月在室、壁，就是今飛馬座。飛馬座大正方形是秋天初昏十分顯著的星象。如果我們把附近不那麼亮的星畫進去，那就不是一個正方形，而是一個酒樽形，正好和甲骨文的「酉」字： 相似。酉字和酒樽間的聯想，使得甲骨文和金文都往往以酉字代酒字。

第九個朏日，新月在虛、危。十二支依次為申。「申」字在甲骨文中有多種的寫法，如 等，是雷電之形。如今簡體字「电」，正是還其本來面目。這些個符號在星象中可以比附的也是很多。但是虛、危一帶天區卻沒有什麼亮星。附近有幾顆小星，就叫雷電；又有幾顆小星，叫霹靂。申字或者是由此而來的吧？

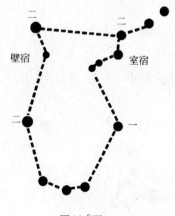

圖15「酉」

第十一個朏日，新月在婁、胃宿。這一天區只有婁宿三（白羊座 α ）較亮。十二支依次當為「戌」，甲骨文作 … 等，都是斧鉞之形，與婁、胃的星象有什麼相似之處呢？

郭沫若的考證為我們提供一個線索：「古文歲、戌字本通

用。」[1]「歲」字甲骨文作 ᨆ 、 ᨇ 、 ᨈ　確有點像。如的確通用，那麼「歲」有豐收之義。《左傳‧昭公三十二年》：「越得歲」——不少人認爲，這句話是指的歲星在越國的分野。我不同意這一說法。因爲這一段話議論的是吳伐越的事。吳、越同屬一分野，無所謂利於越或利於吳。「越得歲」必是指越正當豐收之年，吳伐之，才會遭遇不利。這樣看來，「得歲」猶之乎後世史書上的「大有年」。按《史記‧天官書》：「婁爲聚眾，胃爲天倉，其南眾星曰廥積。」《史記‧正義》解釋道：「婁三星爲苑，牧養犧牲以供祭祀」；「胃主倉廩，五穀之府也」；「芻藁六星，主積藁草者。」又是牛羊，又是穀倉，又是秣草；婁、胃之南，還有數星叫「天囷」、「天廩」、「天倉」，全部是囤積糧食的處所，真是一派豐收氣象啊！宜乎用「歲」字了。其變體，戌，就作爲十二支之一。

　　第十二朏日，最有意思。此時新月見於昴、畢。甲骨文「亥」字作 ᨉ 、 ᨊ 、 ᨋ 、 ᨌ 等，要在星群中找出類似的圖形，也不是難事。但是還有更切合的解說。

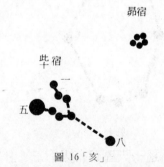

昴宿

畢宿

圖 16「亥」

　　畢宿，像一個數丫，「畢」原義是帶柄的小網，兩分叉間張以網，用以補兔。昴宿俗名七姐妹，是一個亮星團，但實際上肉眼可見的只有六顆星，十分密集。

　　按亥，是商族先祖王亥的名字。《左傳‧襄公三十年》：「亥有二首六身」，看來是個奇形怪狀的人。人間未必有，天上卻有的。畢宿兩丫，二首也；昴星團六星，六身也。畢、昴兩宿不正是一個王亥麼？而且，饒有深意的是，把商族先祖貶爲十二支之末，

[1]　郭沫若：《釋支干》，《沫若文集》十四卷，第 366-465 頁。

並且誇大宣傳他的二首六身的怪相，除了經常受到日益強大的商族威脅的夏族，又有誰會這樣做？十二支宜乎是夏人的創作了。

這是我對於十二支起源的一個解釋。十二支，應是有關十二這許多套「天之大數」中最早的一套，可算作十二辰與十二次體系的第一階段。這時把周天約略分爲十二根輻射線，把天球分割爲桔子似的十二瓣。十二支的「支」字，可能也是源出於此吧？

四、　十二辰和作爲天球分區的十二次

十二個朔望月比一個回歸年少了十一天左右。對於農時來說十一天的誤差也就不小了；兩三年內就會影響農業生產的收成。因此，在曆法方面，要用閏月來調整。在天象方面也同樣：頭一年，新春第一個朒日新月在參宿北，下一年第一個朒日，新月卻跑到畢宿去了，需要找尋比按十二個新月始見位置劃分天區更準確的周天分區依據。

歲星周就是這樣應運而生的。歲星的恒星周期爲 11.86 年，相對誤差只有 12 － 11.86／12＝0.012 左右。如按歲星十二年間每年所在方位來劃分天區，那就要比按十二個新月所在方位劃分天區更均勻，基本上可以達到十二等分的要求。

這一過程可能起於商代。甲骨文中「歲」字見得很多，其中一部份，例如「弱又於大歲」(《庫方》1072) 一條，很可能就是指的歲星。不過這裡要注意的是，歲星紀年是後世戰國年間的事。最初，歲星周期只作爲十二次的天球分區用。這可視之爲十二

辰與十二次的第二階段。

這一階段的前期，可能只是觀察每年同一時期歲星所在，以改正以前依靠觀察新月所在方位劃分天區的不均。但因爲歲星所在方位，要依據二十八宿等具體恆星來標定，實際上還不能劃分的很均勻。這樣，就進一步產生了找尋一個更好的參考座標的要求。這個參考座標就是北斗。在《史記·天官書》中，賦予北斗以十分顯赫的地位：

> 斗爲帝車，運於中央，臨制四鄉，分陰陽，建四時，
> 均五行，移節度，定諸紀，均繫於斗。

一句話，北斗是定方向、定四時、定時辰的標尺。北斗和歲星的關係，恰如標尺和游標的關係，相配成套，天球的十二等分制就可以相當準確地制定了。

我們來具體設想一下。商代重視觀測大火，以大火昏升爲春耕之始。十二天區的劃分也應該從歲星見於天區開始。當歲星在

圖17「斗爲帝車」——漢武梁祠石刻

在大火附近，即東方地平線上的時候，北斗斗柄則指其西面 30° 的大角（牧夫座）。上面已述，大角和角、亢兩宿，俱屬十二支中的辰，因之名爲：斗柄指辰位。

這一來，十二支中的辰，就被賦予了新的含義。它不僅表明是某個天區的星象，而且是斗柄所指之處。《公羊傳·昭公十

七年》中的「北極亦爲大辰」，前面已說，新城新藏認爲，北極應爲北斗。正是北斗，也和參宿、心宿一樣，成爲觀象授時的「天上的標記點」。

　　事實還不止這樣。由斗柄所指，還可以定出地平圈的方位。古人最早認識東、西兩個方位，當然是很粗略的：即以日出處爲東，日入處爲西。如佤族就是這樣，把東方稱爲「里斯埃」，西方稱爲「吉里斯埃」。進一步又認識了東、南、西、北四個方位，當天球可以等分爲十二份的時候，地平圈也就相應可以定爲十二個方位，並借用十二支表示。

　　當歲星初春黃昏在東方地平線上，即大火附近，也即十二支中的「巳」的時候，斗柄指「辰」位。翌年，歲星東移約 30°，初春黃昏時已不露於地平線上，要過一個時辰才與箕宿、也即十二支的「午」一起東升；此時斗柄所指卻向西偏移了 30°，我們把這方位依次稱爲「巳」位。又過一年，歲星繼續東移 30°，初春時節，要到天黑後兩個時辰才與牛宿一起東升；牛宿在十二支中屬「未」，而此時斗柄所指卻又向西偏移 30°，當依次稱爲「午位」——也就是正指南方。這樣，每過一年，歲星依次自西向東右行約 30°，叫做一「次」。當它年復一年越晚出現於東方的時候，相對來說，斗柄所指方位，則依次自東向南向西左旋約 30°，叫做一「辰」。辰名也是按十二支排列的。這樣，十二辰就和原始的十二支反向旋轉了。

　　這就是原始的十二辰與十二次，見圖 18。

　　最早的十二次並不具有後來的那一套名字，應當是借用十二支，也即把星象圖案化而制定的十二個象形字。而十二辰也借用這套象形字，不過已經和星象脫離關係，而純粹爲斗柄所指方位了。

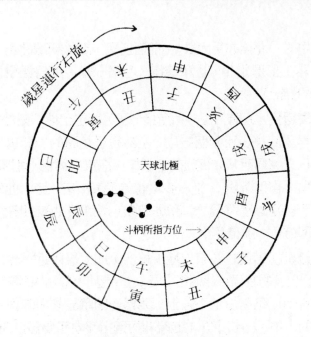

圖 18 原始的十二辰與十二次

　　十二辰與十二的關係，有點類似戰國時所謂「歲星爲陽，右行於天；太歲爲陰，左行於地。」不過「太歲」完全是幻想的創造物，帶有很深的星占色彩；而十二辰與十二次反映的是北斗和歲星的相對運動，即完全有實在的天體視運動爲憑藉。就認識論而言，十二辰與十二次是在農業生產服務的基礎上，經過對天體進行長期的、反覆的、細致的觀察以後制定的；而太歲、歲陰、太陰這一套及其歲名，卻是主觀的臆造。兩者不可同日而語。

　　十二辰與十二次只在辰位和戌位重合（見圖 18），這又一次證明了我們這假說的較大可能性。「辰」的重要性已如前述；「戌」「歲」同體，其重要性也是十分清楚的。《左傳·昭公七年》：「晉侯謂伯瑕曰：何謂六物？對曰：歲、時、日、月、星、辰是也。」這六個字可說是中國古代天文學的六大對象，而歲和辰都列於

其中。

我們這假說的另一證明見《淮南子‧天文訓》：

北斗之神有雌雄，十一月始建於子，月從一辰，雄左行，雌右行……

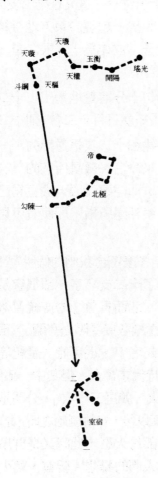

圖19 「斗綱之端連貫營室」

請注意，這裡不是歲星有雌雄，而是北斗有雌雄。北斗雌雄怎麼解釋？無非是有左行與右行之別。但是北斗無論周日視運動還是周年視運動，都是自東向南向西左旋的，怎麼又能夠右行呢？這反映了遠在《淮南子》成書以前的古老年代裡，觀察北斗斗柄左旋以定四時，是對應於自西向南向東右旋的歲星的。歲星在這兒相當於一個「雌」的北斗，即反方向運行的北斗。

第三條證明見於《漢書‧律曆志》：

斗綱之端連貫營室……凡十二次……斗建下為十二辰，視其建而知其次。

這幾句話雖為漢代人所寫，但其淵源當在更古的時代。觀

察斗網（即天樞（大雄座α）和天璇（大雄座β）的聯線）所指的傳統
漢代已不大講究了。所謂「斗綱之端連貫營室」，即把天璇到天
樞的聯線延長，經過勾陳一（如今它是我們的北極星，但在古
代卻不是的），幾乎完全在一直線上。此時，斗柄正指大角，按
十二辰說，斗柄指辰位，斗綱指子位──這又是十二支的首位。
而這正是商代歲星初春黃昏與大火一起現於東方地平線上時的
天象。很可能，把正北方的「子」位作為十二辰之首，也是這
麼定下來的。

「斗建下為十二辰。」這句十分清楚地指出，十二辰源是
出於斗建，而不是沈括所說的：「一歲日月十二會，則十二辰也。」

「視其建而知其次。」斗建和十二次是逆轉的，一左旋，
一右旋，但都是借用了十二支來命名。歲星所在的「次」名和
斗建所在的「辰」名只差一支：即斗建為辰，歲星為巳；斗建
為巳，歲星為午……這樣，觀察斗建所指，即使看不見歲星，
也能夠知道它在哪一「次」。

《漢書・律曆志》這幾句話多麼符合我們的假說啊！不過，
原始的十二辰和十二次都借用了十二支名字，卻很容易混亂。
十二辰既以正北為子位，符合「北面為尊」的傳統習俗（這與
我國位居北半球，房屋南向以盡量多接受陽光有關），很快就固
定下來了。十二次就不能不另起名字。很可能，星紀等十二次
名字是陸續定下來的，到戰國時代才齊全。但其中一部份「次」
名，可早至商代。如鶉首、鶉火、鶉尾三「次」，分明是以一只
鳥的形象來命名。因為商代中葉以後，春耕開始之時，這三「次」
正好橫亙南中天，占了很大一部份天區，此時又是群鳥出巢、
羽翼紛飛的時節，很容易引起人們的聯想。鶉首、鶉火、鶉尾
三「次」正是由此而的名。後世把二十八宿分成東、北、西、
南四宮的時後，這三「次」所在的七宿就以南宮朱鳥命名了。

　　十二辰與十二次體系一經誕生，十二支就不再和具體的天象發生關係，而只作爲一種十二進位的記數法，在後世一直沿用下去。

五、 十二次和歲星紀年

　　十二辰和十二次體系還需要經歷第三階段，即十二次全部次名的制定和把十二次用於歲星紀年的時代。這已經是戰國年間的事了。《鶡冠子・度萬》中有：

> 風凰者鶉火之禽，陽之精也；麒麟者玄枵之獸，陰之
> 精也。

　　這裡是首見「鶉火」及「玄枵」之名。但有人認爲此乃後人羼入[1]，不足爲證。十二次體系的最後確定應自星紀一「次」命名始。星紀一次在牛宿，爲什麼叫「星紀」？《漢書・律曆志》說：「指牽牛之初，以紀日月，故曰星紀。」爲什麼要以「牽牛之初」來紀日月？因爲公元前 448 年，冬至點在牛宿初度，便以牛宿所在的星紀作爲十二次之首。這是戰國前期的事。大梁、析木兩「次」命名可能還在其後，但是大體上十二次體系是確定了。

　　這裡要注意的是，戰國前期，離開商代已經一千多年了。春分點已移至婁、胃間。春分日初昏，斗柄不再指十二辰的「辰」位，而是指「卯」位了——即斗柄指向正東方。我國古代，向以含春分的月份爲仲春之月，即《尚書・堯典》所謂「日中星

---

[1] 郭沫若：《釋支干》，《沫若文集》十四卷，第 366-465 頁。

鳥，以殷仲春」。仲春之月初昏指卯，也就是孟春之月初昏指寅。所以《淮南子・時則訓》說：「孟春之月⋯⋯招搖指寅」、「仲春之月⋯⋯招搖指卯」，等等。說「招搖」所指，而不是說斗柄所指，當是沿用古代北斗九星的說法。孟春之月也就乾脆稱爲寅月，成爲一歲的歲首，以下依次爲卯月、辰月⋯⋯等等。

周代以來，一向採用含冬至之月爲歲首，依此類推，這月相當於子月。不過到春秋戰國時代，奴隸制末世的周王朝已經分崩離析，名存實亡，名諸侯國在曆法上各行其是。爲了推行以寅月——孟春之月爲歲首的曆法，就有人出來倡「三正」之說。即：假托夏代曆法以寅月爲歲首，商代曆法以丑月爲歲首，周代曆法以子月爲歲首。這就是《史記・曆書》所說的：「夏正以正月，殷正以十二月，周正以十一月。」也就是《左傳・昭公十七年》的：「火出，於夏爲三月，於商爲四月，於周爲五月。」實際上，現在從甲骨文固然可以證實商代的某些曆法知識，但是夏代曆法僅保存了《夏小正》中的片斷，難以考究。我們認爲，「三正」之說無非是戰國時代假托古制之風的濫觴。

這一來，十二次和十二辰的對應關係就重新調整了。十二次以星紀爲首右旋，十二辰以寅爲首左旋，這就是本書圖 1 所給出的圖象。十二辰和十二次體系終於最後定型了，影響所及，從漢代太初曆起，莫不以甲寅年爲曆元，並因之把斗柄所指的大角兩邊的左、右攝提挪到十二辰之首的寅位來，把假想中「太歲」在寅位之年稱爲攝提格之歲。這是十二歲名這套古怪名字的第一個。由這個名字探本溯源，依稀可以看到十二辰與十二次的演變線索。但是其他歲名，其淵源何自，卻早已埋沒在歷史的塵封中了。

《史記・曆書》有一句話：「攝提無紀。」據《史記・集解》引《漢書・音義》：「攝提，星名，隨斗杓所指建十二月。若曆

誤，春三月當指辰而指巳，是謂失序。」李約瑟則認爲：「歲差作用破壞了這一現象在季節上的意義，因此司馬遷說：『攝提無紀。』[1]」這兩個說法都未必恰當。依我看，這僅是由於十二辰以哪一辰爲首經過數度變易，後來，以辰位的左、右攝提作爲寅年的歲名，這一差錯在史官司馬遷筆下，就稱爲「攝提無紀」。

前面已述，歲星紀年法在歷史上只在戰國及秦漢初年行用過不長一段時間。後來十二次還是恢復爲天空區劃制度存在下去，十二辰則仍然作爲地平圈方位存在，並參照太陽的周日視運動而產生了十二個時辰的時刻制度。可以說，十二辰與十二次體系爲較準確地測定太陽周日換周年視運動提供了科學的標尺。從觀測朔望月、歲星運行、斗柄迴轉到測定太陽的視運動，我國古代天文學沿著越來越進步、越來越高級的道路前進。

六、 十二宮又如何？

把周天分爲十二等分，在巴比倫－希臘天文學中，也有類似的體系。這就是黃道十二宮。它和我國的十二辰－十二次體系之不同，僅僅在於一個是沿黃道，一個是沿赤道。

由此我們可以得出兩點結論：

第一、兩者是不同源的。我國十二辰出自斗建，十二次出自歲星周期；而黃道十二宮出自太陽的周年視運動。不過據《漢書‧律曆志》這幾句話：「凡十二次，日至其初爲節，至其中斗建下爲十二辰。」可見我國到了漢代，也以十二次來標示太陽

[1] J.Needham：Science & Civilisation in China，Vol，III，Cambridge University Press，1959，pp.171-494。

的周年視運動。這是否是受了巴比倫－希臘天文學影響呢？還是我國十二次體系自己獨立發展到了這一步？對此還需要研究。到漢初，中西交通已經十分發達了，互相之間的交流和互相影響是可能存在的。我們只反對在起源問題上把什麼東西都推給外國。當然我們也反對把遠在三、四千年前外國的東西發明也算作中國傳過去的。

第二、我國的十二辰—十二次體系，與巴比倫－希臘天文學的黃道十二宮，方法上也有不一樣：我們沿赤道劃分，他們沿黃道劃分。簡而言之，我們採用赤道座標，他們採用黃道座標。因爲，我們便於標示天體的周日視運動和恒星的周年視運動；他們則便於標示太陽的周年視運動。兩種體系各有短長。

但是，兩者之同樣分爲十二，卻又說明，人類認識客觀事物有著一定的規律性。因之，我國產生了十二個節氣和十二個中氣組成的二十四氣；西方則產生了每個回歸年分爲十二個月的儒略－格里曆。

赤道座標系統與黃道座標系統，直到今天，仍然爲現代天文學服務。這又是研究科學史「古爲今用」的最明顯的體現。我們把古老的十二辰和十二次的起源問題加以探索，目的也正在於此。

第五章
「土圭之法」與「璇璣玉衡」

　　「土圭之法」，語出《周禮·地官·司徒》：「以土圭之法測土深，正日景以求地中。」

　　土圭，不是用土做的圭。據《周禮·冬官·考工記》鄭注：「土猶度也。」因此土就是度圭。這是一具量度日影長度的天文儀器，一般是石做的，平放在地上，南北方向，用以量度每天中午太陽影子的長短以定四時。後世也有稱為「量天尺」的。

　　「璇璣玉衡」語出《尚書·舜典》：「在璇璣玉衡，以齊七政」古書中有寫成「璿璣玉衡」。

　　這兩句話卻沒有「土圭之法」那麼好理解。自漢代以來，兩千年了，一直爭論不休。有的說璇璣玉衡是指北斗七星。有的說是指一種天文儀器——這種儀器有一個旋轉的圓環，叫做「璇璣」，又有一根觀測用的窺尺或窺管，叫做「玉衡」，是渾儀的前身。按照這一後一種說法，「璇璣玉衡」正是我國最早的直接用於觀測星辰的天文儀器。

　　我國遠古時代的天文學知識，無疑是完全靠肉眼觀測得來的。天文儀器的誕生，是天文科學實踐本身發展的產物。農業生產的發展，要求更精確地測定四時，這就是古代農業社會的十分重大的技術上的需要。單靠人的感官，天文觀測的精度不夠用了，儀器的誕生就成為勢在必行的問題。

　　然而在這一章裡，我們不想更多地考證儀器本身。天文儀

器，也和任何人手創造的工具一樣，無非是人的感官的延伸。儀器的設計，其思想實際上是來源於自然界的啓示。因此，「土圭之法」和「璇璣玉衡」這兩個概念之出現在我國早期天文學中，涉及我國古代天文學思想發展的一系列問題，值的我們認真地加以討論。

一、表

「土圭之法」既然是量度太陽影子的，那麼，量度什麼東西在太陽照耀下的投影呢？

在第二章，我們提到過，古人在觀象授時的年代，早就注意到：夏天太陽升的高，冬天太陽升的低。但是，太陽在天穹上的位置高低，是很難用數量化的方法測定的，在沒有任何儀器的情況下，只能測定太陽上升或下落時在地平圈上的位置：夏天偏北冬天偏南。這樣，可以借助於地平圈上的山、樹或其他參考標誌，大體上定出時令的早晚，準確度有時相差不到幾天。有些少數民族一直還保持著這種習俗。

但是，這樣的方法只能在一個固定地方應用，在人類活動半徑十分狹小的時候，是可行的。交往的擴展，人類活動範圍的擴大，使得一些並不具有普遍意義的發明失去了作用。觀測日出日落的位置以確定四時的「發明」就是如此。離開自己的狹小的村寨，人們就會發現，他置身於完全不同景物的地平圈之中，地平圈上的山、樹等等，再也不能作爲參考標誌了。只有東升西落的太陽周日視運動軌道本身，才能提供一個比較準確的時間尺度。

　　太陽視運動的軌跡是沒有辦法標示在天空的，但是卻可以標示在地面上，這就是太陽的投影。自然界樹木、土堆，人類自己居住的房舍，每天都在太陽照耀下投射出或長或短的影子。至今農村裡有經驗的老農，根據這些影子可以判明時間，精確度有時是很驚人的。農村裡的老太太，還可以根據朝南的大門口射進來的陽光的角度，決定什麼時候開始燒火做飯，等後田裡歸來的人們。這些，無疑是依靠長期的經驗積累。

　　但是，樹木會生長，土堆會消失，房屋門楣高度，每家也並不是一樣的。最好，是用一根規定長度的竿子，立在一塊平坦的地方，它的影子就可以在地面上標示出來。這根竿子就叫做「表」。在公元前後成書的《周髀算經》中，叫做「髀」。甲骨文的「卑」字作 A （K874），李約瑟認為，這就是人手扶著根竿子，竿子頂上有太陽的形象[1]。「表」的影子，古書作「景」，也專稱為「晷」。

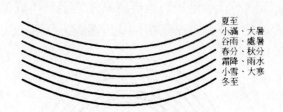

圖 20　十二個中氣太陽周日視運動軌跡

　　如果我們把任一天從日出到日落太陽在天穹上的移行路徑畫一條軌跡，它大體上就是一段圓弧。這段圓弧實際上是太陽所在位置的赤緯圈的一段。由於太陽周年視運動是沿著黃道，

---

[1] J.Needham：Science & Civilisation in China，Vol，III，Cambridge University Press，1959，pp.366-465。

因此太陽的赤緯總在不斷變化。如果我們在太陽運行到十二次每一「次」的中間，或者說在二十四氣的每一個中氣，都把太陽周日視運動的軌跡畫下來，它就是如圖 20 所示的七段互相平行、曲率大體相等的圓弧（十二中氣次序按《淮南子》及現代通用的排列，而不是按漢代以前）。

《周髀算經》中有一個七衡六間圖，如圖 21 所示，只有一根虛線是我加的。把虛線截取的那段圖形和圖 20 相比較，就可發現它們是多麼相似！這種相似性說明，七衡六間圖的最早依據是觀測太陽周日視運動的軌跡，再加以想像畫成的；或者至少七衡六間圖的創作，是受到太陽周日視運動軌跡的啓示。

七衡六間圖正是用以表現太陽在不同季節中的行度。

在七衡六間圖的七個同心圓中，特別受到重視的是最外面、最內面和當中的一個同心圓，分別稱為外衡、內衡和中衡，它們代表了多至、夏至和春、秋分的「日道」。這也是符合認識規律的：二分、二至是人們最早認識的太陽周年視運動路徑的「關鍵點」，它們在確定四時劃分中起了關鍵的作用。

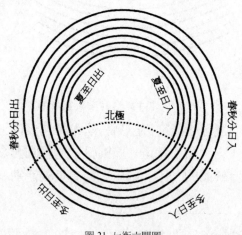

圖 21　七衡六間圖

但是，太陽周日視運動軌跡明明是一段相平行、曲率基本相等的圓弧，為什麼在七衡六間圖裡要擴大成七個同心圓呢？

這是由於這個圖的作者持有蓋天說宇宙論的觀點。按照蓋天說的宇宙圖式，「天」和「地」是兩個弧形的曲面，有如覆蓋著的斗笠和盤子，即所謂「天象蓋笠，地法覆槃。」這樣，太陽在天穹這個曲面內運行，並不是東升西落，而只是迴環不息地運轉。陽光所能照到的距離，按照蓋天說的觀點，是十萬六千里。太陽轉到這距離以外，我們就看不見了，這就是黑夜。

據此，《周髀算經》提出了「黃圖畫」和「青圖畫」的設想。

> 黃圖畫者，黃道也，二十八宿列焉，日月星辰躔焉。

又說：

> 內第一，夏至日道也；中第四，春秋分日道也；外第
> 七，冬至日道也。

實際上，這就是在七衡間塗上黃顏色的一張「七衡六間圖」，外面再繪上二十八宿等星辰。「青圖畫」又是什麼呢？

> 青圖者，天地合際，人目所遠者也。天至高，地至卑，
> 非合也。人目極觀，而天地合也。日入青圖畫內，謂
> 之日出；出青圖畫外，謂之日入。

天和地既然是曲率一樣的兩個曲面，自然是不會「合」的，看地平圈上天地連接在一起，只是人眼的錯覺。人眼是有一定視野範圍的，蓋天說認為，這範圍跟太陽光照的範圍一樣，也是十六萬七千里。據此，錢寶琮認為：

> 在一幅正方形的繒上就可以位置一點表示「我之所
> 在」。以這一點為中心，以一尺六寸七（代 167000 公

里）為半徑作一圓。在這圓周以內塗上青色，這就是
所謂「青圖畫」，也就是我所看見的範圍[1]。

如果按照《周髀算經》所說的方法，「使青圖在上不動，貫
其極而轉之，即交點。」畫圖以示之，得圖 22，即「蓋圖」。把
代表青圖的圓內圖形和圖
20 相比，其相似性更突出。
由此的確可以證明，蓋天說
用以標示太陽周日和周年
視運動的七衡六間圖，是有
一定的觀測事實爲依據
的。但是，它又加上了太陽
所照距離爲十六萬七千里
這一主觀的假設。因此，它
把不同季節太陽周日視運
動軌跡——曲率大致相等
的七段圓弧（這是因爲天球
赤緯不是按同心圓，而是在

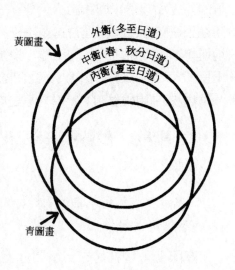

圖 22「蓋圖」

一個球面上以同一圓心作出來的）改爲七個同心圓。這就造成
了錯誤的印象。例如，外衡的半徑是內衡的一倍，那麼多至時
太陽周日視運動的路計徑和線速度也應該是夏至時的一倍，這
根本不是事實；第二，從「蓋圖」上看，春秋分的晝長只等於
夜長的一半，但實際上相等；第三，在一個地方，人目所能看
見的天空範圍在「蓋圖」上不到一半，而實際上是一半。此外
還有別的[2]。這種種錯誤，除了宇宙論中的主觀主義因素外，還

---

[1] 錢寶琮：《蓋天說源流考》，《科學史集刊》第一期，1958 年，第 29-46 頁。其中
「位置一點」，意思是「畫一個點」或「設一個點」。

[2] 席澤宗：《蓋天說和天說》，《天文學報》第八卷，第一期，1960 年，第 80-87 頁。

有一些是要把一個球面的天穹上天體視運動軌跡展開在平面的圖形上所不可避免的。要知道,近代有多少人爲了畫地圖的投影法在傷腦筋哩!

《周髀算經》可說是我國第一部關於測量、計算表影,把蓋天說宇宙論加以數量化闡述的書。它雖成書於漢代,卻假托爲記錄周公與商高、榮方與陳子的對話。那麼,根據立竿測影原理以定四時的辦法是漢代才有的呢?還是周初就有了?如果漢代才有,《周禮・地官・司徒》裡爲什麼早有「土圭之法」的記載?如果周代就有了,爲什麼先秦典籍中沒有「表」或「髀」的記載?

日本天文學史家能田忠亮認爲,《周髀算經》的數據是根據公元前 576-451 年間的觀測結果[1]。我國早年一個研究者高均則推算出,《周髀算經》的數據是公元前 700 年左右觀測的[2]。

我國前人向以「土圭之法」始於周。《河南府誌》卷三說:

> 土圭測景遺跡在東都陽城,今河南登封地。朱子謂堯典宅嵎夷之屬皆度日景,其法至周始備。

現在河南登封縣告成鎮的觀星台,是元代郭守敬修的,但相傳是周工測景台的故址。這種傳說是有一定根據的。

但是錢寶琮卻說:「我們斷定蓋天說的產生不會比呂氏春秋更早[3]」。《呂氏春秋》是戰國末年著作,那麼,他是認爲蓋天說要到秦漢初年才產生了。

事實是怎樣呢?

---

[1] 能田忠亮:《東洋天文學史論叢・周髀算經的研究》。

[2] 高均:《周髀北極璿璣考》,《中國天文學會會刊》第四期,1927 年。

[3] 錢寶琮:《蓋天說源流考》,《科學史集刊》第一期,1958 年,第 29-46 頁。

二、 土圭

是否先秦文獻中沒有「表」或「髀」的記載？不是。據《周禮‧冬官‧考工記》：

> 匠人建國，水地以縣，縣槷，視以景。

這段話是說築城時怎樣在平地上取鉛垂線和確定方位的問題。鄭玄注：

> 於所平之地，中央樹八尺之臬，以縣正之，視之以其
> 景，將以正四方也。

由此可見，這「槷」，也就是「臬」，實際就是「表」，它是八尺長的（從木，應是木頭竿子？），立在平地上，用繩子懸著重錘取鉛垂線來確保它垂直於地面，觀察它的影子，就可以定出東南西北四個方位。要知道，古代築城，是很重視取正東南西北方向的。

怎樣定四方位？《周髀算經》也有解釋：

> 以日始出，力表而識其晷；日入復置其晷。晷之兩端
> 相值者，正東西也。中折之，指表者，正南北也。

日出時表影的端點和日沒時表影的端點的聯線，就是正東和正西；線的中點，跟表本身的聯線，就是正南和正北。這樣從修建方方正正的城池的需要出發的。

「表」的第二個用途是觀測表影角度的變化，從日出到日落，以定出一天之內的時間。《周髀算經》所謂「冬至晝極短，日出辰而入申」；「夏至晝極長，日出寅而入戌」，都是指表影的方位的。冬至日出東南而沒於西南，即出辰位而入於申位；夏至日出東北而沒於正西，即出寅位而沒於戌位；只有春、秋分

日出正東沒於正西，即出卯位而沒於酉位。再在辰和申間分出巳、午、未三個間隔，視太陽表影在哪個方位就大體上知道時間。這種「表」後來專門化了，是爲「日晷」。最初是地平式的，後來又出現了更精確的赤道式日晷，都是利用表影的方位來報時的。

「表」的第三個用途就是觀測每天中午時的日影長度，以定時令。這就是「土圭之法」，也就是《周髀算經》所謂：「日中立竿測影」。

爲什麼《周禮・地官・司徒》中只提到「土圭之法」，沒有提到「表」？這是因爲，「表」是古已有之的。「土圭之法」只是「表」的一種專門化了的用途。這樣。需要在「表」的正北面加上一個平滑的、帶刻度的、放置在水平位置上並保持南北向的「土圭」，或稱「量天尺」，來保證每天中午的表影量得儘量準確。「土圭」和「表」合起來叫做「圭表」，一直到後世還應用著。如今南京紫金山天文台上，就有明代複製的一個圭表，元代大天文學家郭守敬，更在河南登封告成鎮相傳是從前周公測景台的地方，修建了一個高達四丈的高台和量天尺，也是一個巨大的圭表。

但是，「土圭」又不只是量度表影的一把尺子。它至少還起下列三個方面的作用：

第一、土圭出現以前，表影落在粗糙不平的地面上，很不容易量得準確。土圭一般是石製，可以研磨得很平滑。後世還出現了銅圭，精確度更高了。

第二、土圭的安放，是固定於正南北方向。因此，每天量日影時保證影子永遠投向同一方位——正北方；從而，每天測量日影也在同一的時間——正午。

第三、放置土圭的時候，可以利用鉛垂線的辦法，讓它處

於完全水平面的狀態。這樣，利用勾股弦定理，作出直角三角形，可以保證「表」和「圭」處於相互垂直的狀態。這一點是很重要的。「表」和「圭」間的夾角稍大或稍小於直角，影子的長度就完全不一樣。《周髀算經》不但在我國歷史上首先闡明了蓋天說的宇宙體系及其假想的數據，而且也是首次出現勾股弦定理，這不是無因的。

關於這一點，《周髀算經》說得很清楚：「髀者，股也；正晷者，勾也。」這就是說，「表」為四尺，表影為三尺，表端與影端的距離就應當是五尺。但是一般「表」高為八尺（《周髀算經》所謂「周髀長八尺」），則表影為六尺，如果表端與影端的距離是十尺，就可保證「土圭」和「表」的夾角是直角。勾股弦定理在古希臘也叫畢達哥拉斯定理，它是我國和希臘各自獨立發現的。勾股弦定理的出現正是由於天文學上測量表影的需要。

實際上圭表的尺寸也的確是如此。據《周髀算經》趙爽注：「候其影，使長六尺者，欲令勾股相應：勾三股四弦五，勾六股八弦十。」為什麼「表」高八尺而不是四尺？可能是八尺與人體高度相仿，量度起來比較容易之故。

然而八尺長的「表」與六尺長的表影，又成了蓋天說體系兩個饒有趣味的數字的依據。

蓋天說宇宙體系，也記載在《周髀算經》裡：

> 天象蓋笠，地法覆槃。
>
> 極下者，其地高人所居六萬里，滂沱四隤而下；天之中央，亦高四旁六萬里。
>
> 天離地八萬里。

這個圖式曾經為錢寶琮畫成如圖 23[1]。

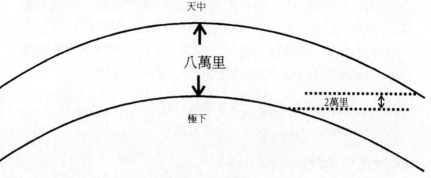

天中

八萬里

2萬里

極下

圖 23　蓋天說示意圖

　　天和地的曲率是一樣的。天離地八萬里，可是天的中央比四周要高出六萬里，那麼地的中央比四周也要高出六萬里。這裡八萬和六萬兩個數字分明就是八尺之表和六尺之表影的放大，即

$$10,000×1,500＝15,000,000\ 倍$$

　　這個比例也適用於蓋天說的另外一些數據。如《周禮·地官·司徒》鄭玄說：「凡日景於地，千里而差一寸」。千里和一寸的比例也是一千五百萬倍——雖然日影千里差一寸的假設是完全錯誤的。

　　我國遠古時代最早出現的宇宙論是天圓地方說，記於《晉書·天文志》，所謂「天圓如張蓋，地方如棋局」，認為就是「周髀家云」。誠如錢寶琮指出的，「這種，『周髀家』說，實在和周髀書中的說法毫無共同之點。[2]」天圓地方，是原始民族對於天地結構的一種直觀的、樸素的想像。隨著人的活動範圍的擴大，

---

[1]　錢寶琮：《蓋天說源流考》，《科學史集刊》第一期，1958 年，第 29-46 頁。

[2]　錢寶琮：《蓋天說源流考》，《科學史集刊》第一期，1958 年，第 29-46 頁。

人們就會發現，在稍大的範圍內，地面不是平的，而是一個球面。同是八尺長的表，同一天內在較南的地方和較北的地方測量，影子的長度就不一樣；越往北，天球北極附近的星星，地平高度就越高。這都是只有用大地是一個球面才能解釋。毫無疑問，《周髀算經》是充份認識到這一點的。它說：

> 人所謂東西南北者，非有常處，各以日出之處為東，日中為南，日入為西，日沒為北。

尤其可貴的是這段：

> 北辰之下，六月見日，六月不見日。從春分到秋分六月，常見日；從秋分至春分六月，常不見日。見日為晝，不見日為夜，所謂一歲者，即北辰之下一晝一夜。

這段話到今天仍然是百分之百地正確。在地球的北極點上，的確是半年白晝，半年黑夜。可見，蓋天說雖然還沒有認為大地就是一個圓球，卻已經認識到地面是一個球面。比起天圓地方說來，這是一個了不起的進步。有了地面是一個球面的思想，才有渾天說的大地是一個圓球的理論。我國古代人民，對於自己處身於其間的天和地的認識，就是這麼一步一個腳印地發展而來的。

但是蓋天說也有自己的局限性。如前所述，「天離地八萬里」，「天之中央，亦高四旁六萬里」就是根據勾股弦定理和表長與表影長之比而任意規定的數字。這樣，就導致出一系列與實測不符的數據，在宇宙論上引入主觀主義的成分，同時，也給我們探索蓋天說的起源年代增加了困難。

三、「土圭之法」產生年代的一個推測

這裡要首先解釋《周禮・地官・司徒》裡的這兩句話：

土圭之法測土深，正日景以求地中。

「測土深」怎麼講？是測量土壤的深度麼？顯然不是的。看鄭玄注：「測土深謂南北東西之深也。」這說明，《周禮・地官・司徒》和《周髀算經》一樣，也是認爲地面是一個球面，中央高，四周下垂，因此才有「南北東西之深」——即南北東西下垂的尺度。因此，所謂「測土深」，實際上是測「表」的影長。

「正日景以求地中」呢？就是測量正午時太陽的影子來求得「地中」。據陳壽的《益部耆舊傳》，說落下閎於「地中轉渾天，改顓頊曆作太初曆」。這兩句話里，「地中」是指洛陽，即漢的都城。但是，即「天中」之下正對的一點，也就是「極下」，今謂地球北極。古代尚沒有地球這個概念，求地中實際是求各地的地理緯度。

《周禮・地官・司徒》是給出數字的：「日至之景，尺有五寸。」日至就是夏至。在《周禮》成書的春秋時代，夏至和多至都是早已知道的。《左傳・僖公五年》就有「日南至」記載，這就是指的多至。

據此，夏至時太陽天頂距

$$z'_0 = \text{arctg } 1.5/8 = \text{arctg } 0.1874 = 10^\circ 37'$$

「表」和「圭」加上太陽視半徑和蒙氣差修正，則太陽天頂距真值

$$z_0 = 10^\circ 53'$$

但是當時黃赤交角值是多少，我們不知道。因此，也求不出觀測地點的地理緯度。

《周髀算經》給出了夏至表影爲一尺六寸和冬至表影爲丈三尺五寸這兩個數字，由此可以求出當時當地的地理緯度和黃赤交角。因爲夏至日太陽的天頂距

$$z'_1 = \text{arctg } 1.6/8 = \text{arctg } 0.2 = 11°19'$$

加上太陽視半徑和蒙氣差修正，則夏至日太陽天頂距真值

$$z'_1 = 11°35'$$

冬至日太陽天頂距

$$z'_2 = \text{arctg } 13.5/8 = \text{arctg } 1.6875 = 59°21'$$

加上太陽視半徑和蒙氣差修正，則太陽天頂距真值

$$z'_2 = 59°38'$$

所以當地緯度

$$\phi = 1(11°35' + 59°38')/2 = 35°37'$$

當時黃赤交角

$$\varepsilon = 1(59°38' - 11°35')/2 = 24°01'30''$$

地理緯度爲 35°37'，這比西周都城鎬京或東周都城成周都要高的多，而恰好是商代後期都城朝歌的地理緯度。

再看黃赤交角。24°01'30'的黃赤交角的對應年代

$$t = (24°01'30'' - 23°27'8'')/0.''4684 - 1900 = 2502 \text{ B.C.}$$

那甚至是夏代以前了。

《周髀算經》裡把二十四節氣的表影長度都列出來了，如果一一加以驗算，互相間矛盾很大。可見這些數字不完全可信，或者不是同一時期的觀測值。後世的書沿用前人的數據，這種情況在我國古籍中比比皆是。

照我們分析，按黃赤交角值推算，「土圭之法」竟在傳說中的黃帝時代就出現，還沒有更多的證據。但是，錢寶琮認爲：「不是西周以後的天文實際[1]」，卻事先用「西周」規定其上限，也是不妥當。從地理緯度看，較有可能是殷代後期的數據。殷代出現「土圭之法」，是完全可能的。

這裡還要提出一個很值得深思的問題。就是：既然八尺之表，冬至時影長達丈三尺五寸，那麼，爲什麼又要把六尺的表影特別突出地加以闡明呢？

前面說過，「候其影，使長六尺者」，是從「勾六股八弦十」的直角三角形公式而來的。但是，勾股弦定理又是從土圭測影的實踐中產生的。人們爲什麼知道「勾六股八弦十」可以作出一個直角？因爲前此有過這樣的實踐經驗。

這樣一來，土圭上的表影長六尺，一定是某一個特定地點和特定時間的實測記錄。

我們可以算出表影長六尺時太陽的天頂距

$$z'_{\odot} = \text{arctg } 6 / 8 = \text{arctg } 0.7500 = 36^{\circ}52'$$

加上太陽視半徑和蒙氣差修正，太陽天頂距真值

$$z_{\odot} = 37^{\circ}08'$$

這既不是夏至日的實測，也不是冬至日的實測，最大可能

[1] 錢寶琮：《蓋天說源流考》，《科學史集刊》第一期，1958年，第29-46頁。

性是春、秋分的實測。那麼，37°08'也就是觀測地點的地理緯度。這個地理緯度距周代西、東二都更遠，甚至比殷墟安陽還高一度左右。

把一切可能的誤差都考慮進去，也還是不能認定這是周代或以後的實這測記錄。倒比較接近於殷代的實際。

殷代是否已經用了「土圭之法」呢？最可靠的証據是甲骨文。有一塊殘缺的卜骨（《乙》15），上寫：

> 五百〔日〕
> 四旬〔屮〕
> 七日至〔于〕
> 丁亥從〔 〕
> 才六月

方括號裡的字是殘字補全的。有人認爲，這是殷代武丁時（公元前 1210 年）於六月夏至這天占卜的，過了 547 天，即到第二年的冬至丁亥這天，照卜兆行事，開始㞷田（填土以造田）[1]。如果算出前一年夏至到翌年冬至一共 547 天，則一個回歸年爲 547／1.5＝365.33 天。以三千多年前的水平而論，這就相當準確了。如果沒有用「土圭之法」，要測準冬至和夏至的日子是不可能的。不過這塊甲骨文是殘缺的，因此能否作上述解釋，學術界還有爭論。

但是，除了之外，殷墟甲骨文還有其他「至日」記錄。大致說來，殷代已掌握了土圭測日影之法，是可信的。

不能小看了土圭的作用。土圭根據表影定出冬至和夏至日，就可以定出一個回歸年的長度。雖然，由於冬至和夏至前

---

[1] 黃作賓：《殷曆譜》，《中央研究院歷史語言研究所集刊》，第七期，1936 年。

後幾天表影長度變化甚微，誤差可能達數天之多。但是能夠大體上定出回歸年的日數，已經是天文學史上一項重大的成就。

勾三股四弦五直角形公式，也是從八尺長和春、秋分時表影長六尺，加上弦長十尺，這三個數字簡化而來的。《周髀算經》並且把這些經驗數字上升爲普遍的公式：「若求邪至日者，日下爲勾，日高爲股，勾股各自乘，並而開方除之，得邪至日。」這就是

$$c = \sqrt{a^2 + b^2}$$

由此，我們可以看到，從對客觀事物的量度和記算中，怎樣抽象出數字公式來。

四、「土圭之法」的發展

圭表的作用，並不只是限於測定日影，而且還用於測星。這就是《周禮・冬官・考工記》上的「晝參諸日中之景，夜考之極星，以正朝夕」。這裡「朝夕」作「東西」講。也就是方向，即白天看日影，晚上看極星，都可以定出方向。

其實，用圭表不但可「考之極星」以定方向，還可測定中星以定時令。方法是這樣的：以觀測者爲圓心，以觀測者至表的基部的長度爲半徑，在地上畫一個大圓，把它的圓周等分爲365又四分之一度（我國古代把周天分爲365又四分之一度，而不是360度），置表於圓周上正南方 S 的位置（見圖24），人立於圓心，用根繩子繫住表的上端，繩子的另一頭也連到圓心。這就是《周髀算經》所謂的：「立表正南北之中央，以繩繫顛，希望牽牛中央星之中。」牽牛中央星即牛宿一（摩羯座 β），它中天

的時候必然是星、表、繩三者在一直線上，也即趙爽注所謂「星、表、繩參相直也。」以後，「則復候須女之先至者」。什麼叫「須女之星先至者」？須女就是女宿，其中的女宿一（寶瓶座 ε），在女宿最西端，因此也最先到達中天。「如復以表、繩，希望須女先至定中」——也是用前一法子，以星、表、繩三者在一直線上的方法測定它的中天。但此時牽牛已達西面，在牽牛到達的位置 T 上插一根竿子。「即以一游儀，希望牽牛中央星，出中正表西幾何度，各如游儀所至之尺，爲度數。」這樣，看看 Ts 兩點間多少度，就是牛宿的「距度」有多少度。依這方法，牛宿的「距度」爲八度。二十八宿距度都可以用這方法測得。

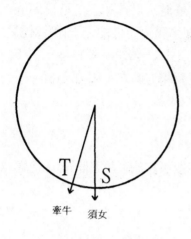

牽牛　　須女

圖 24 圭表測中星

但是，這樣測二十八宿距度，當然是不準確的。因爲它實際上測得的是兩星的平經差，而所謂「距度」應是赤經差。但是無論如何，這是古人測量二十八宿距度的一個嘗試。

在表端與圭端間連一繩子，以繩、表、星三者在一直線上而定恒星的中天，這時圭表的作用就類似如今的中星儀或子午儀了。中星的測定在我國早期天文學中至關重要。《尚書‧堯典》的四仲中星就是利用鳥、火、虛、昴四星的昏中來定四時的。《呂氏春秋》和《禮記‧月令》已列出二十八宿中大部份距星的昏中和旦中，以定太陽周年視運動的行度。天文學發展到較準確地測定恒星的上中天，應當說開始進入數量化時代了。

用繩子繫住表端和圭端的思想也不會出現得太晚。勾股弦

定理的「弦」就是指的這根繩子。勾六股八弦十，對於八尺長的表和六尺長的圭來說，十尺長的繩子恰好把它們連成一個直角三角形。

　　用圭表加繩子的方法還可以測定出天球北極之所在。

　　我們現在的天球北極，旁邊有一顆勾陳一（小熊座 α）。但在歷史上，天球北極的位置上，未必總有什麼亮星可作爲標誌。那麼，就只有找其附近的一顆亮星。《周髀算經》謂之「北極中大星」。方法是：「冬至日加酉之時，立八尺表，以繩繫表端，希望北極中大星，引繩致地而識之。」方法和測恒星上中天的方法是一樣的，要求表、星、繩三者在一直線上。只是時間要選擇得確當——「冬至日加酉之時」。這是何時？冬至不是日出於辰位、日入於申位嗎？加酉之時即日入以後一個時辰。又因爲是反過來朝北望，繩端沒有土圭了，所以只能在地上做個記號。到了黎明前一個時辰，即：「又到旦明，日加卯之時，復引繩希望之，首及繩致地，而識其端相去二尺三寸。」此時「北極中大星」已繞天球北極轉了半個圓，位置動了，因之繩端觸地的一點也移動了。與前一夜酉時做的記號之間，相去二尺三寸。根據蓋天說宇宙體系放大一千五百萬倍的原則，於是，認爲這顆「北極中大星」繞著天球北極旋轉的圓周直徑是二萬三千里。

　　根據這辦法可定出「北極中大星」所畫的圖形軌跡的東端和西端。又「以夏至夜半時北極南游所極，多天夜半時北游所極」，由此而定出「北極中大星」圓形軌道的南端和北端。這樣，就可以畫出這顆「北極中大星」繞天球北極的圓周運動，叫做北極璇璣四游。

　　「北極中大星」是什麼？問題是測定北極璇璣四游在於什

麼代？清代陳杰[1]和鄒伯奇[2]以爲是帝星（小熊座 β ），在公元前一千年左右，它距天球北極只有 6°32'。這個角度，錢寶琮[3]認爲是太大了。高均[4]認爲是庶子星（小熊座 ζ ），在公元前 700 年前後它的極距只有 4°56'。但是庶子星太暗，不能稱爲「北極中大星」。

錢寶琮[5]認爲，「北極中大星」的璇璣四游，根據《周髀算經》所給的值，相互矛盾，根本無法定出指的是哪顆星。但是我認爲，古人僅以表、繩測量，誤差一定不小，據此而認定一顆星，當然很難，但是北極璇璣四游還提供了別的線索。能田忠亮就提出過這樣的計算法：夏至夜半在天球北極之上中天，冬至黃昏後在天球北極之西，冬至夜半在天球北極之下中天，冬至黎明前在天球北極之東。據此，這顆北極中大星當是赤經 18 時。帝星（小熊座）於公元前 1063 年，正在赤經 18 時的位置。看來，還是帝星較符合條件。能田又進一步計算了冬至日昏（下午六時）、曉（凌晨六時）帝星經過西大距和東大距的時代是公元前 1184 年，和公元前 1063 年平均，得公元前 1123 年。這一年的帝星赤經爲 12 時 8 分，誤差 8 分鐘，約 2°。可見觀測北極璇璣四游的年大致是周朝初年前後[6]。

對北極璇璣四游的觀察，就是《周禮·多官·考工記》所謂「畫參諸日中之景，夜考之極星，以正朝夕」。

在蓋天說體系裡，於是出現了「璇璣」，即一顆作圓周運動的恒星的概念。其實天上所有恒星視運動軌跡都是一個圓圈，

[1] 陳杰：《算法大成》上編，卷二，1823 年。

[2] 鄒伯奇：《學計一得》。《鄒征君遺書》，1844 年。

[3] 錢寶琮：《蓋天說源流考》，《科學史集刊》第一期，1958 年，第 29-47 頁。

[4] 高均：《周髀北極璿璣考》。《中國天文學會會刊》第四期，1927 年。

[5] 錢寶琮：《蓋天說源流考》，《科學史集刊》第一期，1958 年，第 29-47 頁。

[6] 能田忠亮：《東洋天文學史論叢·周髀算經的研究》。

但是越靠近天球北極的星，它畫出的圓圈越小，越是能清楚地看到。在這個小小的圓上，定出它的圓心，就是天球北極。用什麼來定呢？就是「玉衡」。

在「七衡六間圖」裡，所謂「衡」，是指太陽在不同月份的視運動軌道，也就是「表」在不同中氣所畫出的軌跡。在測定北極璇璣四游中，也是用的表和繩相結合的方法，然則「衡」是否就是「表」的發展？

這樣一來，就導致「璇璣玉衡」概念的出現。這是我國古代天文學又一個重要的概念。

五、 「璇璣玉衡」問題

「璇璣玉衡」是什麼？這是一個爭論了兩千年的問題。因為北斗七星中，第二星（大熊座 β）稱為「天璇」，第三星（大熊座 γ）稱為「天璣」，第五星（大熊座 ε）稱為「玉衡」，從漢代起，伏勝等人就認為「璇璣玉衡」指的是北斗七星。而另一方面，馬融、蔡邕和鄭玄都主張，「璇璣玉衡」是一種天文儀器。《史記·天官書》說得十分明確：

北斗七星，所謂「璇璣玉衡，以齊七政」。

據《史記·索隱》引《春秋緯·運斗樞》：

斗，第一天樞，第二璇，第三璣，第四權，第五衡，第六開陽，第七搖光。第一至第四為魁，第五至第七為杓，合而為斗。

《春秋緯·文耀鉤》也印證這一說法：

斗者，天之喉舌。玉衡屬杓，魁為璇璣。

《漢書・天文志》承襲了《史記・天官書》的說法劉昭注
《後漢書・天文志》甚至說：

璇璣者謂北極也，玉衡者謂斗九星也。

這是一個頗富獨創性的說法。璇璣謂北極，上一節已講得
很清楚。斗九星是十分古老的提法，大約在公元前 1700-4100
年，在黃河流域的緯度上，不但北斗七星在恒顯圈內，斗柄連
下去的玄戈（牧夫座 λ）、招搖（牧夫座 γ）也終年不隱地照耀
於北方天空[1]。

然而在同一部《後漢書・天文志》中，孔安國卻注「帝在
璣玉衡，以齊七政」曰：

在，察也。璇，美玉也。璣衡，王者正天文之器，可
運轉者。七政，日月五星各異政。舜察天文，齊七政
也。

這就認定，傳說時代的舜，已經用一個可運轉的天文儀器
觀察日月五星的出沒了。

這種爭論一直延續下去。但后世似乎認為「璇璣玉衡」是
儀器的占優勢。三國時代的王蕃乾脆說：

《虞書》稱「在璇璣玉衡，以齊七政」，則今渾天儀
日月五星是也。鄭玄說「動運為機，持正為衡，皆以
玉為之。視其行度，觀受禪是非也。」渾儀，羲和氏
之舊器，歷代相傳，謂之機衡，其所由來，有原統矣。
而斯器設在候台，史官禁密，學者寡得聞見，穿鑿之

---

[1] 竺可楨：《二十八宿起源之時代與地點》，《思想與時代》第三十四期，1944 年。

徒，不解機衡之意，見有七政之言，因以為北斗七星，構造虛文，托之讖緯，史遷、班固，猶尚惑之。鄭玄有瞻雅高遠之才，沈靜精妙之思，超然獨見，改正其說，聖人復出，不易斯言矣。(《宋書・天文志》)

　　璇璣玉衡就是渾儀，而且早在羲和時代就有了，不過因為保密，大家不知道，胡亂猜想；說璇璣玉衡就是北斗七星的人，都是受了讖緯神學的影響。王蕃這番話可就說得太過頭了！

　　宋代王應麟編的《六經天文篇》裡談到《機衡》一詞時說：

此必古有其法，遭秦而滅。至漢武時，落下閎始經營之，鮮于妄人又量度之，至宣帝時，耿受昌始鑄銅而為之象。衡長八尺，孔經一寸；機經八尺，圓周二丈五尺強。轉而望之，以知日月星辰知所在，即璿璣玉衡之遺法。

　　這是確認璇璣玉衡就是渾儀的。

　　宋代認為璇璣玉衡就是渾儀的，頗不乏人。程大昌《演繁露》中說得十分肯定：「堯世已有渾儀，璇璣玉衡是也。」以製造水運儀象台著名于世的蘇頌也說：「四游儀，舜典曰璇璣。」(《新儀象法要》)乾脆認為璇璣玉衡就是四游儀了。四游儀屬於渾儀的一部分，有兩格環，上刻周天度數。蘇頌在《新儀象法要》裡十分清楚地描述了四游儀的構造，並指出：

望筒即《舜典》所謂玉衡也。亦謂之橫簫，李淳風曰玉衡，梁令瓚曰玉衡望筒。韓顯符曰窺管。

　　《新儀象法要》是留存至今最詳盡的古代儀器著作，是有一定權威性的。

沈括也相信璇璣玉衡是類似於渾儀的儀器。《夢溪筆談》卷七中說：

> 天文學家有渾儀，測天之器，設於崇台，以候垂象者，即古璣衡是也。

又說：

> 舊法規環一面刻周天度，一面加銀丁，蓋以夜候之，天晦不可以目察，則以手切之也。古人以璇飾璣，疑亦如此。

這就為「璇璣」二字作了考證，認為「璣」是渾儀的環，「璇」是嵌於其上的銀丁，夜晚觀測度數不便，用手摸索，可以讀出度數。

朱熹把上述論點說得更明白：

> 美珠謂之璇；璣，機也。以璇飾璣，所以象天體之運轉也。衡，橫也，謂衡簫也，以玉為管，橫而設之，所以窺璣而察七政之運行，猶今之渾天儀也。齊，猶審也。七政，日月五星也。七者運行於天，有遲有速，有順有逆，猶人君之有政事也。言舜初攝位，乃察璣衡以審七政之所在，以起渾天儀。

這就有點近乎穿鑿了。

《三才圖會》引《風土記》，又有一說：

> 璣衡即今渾儀云。古者以玉為之，轉運者為璣，持正者為衡。一說以良玉為管，中有光，蓋取明以助遠察。

指出這是用玉做的，有一個圓環，又有一根管子。這樣的儀器是很有資格做渾儀的前身的。璇璣玉衡如果是儀器，那麼，

它怎樣運用？《尚書緯・考靈曜》也有所闡述：

> 在璇璣玉衡，以齊七政。璇璣未中而星中，是急。急
> 則日過其度，月不及其宿。璇璣中而星未中，是舒。
> 舒則日不及其度，月過其宿。璇璣中而星中，是調。
> 調則風雨時，草木蕃盛而百谷熟，萬事康也。

這段話說明：第一，璇璣是一個可以轉動的儀器；第二，這個儀器是用來觀測恒星的中天的；第三，說明古代曆法還不夠準確，有時會引起誤差，即有「急」有「舒」，只有依曆法計算出的恒星中天時刻和實測時刻相一致，才能風調雨順，農業生產獲得一個好的收成。

由此看來，璇璣玉衡確實是我國古代的一種天文儀器，它雖然不如後世的渾儀那樣結構嚴謹、運轉複雜、精密度高，卻也有一個轉動的圓環，一根窺尺或窺管。圓環放置於南北方向，窺管或窺尺可以上下游動或轉動，以觀測恒星的中天。璇、璣二字都從玉，玉衡據說也是玉做的，不過也可能只是石器的美稱。以石為儀器，可見這儀器確是很古了。雖然未必就能證明是石器時代文化，但至少此時銅尚未大規模應用。至於《風土記》所謂：「良玉為管」，古代把長條的玉石鑿成管狀，工藝上不易實現，恐怕只是一根長條的窺尺，所以稱之為衡。

順變說一句，清代吳大澂在《古玉圖考》中提到一種外緣有齒的玉璧，他把它叫做「璿璣」，認為是古代渾儀上的機輪。以後比利時學者亨利・米歇爾，又提出一種論點，也認為璇璣玉衡是儀器，不過不是什麼轉動的圓環和窺衡的組合，而是一塊叫「璇璣」的玉璧和一個叫「琮」的玉器合起來構成一個觀測儀器。這儀器當中有一個孔，四周是鋸齒狀邊緣上顯露的星星，可約略測定北極和分、至點的位置，其作用有如後世的牽

星版[1]。這也許有一定的見地，但是跟我國傳統的記述不符的。

無疑，璇璣玉衡就是渾儀的前身。因為從漢代起，渾儀結構雖人越來越複雜，其基本部份仍然是幾個能轉動的圓環，加上能旋轉的窺管。如今南京紫金天文台保存著明代渾儀，已經是青銅製的、精美的儀器了，仍然不脫這些基本的部件。

但是，很少有人想到，作為儀器的璇璣玉衡，與另一早期的天文儀器——圭表有什麼淵源。有一個數目字頗堪耐人尋味的。就是渾儀從漢代起，一般都是直徑八尺，即和「八尺之表」的尺寸完全一樣。這是巧合呢？還是有一定的內在聯繫？實在需要認真探所一番。

六、北極璇璣四游與恆星中天

前面已述，北極璇璣四游的發現，是依靠「表」和一根繫於表端斜斜地連到地面的繩子，在冬至的黃昏、夜半、拂曉和夏至的夜半，分別測定某顆北極中大星的位置，據之可把這顆星的運動軌跡畫成一個小小的圓，其圓心就是天球北極。

如果這根繩子拉向正南的方向，即土圭反方向的延伸，則當表、繩子和看不見的天球北極成一直線的時候，那根聳立著的八尺長的表，就把天球上北極璇璣四游所畫的圓圈平分成兩半。可以把「北極中大星」運動的軌跡圓設想為一個圓環，直立的「表」設想為一根窺衡，這樣，觀測北極璇璣四游就導致璇璣玉衡這樣的儀器的誕生。

---

[1] 亨利・米歇爾：《璇璣玉衡的一個解釋》，《天文學報》第四卷第二期，1956 年。

我們再看看恒星中的觀測。圖 24 指出，測量恒星中天時，要先在地上畫一個以觀測者爲圓心、觀測者與表之間的長度爲半徑的大圓。這個大圓，實際上是地平圈的縮影，但是古人卻以爲它是天球赤道的縮影，所以按天球赤道劃分爲 365¼度。地面上的這個圈和聳立的「表」又構成一個璇璣玉衡的設計構思。

因爲，無論從觀測天球北極還是觀測上中天的恒星，都可以找到一個圓圈和一根直線的組合。這樣，就啓發人們，用一個能夠轉動的圓環和一根在圓環內自由旋轉的窺尺或窺管組成的儀器，以之測量天體，要比用直立的圭表再加繩子方便得多。

在這個意義上，可以說，璇璣玉衡正是圭表的合乎邏輯的發展。然而問題還不僅如此。北極璇璣四游是和地球上四時變化相適應的。一定的恒星的上中天也是和地球上四時變化相適應的。現在我們知道，兩者都只是地球自轉和公轉的複合運動的反映。古人雖然不明白這個道理，但是還是可以看出拱極星的旋轉與天頂以南的星星的東升西落，兩者之間服從同一的規律。因之才學會把從天球北極引伸出十二條輻射線，把周天均勻地分爲十二次，又從天球北極不等間距地引伸出二十八條輻射線，連結二十八顆「距星」，把周天分爲不等間距的二十八宿。但是就觀測的精度而論，北極璇璣四游的視角卻很小，而天球赤道附近的恒星在上中天附近視運動的視角卻很大，因此觀測恒星上中天遠比觀測北極璇璣四游容易取得較準確的數值。就是北極璇璣四游本身，也被觀測北斗七星的迴轉代替了。北斗七星都比較亮，所占天區也很廣，較容易測出它們方位的變化。不過北斗迴轉的視角仍然比不上赤道附近恒星視運動的視角大。所以我們說，在我國天文學發展的早期，觀察北斗迴轉以定四時，進一步發展爲觀察某些特定恒星的昏見東方或夕入西方以定四時，再進一步發展，就是測定昏旦中天的位置測得比

較準確。這儀器，便是加了繩子的圭表和璇璣玉衡。

《尚書·堯典》四仲中星就是體現了用四顆恒星的昏中來測定四時的思想。《尚書緯·考靈曜》中有一段對這問題闡述得尤爲清楚：

> 鳥星爲春候，火星爲夏朝，虛星爲秋後，昴星爲冬期。主春者張星昏中，可以種稷；主夏者火星昏中，可種黍；主春者張星昏中，可以種麥；主冬者火星昏中，則入山可以斬伐，具器械。王者南面而坐，視四星之中，而知民之緩急，急則不賦力役。

這裡四仲中星與《尚書·堯典》所列是一致的。鳥星又稱張星，是因爲張宿屬南官朱鳥之故。這段話對於四季與農事的安排也說得十分具體。看來，這已是進入奴隸社會的事了，因而「王者」——奴隸主頭子安排驅勞動力，是「視四星之中」的。

我們說過，用圭表觀測中星，誤差比較大。對比起來，璇璣玉衡無疑是一個進步。璇璣玉衡可以把圓環裝在嚴格的子午圈的方向上，那麼，順著窺尺或窺管，就可以較準確地看到恒星中天，並且量出恒星的地平緯度。如果天球北極的地平緯度（或稱地平高度）是已知的話（也可以用璇璣玉衡測出），就可以計算出恒星的「去極度」——這是我國古代用赤道座標系統進行天體測量的一個座標分量。

這樣，璇璣玉衡真正成了一架子午儀或中星儀。

璇璣玉衡也可以有另外安排裝法。例如，把圓環的面對準天球上某兩顆星，那麼，順著窺尺或窺管，依次觀測這兩顆星，就可以測出這兩顆星的角距離。如果這兩顆星都在天球赤道上的話，所測出的角距值就是兩顆星的赤經差——古人叫「距度」。

這樣，璇璣玉衡又成了一架赤道儀。「距度」或赤經差也是我國古代用赤道座標系統進行天體測量的一個座標分量。

為了測量，就要求璇璣玉衡的圓環——璇璣上，要刻有度數。古代既分周天為 365 又四分之一度，則刻度也應等分為 365 又四分之一格。就是今天，等分一個圓圈為 365 又四分之一分也非易事。古代有什麼工藝水平能達到刻度均勻，我們不知道，想來是很難達到的，所以古代測量恒星距度不是很準確。當然，隨著經驗的積累，精度是可以逐步提高的。刻度，也可能如沈括所說，嵌以銀丁（古代較可能的是銅釘），或如古人所描寫的，飾以明珠，便於在暗夜中用手摸索。

璇璣玉衡要測量兩顆恒星的赤經差，必須兩顆恒星都在天球赤道上，這當然是很不現實的。如果能再加一個圓環，問題就解決了。這就是：最外圈，一個固定的圓環，與天球赤道平行，上面有 365 又四分之一度的刻度；內圈，一個直立的圓環，以正對天球北極和天球南極的兩點為軸轉動；當中，窺尺或窺管再在內圈圓環中轉動。這樣，不待恒星中天，只要把內圈圓環轉到與這顆恒星的赤經圈相平行，就可以測出這顆恒星的「去極度」。同樣，要測量任兩顆恒星的赤經差，也可以通過轉動內圈的圓環觀測恒星，而在固定的外圈環上讀出度數。這就是類如圖 2 的原始渾儀了。

現在我們已經概略地回顧了土圭——璇璣玉衡——渾儀的發展線索。毫無疑問，這段發展過程經歷了漫長的歲月。上面我們說過，「土圭之法」可能是在殷代就使用了。璇璣玉衡的發明，又在何時？這必然又是跟中星的測定有關的。如蘇頌在《新儀象法要》裡說：

　　《虞書》稱：在璇璣玉衡，以齊七政。蓋觀四正之中
　　星，以知節候之早晚……觀璇璣者不獨視天時而布政

令。

可見璇璣玉衡最初只是用於中星的測定，而不及去極度和距度。《尚書·堯典》四仲中星，較可靠的判斷是殷末周初的天象，把璇璣玉衡的發明大致定於那個時代，是合乎邏輯的。

恒星中天的測定，在後世也十分重要。西漢曆法已說是相當完備了，仍以測定中星爲改革曆法的重要依據。據《後漢書·律曆志》：

> 元和二年，太初失天益遠，日月宿度相覺浸多，而候者皆知冬至之日，日在斗二十一度，未至牽牛五度，而以為牽牛中星後天四分日之三。
>
> 冬至之日，日在斗二十二度，而曆以為牽牛，中星先立春一日，則四分數之立春日也。

測定中星的重要性，一直延續到現代。例如子午儀和中星儀，就是用來測定恒星的赤經和赤緯，以及校正時鐘的。這可以說是古老的天文儀器在現代煥發出青春。

璇璣玉衡再加一個赤道環，就可以視爲原始的渾儀了。公元前三、四世紀戰國時代甘德和石申留下來的星表（見《開元占經》所載），有 120 顆恒星的去極度、入宿度和黃道內外度；《淮南子·天文訓》所載的二十八宿的距度；尤其是長沙馬王堆三號漢墓出土帛書《五星占》中載有木星、土星和金星七十年間的視運動記錄，這些都是需要用渾儀來測定的。過去認爲，最早的渾儀創於漢武帝時的落下閎，那是因爲陳壽的《益部耆舊傳》裡有「地中轉渾天，改顓頊曆作太初曆」之句。渾天確是渾儀，但是否就是落下閎首創？看來不對了。渾儀的創製應至遲在戰

國年間，較大可能是在春秋中期[1]。

　　過去，一般總認爲，圭表和渾儀是我國兩個截然不同的儀器設計體系。我們在這裡論證了它們的繼承性，是否完全合乎事實上的發展？還可進一步深入研究。無論如何，初期的渾儀徑長八尺，與表高八尺是有內在聯繫的。圭表和渾儀的這種聯繫，十分深刻地闡明了人的認識能力在社會實踐過程中不斷地深化，儀器製造的規律也概莫能外。

七、儀器和星象的辯證統一

　　璇璣玉衡既然是儀器，並且是圭表的發展，渾儀的前身，爲什麼古往今來又有不少人認爲它是指北極或北斗呢？或者，進一步問：北斗七星中的天璇、天璣、玉衡，與璇璣玉衡又有什麼關係？

　　三國時代的王蕃，是深惡痛絕北斗七星之說的，認爲這是受了讖緯神學的影響。這是由於當時的歷史背景，有所爲而發的。但是要知道，以北斗指向定季節四時，我國開始得很早。北斗也是繞天球北極旋轉的，就北斗旋轉的軌跡而言，它也是一個「璇璣」。

　　凡是旋轉的東西可稱之爲「璇璣」—— 這是我國古代天文學的獨特的概念。因之有北極璇璣四游，也有北斗璇璣——即大熊座 β 和 γ。這兩顆星今天的赤緯相差近 $3°$（$\delta_\beta = 56°31'00''$，$\delta_\gamma = 53°50'01'''$），然而在公元前 950 年左右，兩者赤緯相等（$\delta$

———————————

[1] 徐振韜：《從帛書〈五星占〉看「先秦渾儀」的創制》，《考古》1976 年第 2 期，第 89-94 頁。

$_\beta = \delta_\gamma = 68°11'20"$），即兩者在繞北極旋轉時，軌跡是完全重合的。把大熊座 β 和 γ 兩星，稱爲天璇、天璣，諒來不爲過份吧。這兩顆星確實起到北極璇璣四游中的「北極中大星」的作用，只是四游的幅度更大，更容易測量得清楚。

那麼，玉衡呢？玉衡是大熊座，正在北斗七星的斗柄上。這斗柄，當北斗繞天極旋轉之際，總是輪流指向各個方位，恰恰起到一個「窺衡」的作用。稱爲玉衡，不是很確當嗎？

由此可見，北斗七星稱爲璇璣玉衡，不是無因的。

一般認爲，天上的星名，是根據地上事物命名的。如地上有井，天上有井宿；地上有牧牛人，天上有牽牛；地上有紡織姑娘，天上有織女；地上有谷倉，天上就有天廩和天囷。一般來說這是對的。但也不盡然。王良、造父都只是傳說中的人物，卻搬到天上去了。我國恒星命名很雜亂，當然這不是一次定名的：而且各個時代，各個民族還有不同命名方式。然而我們討論北斗七星和璇璣玉衡的關係。倒不完全是命名問題，而是要看到，星象觀測和儀器的發明之間存在一定關係。也就是說，天文儀器的設計思想，往往是從星辰的運動得到啓示的。日影軌跡——七衡六間圖——土圭之法這一條線索是如此；北極璇璣四游——北斗七星迴轉——璇璣玉衡這一條線所也是如此；恆星中天的觀測——距度的測量——渾儀又構成第三條發展的線索。

這就是儀器設計與星象觀測的辯證統一。

璇璣玉衡和北斗七星的這種內在的聯繫，在《隋書·天文志》裡有比較客觀的闡述：

> 璇璣者謂渾儀也……而先儒或因星官書，北斗第二星名璇，第三星名璣，第五星名玉衡，仍七政之言，即以為北斗七星。載筆之官，莫之或辨。

　　這是由於歷史上「載筆之官」不懂得辯證法，因此分辨不清，璇璣玉衡既可以是儀器，又可以是星象，或者說，是兩者的辯證的統一。我們爲什麼要討論「土圭之法」與「璇璣玉衡」的來龍去脈？其原由蓋在於此。

第六章　天體物理思想的萌芽

　　前面各章，我們討論了中國天文學的起源和它的早期發展中最重要的一個方面：觀察和測量日、月、五星、恒星的視運動，探索它們的運動規律，力圖掌握它們的出沒與四時變化的聯繫，以服務於農牧業生產。無論是觀象授時、二十八宿體系的誕生、十二辰十二次天空區劃方法的制定，以至於最原始的天文儀器的出現，無不緊緊扣著這個主題。

　　最初，我們只考察天體運行的規律性，而不去考慮這些天體是些什麼東西，它為什麼按這樣的規律而不按那樣的規律的運動，它的這樣或那樣的運動會產生什麼樣的結果。對於遠古時代的人們，天體無非是大大小小的發光體，它們的有規律的運動可以反應四時變化，恰如一隻大時鐘一樣。最明顯的無過日、月食的例子。日食和月食在原始民族當中引起過多少迷信思想的氾濫！但是古代天文學早就弄明白了：日食，必然發生在朔；月食，必然發生在望。於是，盡管欽天監官員們自己也懷著惴惴不安的思慮，他們還是利用日、月食來檢查曆法中朔、望是否定得準確。宋代著作《楓窗小牘》中還記載著這樣一個故事：

> 慶元四年九月朔，太史言日食於夜，而草澤言食在晝。驗視，如草澤言。嘉泰二年，日食五月朔，太史以為午正。草澤趙大獻言：「午初三刻食三分。」詔著作張嗣股監視渾儀，秘丞珠欽則等覆驗，卒如大獻所言。史官乃抵罪。

「草澤」，猶如我們說「民間」。民間天文學家趙大獻預報日食比「官方」準確，有關官員就要受處分。日食能夠預報得那麼準，這證明對於太陽、月量的視運動規律是掌握得很成功的。事實上，豈但到了宋代！在甲骨文中就有許多日月食記錄，證明早在三千五百年前我們的祖先就十分重視這個項目的觀測，用以校正曆法。這裡目的性非常明確，是爲了服務於生產。曆法有誤，生產就要受影響。但是甲骨文或者公認年代較早的古籍中有沒有片言隻語提到過太陽是什麼？月亮是什麼？沒有。剩下的只有神話：太陽是一隻三足烏鴉，月亮是嫦娥的住宅等等。固然神話也自有神話的價值，我們在第一章已經討論過了，但是畢竟不是天體物理學。

《詩經・小雅》：

> 十月之交，朔日辛卯；
>
> 日有食之，亦孔之醜。
>
> 彼月而食，則維其常；
>
> 此日而食，於何不臧。

現在公認爲是記錄發生於周幽王六年（西元前 776 年）十月初一日的日食和比它早半個月的月食。值得注意的是，詩中已用了「則維其常」來描寫月食。即認爲它是常見的，不值得大驚小怪的現象。在對自然現象還不能解釋、對「天」的迷信思想盛行的古代，這不失爲一種樸素唯物主義的態度。當然，這種樸素唯物論思想不是出自對月食現象的科學的認識，而多半是依靠經驗的累積。這種經驗的累積是自然科學進一步發展的基礎。

階級鬥爭侵入了天文學領域，於是，星占術大爲盛行。這點，我們後面還要提到。天文學本身的發展成爲三大社會實踐

之一，就推動人們去探所不是直接爲生產服務的科學命題了：
日月星辰是什麼？它們爲什麼發光？爲什麼會產生日月食？等
等。在實驗科學不發達的古代，對這些問題的解答無非是一些
猜測——但是，決不是憑空的猜測。古代科學家和哲人們是根
據地上物質的性質和運動規律去猜測天上物體的性質和運動規
律的。這又是一種樸素唯物主義的態度，即承認無論天上地下，
宇宙是統一的物質。直到現代，我們還是根據這個物質統一性
的原則去認識宇宙的。現代天體物理學的令人眼花繚亂的成
就，不都是根據地球上研究出來的物理和化學定律得來的嗎？

　　因此，我想把我國古代對於天體和宇宙空間的物理、化學
性質的思辨性的猜測作一點系統性的整理。我把這些猜測稱之
爲天體物理思想的萌芽。當然，這些僅僅是一些思想的閃光，
天才的臆想，決不可跟奠基在實驗基礎上的現代天體物理學同
日而語。但是我還是要著重指出，在對我國古代的萌芽性的天
體物理思想作出初步的分析研究以後，我們可以看到，這些思
辨的果實對於現代天體物理思想的萌芽也是我國古代天文學成
就的一個重要方面——雖然過去很少受到重視。

一、隕石的啓示

　　今天，人類已經能夠直接拿到月亮上的石頭了。但是，僅
僅十多年以前，我們唯一能夠直接觸摸到的天體乃是隕石——
曾經奔馳於宇宙空間，在地球大氣層中喪失它的巨大的速度，
墜落地面，成了唯一的來自地球以外的世界的客人。科學家曾
不止一次觀察它們，化驗它們，從各種角度對它們進行研究，

企圖從這些細小的客人（相對於宇宙空間的天體而言）身上打聽巨大的宇宙的秘密。

對天體的物理性質的推測，在我國古代也是從鑒別隕石開始。這是天體物理研究中最直觀的方法。

據《竹書紀年統箋》：「夏禹八年夏六月，雨金於夏邑。」有人認為這年是西元前 2133 年，但是這個年份是不可靠的。雨金，無疑是指隕鐵。《通鑒外紀》也有夏禹時「天雨金三日」和商紂末年「天雨石，大如甕」的記載。但是年代都很難確定。《說郛》還記載了春秋時代降於蘇州的一次隕石雨：

> 國中雨石，大者方圓丈餘，小者亦大於拳。雨及數里，
> 不傷人屋。後亦無他。至今封門內大石，是其遺跡也。

我國最早有確切年份的隕石記載是西元前 644 年。《左傳·僖公十六年》：「春，隕石於宋五，隕星也。」這條記錄還明確指出，隕石就是隕落下來的星星，就是天體。

要知道，在奴隸制社會末期的春秋時代，作出這樣的科學判斷也非容易。天上星星，不是什麼「上天垂象」的標誌，而無非是跟地球上石頭一類的東西。古希臘亞里斯多德生活的年代比這大概還要晚三百年，卻一直宣揚天上事物是用與地上事物迥然不同的質料構成的。我國《左傳》聊聊幾個字，認識論上卻要高出一頭。

以後史書上「隕石」、「雨金」的記錄就多起來了，有些更有詳細的描寫，到今天看來還是栩栩如生的。《述異記》還記載了一次漢惠帝二年（西元前 193 年）「雨黃金、黑錫」的事件。初降落的隕鐵確是表皮暗黑的。

戰國時代傑出的思想家荀況論述隕石的現象。他說：

> 星墜，木鳴，國人皆恐。曰：是何也？曰：無何也。

他又說：

> 怪之，可也；畏之，非也。

可見到戰國時代，由於人煙較稠密，觀察到隕星的降落已不在少數。古人不明白：星辰何以會隕落。有疑問是應該的，卻不必害怕它。到了《史記·天官書》，就斷然把隕石和天體的關係概括成普遍的規律：

> 星隕至地，則石也。

通過對隕石的分析和研究，探索天體的成份、結構和生成條件，也是天體物理學的一個內容。不過現代隕石學研究的只是特定的天體，遠不是普遍適用的天體物理方法。我國古代採用的是直接的邏輯推理，缺點是把事物的特殊屬性推延物的普遍屬性。但是它的基本點，是承認世界的物質的統一性——即宇宙中各式各樣天體，是由和地球上相同的物質組成的；而且天體的物質屬性又是可知的，是可以通過科學的觀察來認識的。

東漢的王充在應用形式邏輯的推理方法論述日月星辰的物理性質方面走得更遠。他說：

> 日月在天猶五星，五星猶列星，列星不圓，光耀若圓，去人遠也。何以明之？春秋之時，星隕宋都，就而視之：石也，不圓。以星不圓，知日月五星亦不圓也。

（《論衡·說日》）

思路是這樣的：從天上落下來的是石頭，而且不是圓形的；可知恒星和行星也是不圓的石塊；太陽和月亮應該也跟恒星、行星一樣，是不圓的石塊，只因為離我們遠，它們的光芒看去有如圓球而已。

對王充的論述應該一分為二地進行分析。首先，他認為，

太陽、月亮和行星都是一樣的物質，而行星和恒星又是一樣的物質，可見天體都是同樣質料組成的。這種推論無疑有合理的成份。但是他從看到的隕石都是不圓的石塊出發，推論說日、月、五星、列星全部是不圓的石塊，這種無限外推的方法則是典型的玄學思維方法，往往會導致謬誤。但是把隕石等同於恒星的思想在後世有相當深遠的影響。陳太初《琅環天文集》中還說：

> 星之在地者為石。石之在天者為星。星墜於天。半空凝結，至地而在石也……星隕而成石，石、星一體也。

甚至到十七世紀，蒲松齡寫《聊齋誌異·雷曹》，還描寫了一個人到了天上：

> 細視，星嵌天上，如老蓮實之在蓮也。大者如甕，次如小瓶，如盤盂。以手撼之，大者堅不可動，小星搖動，似可摘而下者。遂摘其一，藏袖中……歸深袖中，摘星仍在，出置案上，黯黝如石，入夜則光明煥發，映照四壁。

「石、星一體」的影響可謂深遠點！

跟王充差不多同時代的張衡，對這問題的認識，顯然要高出一頭。他說：

> 奔星之所墜，至地則石也。（《靈憲》）

這就在墜地的「奔星」——流星，和不墜地的恒星、行星間劃上一道界限，即只證認：墜落地上的流星是石塊，而並不外推及於其他星星這是十分科學的論證方法。

二、「日譬猶火，月譬猶水」

太陽是什麼？月亮是什麼？這兩個天上最大的發光體是古代天文學的主要對象，人們曾經想像過它們為什麼會發光嗎？

月亮本身不發光，依靠反射太陽光才明亮，這個科學道理在西元前後成書的《周髀算經》中就有所描述：「日兆月，月光乃生，故成明月。」差不多同時的京房也持有這種觀點。據《爾雅疏·釋天》記述，京房「以為日似彈丸，月似鏡體；或以為月亦似彈丸，日照處則明，不照處則暗。」

張衡卻還要進一步，不但解釋了月亮反射陽光的原理，而且闡明太陽發光的機制。他說：

> 日譬猶火，月譬猶水，火則外光，水則含景。故月光
> 生於日之所照，魄生於日之蔽。當日則光盈，就日則
> 光盡也。（《靈憲》）

這裡張衡以火和水作譬喻，明確指出陽光和月光的區別：太陽是像火一樣自己發光的；而月亮不過像水一樣反射陽光，因此月亮上太陽照到的地方就亮，太陽照不到的地方就暗。月亮有盈虧，是由於接受太陽照射的部位大小不同。這樣的解釋在科學上是完全正確的。

為什麼會產生這樣認識？這是由於觀察月相變化在我國已積累了長期的、豐富的經驗。早在周代，青銅器銘文上就有大量的「初吉」、「既生霸」、「既望」、「既死霸」之類的記述。漢代的人認為，「初吉」是指初露月芽，「既生霸」是指上弦，「既望」是指月望，「既死霸」是指下弦，這叫做定點月相說。近世王國維的《生霸死霸考》，又以為「初吉」指每朔望月的新月初見到上弦這一段時間。「既生霸」是指上弦至望這一段時間，「既

望」是指月圓以後至下弦這一段時間，「既死霸」是指下弦至朔這一段時間，這叫做四分月相說。無論是定點月相說還是四分月相說，都是按月的盈虧來劃分的。月的盈虧和月與太陽的距離之間的內在聯繫，一定引起古人深深的思索，如果能夠擺脫迷信偏見的影響，月亮自己不發光，而是反射陽光的原理是不難通過科學觀測和光學實驗得出來的。

這樣，就應當認為，「日譬猶火，月譬猶水」的認識已經不完全是思辨哲學的產物，而是有一定的實驗上的依據。在方法論上，張衡應用了類比的方法，即根據地上火和水的特性，而對日、月的物理性質作出合理的推論。這就不僅僅是承認世界的物質的統一性，而且承認運動的統一性，即不僅認識到「天上世界」與構成地上萬物的是同樣的物質，而且認識到它們都遵循著同樣的物理規律。這兩者至今仍然是現代天體物理方法論的基礎。

由太陽自己發光、而月亮只能反射陽光這個認識出發，就可以對日食進行初步的分析。漢代劉向在《五經通義》裡已經指出：「日食者，月往蔽之」——寥寥七個字，是真正科學的日食理論。在日月同度時候，不發光的月亮擋住了發光的太陽，因而，在應該看到太陽的時刻卻變成了黑夜。值得注意的是，這裡還有更深一層的認識：月亮能夠「蔽」太陽，則月亮較近、太陽較遠，而不是兩者同樣附麗在「天穹」上。這一點，在認識論上也有十分重大的價值。

我們可以拿沈括的論述比一下。沈括也是知道月亮不會自己發光，要靠太陽照射才顯得明亮的。對這問題他闡述得格外清楚：

> 月本無光，猶銀丸，日耀之乃光耳。光之初生，日在其傍，故光側而所見才如鉤；日漸遠，則斜照，而光

稍滿。

這是完全正確的。但是沈括認識有某局限性的一面，他不知道日、月和地面的距離並不相等，因此在回答日、月在交食時相遇，為什麼不會發生碰撞這個問題，竟然陷入了錯誤的猜測之中，說什麼：「日、月，氣也，有形而無質，故相值而無礙。」

相比之下，元代邱處機對日食成因的理解以及日、月和地球的距離不同的認識要高明多了。他以扇子遮掩燈光為喻：

> 正如以扇翳鐙，扇影所及，無復光明，其旁漸遠，則鐙光漸多矣。（《長春真人西遊記》）

從這個比喻又可以看到邱處機已經認識到，在地面上的不同地點看日食時，所見到的食分是有多有少的。

當然，正如一切事物都存在著矛盾一樣，這種科學的日食理論在歷史上也有它的對立面。王充就反對這種認識，它認為：

> 日食謂月食之，月誰蝕之者？無蝕月也，月自損也。
>
> 以月論日，亦如日食，光自損也。（《論衡・說日》）

意思是：日、月食都是由於日、月月本身光芒減弱，而不是什麼東西遮擋了它們。這個理論不但否定了劉向對日食的正確分析，而且從根本上否定了月亮自己不發光的科學論斷。

不過我們還是應該公允地指出，在歷史上，科學的日食理論經歷的道路遠比月食理論平坦些。月食理論呈現出更加複雜錯綜的發展。對於月食理論的許多反覆，反映了我國古代對於太陽、月亮的物理特性的不同認識，但是，尤為重要的是，反映了對大地本身是否是一個球形，而日、地、月三者又處於什麼相對的位置上，有著重大的分歧。

這段歷史也是從張衡開始。張衡解釋道：月食是由於「當

日之沖，光常不合者，蔽於地也，是謂闇虛。」(《靈憲》) 這裡很清
楚地表明，張衡認爲月亮沖日，也即望的時後，由於中間隔了
地球，地影——張衡叫做「闇虛」，往往把月亮「蔽」了，月亮
接受不到太陽的光線，於是產生月食。這是科學的月食理論。
張衡所以能作出這樣的推斷，是因爲它已認識到大地是一個懸
空的圓球，所謂「天體圓如彈丸，地如雞中黃，孤居於內。」(《渾
天儀注》) 太陽和月亮相對於地球的位置是不斷變化著的，完全有
可能三者在一條直線上，而地球隔斷了太陽射到月亮的光線，
月亮處於地影中就會發生月食。把地球的影子稱爲「闇虛」，是
十分形象的說法。

但是，後代卻對「闇虛」一詞發生爭論。《宋史·天文志》
就寫道：

> 日火外明，其對必有暗氣，大小與日體同。

這個莫明其妙的「暗氣」，就是完全是主觀主義的猜測，是
根據陰陽學說編造出來的。而宋代理學家朱熹走得還是更遠。
月面上爲什麼有影影綽綽的暗影？朱熹是作過猜測的。他猜測
雖然沒有切合事物的真相，但是從邏輯上說，也是可以理解的。
他說：

> 日月在天，如鏡相照，而地居其中，四旁皆空，水也。
> 故月中微黑之處，乃鏡中大地之影。(《天問注》)

既然認爲大地可以投影於月面，本來是可以接受張衡的月
食成因理論的。但是，朱熹卻又說：

> 至明中有闇虛，其暗至微，望之時月與之正對，無分
> 毫相差。月爲闇虛所射，故蝕。(《朱子全書·天文》)

這段話意思是說：太陽有如一團火，周圍是很明亮的，中

間卻不知爲什麼有一個地方暗黑了（這種觀念的產生，可能跟觀察到太陽黑子現象有關），朱熹說，這就是所謂「闇虛」，而且這個闇虛還會「射」出什麼東西來，使月亮也變暗了，於是產生月食。「月中微黑之處，乃鏡中大地之影」還有點合乎邏輯推論的成份。一種莫名其妙的「闇虛」會從太陽中「射」出，而把月亮射暗了，這就完全是故弄玄虛了。這種毫無根據的猜測，是從張衡的月食理論大大倒退了。朱熹和類似朱熹的觀點曾造不少混亂，以致直到元代，史伯璿還不得不重申張衡的闇虛理論：

> 夫日光所照，無處不明。縱有闇在內，亦但自闇於內而已，又安能出外射月使之失明乎？惟張衡之說似易曉。但不知對日之沖，何故有闇虛在彼？愚竊以私意揣度，恐闇虛只是大地之影，非他物也。(《三才圖會》)

一段關於「闇虛」的公案，至此方才大白！

這裡還要交代一下，關於日月食理論，本來並不屬於天體物理學的內容。但是在古代，日月食成因的討論，首先要探明太陽和月亮的物理特性。如果月亮不發光，只靠反射太陽光的話，那麼月亮就應當是一個固體或至少是液體（月譬猶水），而太陽則是火（日譬猶火），而古人是以火爲氣體的。因此，對月亮和太陽的推測，大體上是符合真實情況的。

順便一句，日爲火、月爲水之說卻不是張衡的發明，早在《易・說卦傳》中就有「離爲火、爲日」，「坎爲水、爲月」的說法。這種概念的形成無非是炎陽下感到灼熱如火、月色下感到清幽如水的直觀的認識。而這種說法也反映到許多別的領域。例如，我國戰國時代就知道凹面銅鏡能對日聚焦取火，這凹面鏡就叫陽鏡，即《淮南子・天文訓》所謂「陽隧見日則燃而爲火」。古人認爲這火就是從太陽中引出來的。同樣，古人認

爲月中能滴水，所以漢「武帝作柏梁、銅柱、承露、仙人掌之屬」，這就是承露盤，據說接收月中滴水，跟玉屑和在一起，服之可以長生。

然而張衡卻並不是從這些地方附會的，他只說「日譬猶火，月譬猶水」。也就是說太陽具有火的特性——自己發光；月亮具有水的特性——能夠反光。把《周易》的樸素的猜測提到物理屬性的分析的高度，這才真正是天體物理思想的萌芽。

最後，我還想指出一點有意思的巧合。西方古代也有太陽是一團火燄的說法。在十八世紀德國哲學家康德的《自然通史和天體論》中，就一再描述到太陽系這個中心天體火燄熊熊燃燒的壯觀景象。這也可以說是人類認識事物的方法具有普遍的性質吧。

三、 恆星是氣體形成的

我國古代，是把行星和恒星分開。行星，肉眼只看到五顆。因此叫五星，又叫五緯，與太陽，月亮合稱七曜。恒星叫列星，或列宿，或經星。《荀子》所謂「列宿隨旋，日月遞炤」中的「列宿」，就是指恒星。《荀子》以恒星的永不停息的迴環運動作爲宇宙事物運動發展的根本規律，是一種樸素辯證法的思想。

然而，行星與恒星的分別，主要是指其運動而言。行星因爲順、逆、留的運行，所以有別於恒星。稱之爲緯星則是饒有深意的。這就是說，古人認爲，恒星密佈天上，與北極連接，有如一根根經線；而行星則橫向在其間穿梭似地運行，有如織布的緯線。後世經、緯度的名字就是這麼來的。

　　上面我們說過，有一種理論，認為恒星也像隕石一樣，是一塊塊嵌在天穹上的石頭。但是這並不是我國古代對恒星的認識的主流。主流是什麼呢？

　　《史記‧天官書》說：「星者，金之散氣」；「漢者，亦金之散氣。」即認為星星和銀河都是氣體組成的。

　　現在我們知道，恒星都是灼熱巨大的太陽，它們當中的絕大多數，因為溫度是這樣高，構成恒星的各種各樣的原子，差不多都被電離了，因此呈等離子態。等離子態被稱為物質繼固態、液態、氣態之後的第四態。但是不但古人，連四、五十年前的天文學家，也往往把恒星稱作是一團團巨大的灼熱的氣體。所以古人認為「星者，金之散氣」，應當說是相當符合科學事實的。

　　戰國時代有個宋鈃、尹文學派，他們是在齊國稷下之門講學的、「百家爭鳴」中的一家。他們提出，宇宙萬物都是由「氣」或「精氣」構成的：

> 凡物之精，比則為生，下生五穀，上為列星；流於天
> 地之間，謂之鬼神；藏於胸中，謂之聖人；是故名氣。
> 杲乎如登於天，杳乎如入淵，淖乎如在於海，卒乎如
> 在於己。《管子‧內業》）

　　這裡說得很明確：物的精氣結合起來就能生出萬物來。在地下生出五穀，在天上分佈出星星，流動在天地中間的叫做鬼神，在人心中藏著就成為聖人，所以它叫做「氣」。有時是光明照耀，好像升在天上；有時是隱而不見，好像沒入深淵；有時是滋潤柔和，好像在海裡；有時是高不可攀，好像在山上。

　　從這種樸素的元氣本體論出發，《淮南子‧天文訓》裡就形成了一整套日月星辰由「氣」構成的思想：

> 天地未形，馮馮翼翼，洞洞灟灟，故曰「太始」。道
> 始於虛霩，虛霩生宇宙，宇宙生氣。氣有涯垠，清陽
> 者薄靡而為天，重濁者凝滯而為地。清妙之專合易，
> 重濁之凝竭難。故天先成而地後定。天地之襲精為陰
> 陽，陰陽之專精為四時，四時之散精為萬物；積陽之
> 熱氣久者生火，火氣之精者為日；積陰之寒氣久者為
> 水，水氣之精者為月；日月之淫氣精者為星辰。

　　這段話的意思是：天地還沒有形成的時候，一片渾沌空洞，所以叫做「太始」。在那空廓中，道就開始形成了。有了道，空廓才生成宇宙，宇宙又生出了元氣。元氣有一條分界線，那清輕的互相摩盪，向上成為天；那重濁的逐漸凝固，向下成為地。清輕的容易團聚，重濁的不容易凝固，所以天先成，地後定。天地的精氣散布出來就成為萬物。陰陽的精氣分立而成為四時，四時的精氣變成太陽；陰的冷氣積聚久了產生水，水的精氣變成月亮；太陽和月亮過剩的精氣變為星辰。這是我國現在知道的最早的天體演化學說

　　這個天體演化學說以天地之始為一片渾沌。它所區別於我們第一章所說的渾沌中生成天地的神話傳說，是它沒有把天地演化過程歸結為某種神秘的「神力」，而是歸結為「道」。《老子》第二十五章：

> 有物混成，先天地生。寂兮寥兮，獨立而不改，周行
> 而不殆，可以為天下母。吾不知其名，字之曰道。強
> 名之曰大一[1]。

　　這是說，有一個渾然一體的東西，它比天地先誕生，無聲

---

[1] 編者案："大一"二字，今傳世各本《老子》均作"大"，郭店楚簡《老子》、馬王堆帛書《老子》甲、乙兩本，亦均作"大"。不知鄭文光先生所據為何本？

又無形，它永遠不依靠外在的力量，不倦地循環，它可以算做天下萬物的根本。我不知道它的名字，把它叫做「道」，勉強再給它起名叫做「大一」。這樣看來，「道」或「大一」，又叫「太一」，正是先天地而存在的東西，它決不是物質，而是類似於黑格爾的「絕對精神」的觀念。

但是在《韓非子・解老》裡，「道」的涵義卻根本不同。他說：「道者，萬物之所然也。」而「天得之以高，地得之以藏，維斗得之以成其威，日月得之以恒其光，五常得之以常其位，列星得之以端其行，四時得之以御其變氣……。」這裡的「道」就不是什麼先天地萬物而存在的「絕對精神」了，而是宇宙萬物運動變化的總的規律。

《淮南子・天文訓》天體演化學說中的「道」，看來屬於前者，因此有了這個第一性的「道」，空廓中才能生出宇宙，從而生出元氣。天、地、日、月、星辰全部是這無所不包的元氣生成的。太陽是火的精氣，月亮是水的精氣，這又和上節講的《易・傳》的提法相一致。過剩的精氣變爲星辰。這就很容易理解，《史記・天官書》爲什麼說「星者，金之散氣」，「漢者，亦金之散氣」──原來這是從成因上去分析的。當元氣分開爲天地的時候，有星星點點的元氣迸濺出來，這就成爲星星和銀河。

因此，這裡並不只是講到恒星和銀河的物理特性，而且還涉及它們的起源。《淮南子・天文訓》這一個天體起源論，可能是排除了任何明顯的「神力」干預的天體演化假說了。

這裡還有一點非常值得稱道的思想，就是：恒星和銀河是由同樣的「氣」構成的。銀河就是恒星的集合體──這是望遠鏡發明以後人們才認識到的。古代的思辨哲學有時的確有些認識水平是遠遠超過當時的時代的。請看三國時楊泉的《物理論》：

　　氣發而生，精華上浮，婉轉隨流，名之曰天河，一曰

雲漢，眾星出焉。

銀河就是氣體的流淌，並從中生出一顆顆恒星來。這裡含有多麼清晰的物理概念！現代恒星演化學說不也認為恒星是從彌漫星雲中生成的嗎？

這裡還需要提到張衡，他也認為星辰是由氣形成的。可是這「氣」，他不認為是來自「虛霈」──虛無中創生，而是來自地上：「星也者，體生於地，精成於天。」（《靈憲》）這樣的解釋誠然不符合科學事實，但是也和張衡的整個思想一樣，是力圖從物質本身的運動、變化、發展去說明世界。

大約成書於東晉的《列子·天瑞》中，日月星辰都是氣體組成的這一思想得到很好的表述：「日月星辰亦積氣中之有光耀者。」進一步乾脆認為宇宙就是由氣體組成的：有發光的氣體，就是日月星辰；有不發光的氣體，就是充塞在空間中的星際介質。這個概念是多麼接近於現代科學的概念啊！

四、星際空間不空的思想

上節我們已經接觸到，我國古代早就有星際介質的思想。星際空間並不空，這個概念在我國出現得比世界上任何地方都要早。《莊子·逍遙遊》中就寫到：

天之蒼蒼其正色邪？其遠而無所至極邪？

從認識論看，這兩句話有很高的識見。天色蒼蒼，真的是天的本來顏色嗎？是否只是因為它無限遙遠？要知道，現代科學的認識也不過如此：天所以呈蔚藍色，是因為很濃厚的大氣

層對於陽光的散射。人們對於「氣」的認識，不就是從大氣層得到啓發的嗎？空氣，雖則是肉眼看不見的，然而人卻可以感覺到風——空氣的流動，空氣中的煙、灰沙也可以用肉眼看到，這些，都是元氣理論的「物質基礎」。

　　大氣層觀念的無限延伸，就是一個充滿「氣」的無限宇宙。這正是早期宣夜說的基本觀點。我們看看《晉書·天文志》關於宣夜說的這段闡述，就可看到它和《莊子·逍遙游》的內在聯繫：

> 天了無質，仰而瞻之，高遠無極，眼瞀精絕，故蒼蒼然也。譬之旁望遠道之黃山而皆青，俯察千仞之深谷而窈黑，夫青非真色，而黑非有體也。日月眾星，自然浮生虛空之中，其行其止皆須氣焉。

　　這樣，宣夜說就認爲，根本沒有什麼「天穹」，從大地往上，只是延伸到無限遠處的氣體，而日月星辰都在氣體中漂浮，游動。三國時代的宣夜說學者楊泉對這一點闡述得尤其明確：

> 夫天，元氣也。皓然而已，無他物焉。（《物理論》）

　　《列子·天瑞》中講了一個杞人憂天的故事。有一個杞國人擔心天會崩塌下來，於是就有人勸他說：

> 天積氣耳，亡處亡氣，若屈伸呼吸，終日在天中行止，奈何憂崩墜乎？

　　請注意，這裡認爲，人在地面起一直延伸到無窮遠處的大氣。除了「氣」，並沒有一個單獨的什麼「天」。

　　宋代的馬永卿在《嬾真子》中講了一個故事，說它的親自經歷：

> 被差為金州考試官，行金、房道中，過外朝、雞鳴、
> 馬息、女媧諸嶺，高至十里或二十里，然自下望之，
> 豈不在天中行乎？

由此可見，宣夜說學派的確認為，地球表面的大氣，就是「天」。馬永卿自己就總結道：

> 蓋天，積氣耳。非若形質而有拘礙，但愈高則愈遠耳。
> 若日自地至天凡若干里，仆不信也。

宣夜說學派對於「天」的認識無疑是一個革命性的思想。從奴隸社會開始，直至封建社會，我國占統治地位的宇宙論是一個高高在上的「天」，上佈日月星辰，與地完全隔絕，「上天無路」。而宣夜說卻認為：日月星辰與地面之間，充塞著氣體。星際空間不空，這就是宣夜說的宇宙論。

宣夜說學派這種星際空間充塞著氣體的思想也在其他學派的宇宙論中得到發展。漢代，渾天說學派認為大地這個圓球是漂浮於水面上，因此它總在不斷地游動，叫做「地游」。後來因為地球浮於氣中。宋代哲學家張載還說：

> 恒星所以為晝夜者，直以地氣乘機左旋於中，故使恒
> 星河漢，回北為南，日月因天隱見。太虛無體，則無
> 以驗其遷動於外也。（《正蒙·參兩》）

這一段談的是恒星晝夜出沒，周天回轉，都是由於地球自轉所致。只因為「天」是無形的，無法直接知道是地動還是天動。最值得注意的是張載指出：「地氣乘機左旋於中」，即地球的自轉是由於「氣」的旋轉。這是試圖找尋地球運動原因的嘗試，雖然並不正確，但卻是把地球自轉歸於自然力的思想。

總之，我國古代宇宙理論一切先進的思想，無不跟「氣」

有關。這「氣」，並不完全是臆測，而是地球大氣層觀念的延伸。因此「氣」的概念相當於空氣，即由許許多多不連續的氣體分子組成的物質，這應是早期元氣理論的內涵。

　　然而，宇宙空間充塞著「氣」這個世界圖式，又是和我國古代的自然觀相一致的。我國元氣理論有很廣泛的應用。舉凡風雲雷電、日月星辰、四時變化、萬物生長以至人體經絡、地質構造等等，無不用元氣理論解釋。正如明代思想家呂坤所說的：「天地萬物只是一氣聚散，更無別個。」(《呻吟語・天地》) 這樣，元氣這個概念，就遠遠越出空氣的範疇，而成了哲學上物質的同義語了。

　　讓我們回顧一下。我國古代曾經把金木、水、火、土五種元素作為宇宙萬物的本原，而古希臘哲學家亞里斯多德則認為水、空氣、火和土是四種基本物質元素。相比之下，我國五行增添了木和金，卻缺少「氣」這個元素。五行學說的進一步發展，才提出「氣」是根本的物質元素，實際上是把「氣」作為更高的物質範疇。這是用物質的統一性來描述豐富多彩的世界的嘗試。

　　元氣理論在我國古代天體物理探索中具有重大作用。由「氣」一元論的思想出發，又派生「形」這個範疇。「氣」和「形」的對立統一和相互轉化被認為是自然界的普遍規律，更是天體生成、運動、發展、變化的主要機制。如宋代哲學家李覯說的：「夫物以陰陽二氣之會而後有象，象而後有形。」(《刪定易圖序論一》) 就天體物理思想而論，如果把「氣」理解為星際空間中的彌漫氣體和塵埃，把「形」理解為一個個天體，那麼我們立刻會發現，古代的思辨性的論述和現代天體物理學的成果有某種相似之處。再如張載的：「太虛不能無氣，氣不能不聚而為萬物，萬物不能不散而為太虛，」(《正蒙・太和》) 這裡「太虛」這個概念約

略相當於現代的空間概念。即張載認爲，宇宙空間充滿「氣」，「氣」可以凝聚爲一個個天體，又可以彌散爲充塞宇宙空間的星際物質。空間和時間是物質的存在形式。因此，「太虛」和萬物的對立統一和相互轉化正是關於宇宙發展的樸素唯物主義思想。

我們可以進一步看到，遠在張載和李覯以前，唐代劉禹錫已經對於所謂「真空」有十分科學的闡述：

> 若所謂無物者，非空乎？空者，形之希微者也。（《天論》）

所謂虛空，也是充滿物質的，只是物質過於稀薄，看不見而已。這是樸素的科學的「真空」概念。因此，宇宙空間充滿彌漫物質的思想的出現不是偶然的，而是有其深刻的哲學和科學的淵源。

誠然，在古代希臘人當中，也出現過「大自然厭惡真空」的推斷。但是這只是一些模糊的推測，其內容遠不如我國元氣論者對宇宙空間星際物質的論述那麼具體而豐富。現代科學，直到本世紀初葉，才證實宇宙空間中不但有恒星、行星和微粒和宇宙塵，組成了處處存在的星際物質。我國古代元氣論者對於星際空間物質形態的探所，在一定的歷史條件下分析應當是十分先進的。

近年來有人提出，我國古代的「元氣」概念，除了反映物質的不連續性質以外還反映了物質的連續性質，以及兩者的辯證的統一和互相轉化。所謂物質的連續性質，頗爲接近於現代科學中的「場」[1]。這是很有見地的觀點。在張載及其後的王夫之的著作中，這樣的明確闡明物質的連續性質的論述是不少的。如張載說：

---

[1] 何祚庥：《唯物主義的元氣學說》，《中國科學》1975 年第 5 期，第 445-455 頁。

> 氣之聚散於太虛，猶冰凝釋於水，知太虛即氣，則無
> 「無」。(《正蒙‧太和》)

他認爲氣是和水一樣的連續物質，自然界裡是沒有無物質的地方的。王夫之更明確：

> 陰陽二氣充滿太虛，此外更無它物，亦無間隙。(《張子
> 正蒙注‧太和》)

這樣一來，「氣」和「形」這一對概念，就成爲物質的連續性質和不連續性質的辯證統一和相互轉化，也就是「場」和「基本粒子」的辯證統一和相互轉化。

正由於我國元氣論滲透著對客觀自然界的深刻的洞察和充滿智慧的分析，因而，我國對於一些重大的物理概念的題出也做出了貢獻。例如，明代邢雲路就提出過：「星月之往來，皆太陽一氣之牽繫也。」(《古今律曆考》) 這裡的「氣」是什麼，無疑，是引力場。這是早於牛頓一百多年提出的引力理論。

這樣，我國認爲宇宙空間充塞著「元氣」這一思想，就含有全新的意義。「場」的研究是相對論天體物理學重要課題。當然，現代的「場」是在大量科學實驗和生產實踐基礎上總結出來的科學概念，它已形成系統的理論，並正受到越來越深入的研究。

第七章　宇宙結構體系

　　我國古代關於宇宙結構的設想，是十分豐富的。最原始、最直觀的「天圓地方」不算在內，據東漢蔡邕《表志》：

> 言天體者三家：一曰周髀，二曰宣夜，三曰渾天。宣夜之學絕無師法。周髀術數具存，考驗天狀，多所違失，故史官不用。唯渾天者近得其情，今史官所用候台銅儀，則其法也。立八尺圓體之度，而具天地之象，以正黃道，以察發斂，以行日月，以步五緯。精微深妙，萬世不易之道也。（《後漢書·天文志》）

　　周髀即第五章所提到的《周髀算經》，其宇宙模型又叫蓋天說。宣夜說據東晉虞喜解釋：「宣，明也；夜，幽也。」連生在東漢末年的蔡邕也認為宣夜說「絕無師法」。無疑，蔡邕是十分稱許渾天說的。漢代以來，它基本上是我國正統的宇宙結構理論。

　　三國至東晉間，又出現了吳國姚信的「聽天論」，東晉虞聳的「穹天論」和虞喜的「安天論」。合起前面蔡邕說三家，古人稱為「論天六家」。東漢王充把蓋天說略加修改，可另算一家，有人稱之為「方天說」或「平天說」，這就算七家。但是據祖暅《天文錄》，蓋天說本身就有三家：

> 蓋天之說，又有三體：一云天如欹車蓋，游乎八極之中；一云天形如笠，中央高而四邊下；一云天如車蓋，南高北下。

　　可見我國古代宇宙結構理論是豐富多彩的。雖然不能說是

「百家爭鳴」，至少可說是「十家爭鳴」了。

一、　兩種宇宙模型

這個問題的討論，我想用「篩法」，即把影響我們把握主要矛盾的東西先行篩掉。

宣夜說無疑是我國歷史上最有卓見的宇宙無限思想。我們現在所知道的關於這個宇宙理論的描述是東漢時代郗萌記載下來的——這段話，我們在第六裡摘引一點，但沒有引全：

> 無了無質，仰而瞻之，高遠無極，眼瞀精絕，故蒼蒼然也。譬之旁望遠道之黃山而皆青，俯察千仞之深谷而窈黑，夫青非真色，而黑非有體也。日月眾星，自然浮生虛空之中，其行其止，皆須氣焉。是以七曜或逝或往，或順或逆，伏見無常，進退不同，由乎無所根繫，故各異也。故辰極常居其所，而北斗不與眾星沒也。攝提、填星皆東行，日行一度，月行十三度，遲疾任情，其無所繫著可知矣。若綴附天體，不得爾也。（《晉書・天文志》）

李約瑟是十分稱許這種宇宙論的。他認為：

> 這種宇宙觀的開明進步，同希臘的任何說法相比，的確毫不遜色。亞里斯多德和托勒密僵硬的同心水晶球概念，曾束縛歐洲天文學思想一千多年。中國這種無限的空間中飄浮著稀疏的天體的看法，要比歐洲的水

晶球概念先進得多。[1]

　　嚴格說來，宣夜說只是一種宇宙無限思想，而不是一個宇宙模型。它只提到，日月星辰飄浮於氣體中，但是爲什麼這些日月星辰各有不同的規律性的視運動？如何掌握這些視運動的規律性？宣夜說是沒有提供答案的。爲什麼滿天恒星東升西落、周天旋轉？爲什麼北極星總是不動，北極附近的北斗也不東升西落，只是繞北極團團轉動？行星——木星（攝提）和土星（填星）——自西向東移行，而日、月也在恒星背景上自西向東移行，太陽每天一度，月亮每天十三度，這些天體的特異的行動如何解釋呢？對於這些問題，宣夜說都沒有正面回答，而只是說，由於日、月、星辰自由在地浮動於空中，沒有根繫的緣故。這是宣夜說的局限性。

　　這樣，宣夜說儘管是一種先進的宇宙論思想，卻不能成爲一種宇宙結構體系。無怪乎蔡邕雖然離開郗萌不過幾十年，卻已經說「宣夜之說，絕無師法」了。真正的宇宙結構體系只有蓋天說和渾天說兩家。東晉虞聳提出的穹天論不過是天圓地方說的補充。所謂：

> 天形穹隆如雞子，幕其際，周接四海之表，浮於元氣之上。譬如覆奩以抑水，而不沒者，氣充其中故也。日繞辰極，沒西而還東，不出入地中。天之有極，猶蓋之有斗也。天北下於地三十度，極之傾在地卯酉之北亦三十度，人在卯酉之南十餘萬里，故斗極之下不爲地中，當對天地卯酉之位耳。日行黃道繞極。極北去黃道百一十五度，南去黃道六十七度，二至之所舍

[1] J. Needham：Science & Civilisation in China，Vol.III，Cambridge University Press PP. 171 - 494 。

以為長短也。(《晉書·天文志》)

　　這裡有一些數字。例如,「天北下於地三十度」。東晉都南京,緯度約 32 度有奇,所以說天北下於地三十度,是約數。卯、酉即東、西,正東正西間劃一條線,則天球北極在這條線之北,並與地面成三十餘度的傾角。極北去黃道百一十五度,南去黃道六十七度,則據第五章公式,黃赤交角

$$\varepsilon = 1 (115 度-67 度) ／2 = 24 度$$

　　這是中國古度,即一周天分為 356 又四分之一度,所以比 360° 分法的度數略小,即一度合 0.986°,24 度即合現在 23°39'18",確是符合當時的黃赤交角值。

　　但是這個宇宙圖式卻是認為大地是平的,浮於水上,天象半個雞蛋殼倒扣於水上。天和地之間充滿氣,所以不會沉下去;卻又是傾斜的,因此北極並不在天頂,而是斜斜地靠著北方。可以看出,穹天論也接受了元氣理論。但是它的機本結構,仍然是天圓地方說的體系。

　　同樣,虞喜提出的安天論卻是宣夜說的補充。因為宣夜說出現後,據說有人聽說日月星辰是在天空飄浮的,就害怕它們掉下來。唐代大詩人李白的詩句「杞國無事憂天傾」正是指的這件事。據《列子·天瑞》:

> 杞國有人憂天地崩墜,身無所寄,廢寢食者。又有憂彼之所憂者,因往曉之曰:「天積氣耳,亡處亡氣,若屈伸呼吸,終日在天中行止,奈何憂崩墜乎?」

> 其人曰:「天果積氣,日月星宿不當墜耶?」

> 曉之者曰:「日月星辰亦積氣中之有光耀者,只使墜,亦不能有所中傷。」

其人曰：「奈何壞何？」

曉者曰：「地積塊耳，充塞四處，亡處亡塊。若躇步跐蹈，終日在地上行走，奈何憂其壞？」

其人舍然大喜，曉之者亦舍然大喜。

安天論就是為了向類似杞人的思想作解釋的：

天高窮於無窮，地深測於不測。天確乎在上，有常安之形；地魄焉在下，有居靜之體。當相覆冒，方則俱方。員則俱員，無方員不同之義也。其光曜布列，各自運行，猶江海之有潮汐，萬品之有行藏也。（《晉書·天文志》）

這種理論並不比宣夜說高明，也沒有什麼特點，連一個宇宙圖式也畫不出來。至於吳國姚信的那個聽天論，最為荒誕無稽：

人為靈蟲，形最似天。今人頤前侈臨胸，而項不能覆背。近取諸身，故知天之體南低入地，北則偏高。又冬至極低，而天運近南，故日去人遠，而斗去人近，北天氣至，故冰寒也。夏至極起，而天運近北，故斗去人遠，日去人近，南天氣至，故蒸熱也。極之高時，日行地中淺，故夜短；天去地高，故晝長也。極之低時，日行地中深，故夜長；天去地下，故晝短也。（《晉書·天文志》）

這幅宇宙圖景基本上還是天圓地方說的體系，但偏重說明冬夏氣候變化與晝夜長短的不同。這是一個錯誤的理論。姚信認為，冬至太陽離天頂遠，因而天氣寒冷；而又因為太陽入地下深，所以夜長晝短夏至時太陽離天頂近，因而天氣炎熱；而

又因為太陽入地下淺,所以夜短晝長。這只是表面現象。實際上,四季寒暑和晝夜長短的變化都是由於地球自轉軸的傾斜不同所致。

但是,聽天論最主要的錯誤,在於宇宙觀。它說人有靈性,「形最似天」,因而拿人的身體結構來類比「天」的結構。人的身體前候不對稱,前面下頜突出。後腦勺卻是平直的。天似乎也應當這樣:南北不對稱,南高北低——這是「天如欹車蓋」的另一說法。聽天論的這個不倫不類的類比,正是「天人感應論」的變種。天既似人,人亦似天。這與真正的科學恰好背道而馳。無怪乎聽天論對於太陽運行的全部解釋都是錯誤的了。

王充的「平天說」或「方天說」,認為天和地是兩個非常大的平面,因此,它們當中的空間也是非常大的。這是一種修改了蓋天說,其數據也是來自蓋天說。比方說,太陽所照耀到的範圍,也是十六萬七千里。所不同的是,王充吸收了元氣理論的思想,例如,「天地,含氣之自然也」(《論衡·談天》);「天去人高遠,其氣茫蒼無端末」(《論衡·變動》)等等。但是作為世界圖式,它只不過是蓋天說的一個支派。

因此,儘管有所謂「論天六家」或「論天七家」,就宇宙模型而論,實在只有蓋天說和渾天說兩家。

蓋天說以為:

> 天象蓋笠,地法覆槃。天地各中高外下。北極之下,為天地之中,其地最高,而滂沱四隤,三光隱映,以為晝夜。(《晉書·天文志》)

它有一整套天高、地廣的數據,太陽周年視運動的描述,二十八宿的見伏等,我們在第五章已提到過了。這個理論能描述天體的某些視運動,有些數據是經過實測的,因此,它反映

了古人對宇宙的認識過程中從觀測經驗上升爲理論這樣一條正確的認識路線。但是，蓋天說也有它的局限性。

其一，蓋天用了一條錯誤的假設：「凡日景於地，千里而差一寸」（《周禮·鄭玄注》）。這個數據不是根據實測，而是先驗地給出的，因此，在大地測量中將會導致很大的謬誤。在我國歷史上，一直到唐代，在著名科學家一行主持下，由南宮說等人實測了子午線的長短，才從根本上推翻這個先驗的人爲規定的數據。

其二，就宇宙論而言，蓋天說沒有說清楚，大地這個「覆槃」是扣在什麼地方上，天這個「蓋笠」又如何能高懸於地面八萬里高的上空。因此它是一個不完全的宇宙圖式。

渾天說卻不然，它是一個真正的宇宙模型。它代表了我國古代一個一定科學根據的宇宙結構體系。

二、渾天說的宇宙圖式

渾天說的典型描述見於東漢張衡的《渾天儀注》：

> 渾天如雞子。天體圓如彈丸，地如雞中黃，孤居於內，天大而地小。天表里有水。天之包地，猶殼之裏黃。天地各乘氣而立，載水而浮。周天三百六十五度又四分之一，又中分之，則一百八十二度八分度之五覆地上，一百八十二度八分度之五繞地下。故二十八宿，半見半隱。其兩端謂之南北極。北極乃天之中也，在正北出地上三十六度。然則北極上規，徑七十二度，常見不隱。南極天之中也，在正南入地三十六度。南極下規七十二度，常伏不見。兩極相去一百八十二度

半強。天轉如轂之運也，周旋無端，其形渾渾，故曰渾天也。(洪頤煊：《經典集林》卷二十七)

根據這段描述，渾天說的宇宙模型應該是這樣的：一個中空的圓形天球，其中一半貯了水，圓形的地球就浮在水上。天和地的關係猶如雞蛋殼和雞蛋黃。整個天球內殼，分爲三百六十五度又四分之一。它有北極和南極兩個極，北極在地平線上三十六度，南極則在水下。因此整個天球對於地球來說是傾斜的。天球繞著北極和南極這根軸線如車轂轆般轉，一半長在水上，一半長在水下，因此嵌在天球內殼的二十八宿，也就半見半隱。至於日、月、五星，也是在天球內殼中繞地球運轉的。

渾天說的真髓，主要有這麼兩點：

第一、「天」不再是蓋天說所說的「蓋笠」了，而是一個圓球，包著大地。這個「天球」，是一個橢球形，如張衡所說，「徑二億三萬二千三百里（即二十三萬二千三百里），南北則短減千里，東西則廣曾千里。」(《靈憲》)也就是說，天球的南北軸要比東西軸短兩千里。而第三個軸（姑名爲上下軸吧）則正好在兩者之間：比東西軸短一千里，比南北軸長一千里。相對於二十三萬多里的天球來說，這一千里是很小的，因此，天球外表基本上是正球形，所謂「天體圓如彈丸」是也。對於這一點，歷來沒有多少爭論。

第二，「地」呢？是不是球形的？這卻發生爭論了。有人認爲，「地如雞中黃」這句話只是表述了天和地的關係，即僅僅表明地是在天球之內，而大地卻是平的[1]。論據有這麼幾點：

1. 張衡本人，在《靈憲》一文中說：

---

[1] 唐如川：《張衡等渾天家的天圓地平說》，《科學史集刊》第四期，1962年。

天體於陽，故圓以動；地體於陰，故平以靜。

《靈憲》中也提到天周地廣的數字，據計算，正是圓周長和直徑的比率，可見大地是一個天球中腰截面相等的平面。

2. 三國時「渾天家」王蕃說過：

《周禮》：「日至之景，尺有五寸，謂之地中。」鄭眾說：「土圭之長，尺有五寸，以夏至之日，立八尺之表，其景與土圭等，謂之地中，今穎川陽城地也。」鄭玄云：「凡日景於地，千里而差一寸。尺有五寸者，南戴日下萬五千里地也。」以此推之，日當去其下地八萬里矣。日邪射陽城，則天徑之半也。天體圓如彈丸，地處天之半，而陽城為中，則日春秋冬夏明晝夜去陽城皆等，無盈縮矣。故知日邪射陽城為天徑之半也。（《晉書·天文志》）

據這段話，似乎地應為圓形的平面，而陽城居天頂之下，即地之中央。

3. 南北朝的「渾天家」祖暅說過：

令表高八尺，與冬至影長一丈三尺各自乘，並而開方除之為法，天高乘表高為實，實如法，得四萬二千六百五十八里有奇，即冬至日高也。以天高乘冬至戴日下去地中數也。令表高及春秋分影長五尺三寸九分各自乘，並而開方除之為法，因冬至日高實而以法除之，得六萬七千五百二里有奇，即春秋分日高也。以天高乘春秋分影長為實，實如法而一，得四萬五千四百七十九里有奇，即春秋分南戴日下去地中數也。南戴日下，所謂「丹穴」也。推北極里法：夜於地中表

南，傳地遙望北辰紐星之末，令與表端參合，以人目去表數及表高自乘，並而開方除之為法，天高乘表高數為實，實如法而一，即北辰紐星高地數也。（《隋書·天文志》）

從這段計算看，祖暅也是持「天圓平」觀的。

4. 南北朝「渾天家」何承天也說過：

詳尋前說，因觀渾儀，研求其意，有悟天形正圓，而水居其半；地中高外卑，水周其下。言四方者：東曰暘谷，日之所出。西曰蒙汜，日之所入。《莊子》又云：「北溟有魚，化而為鳥，將徒於南溟。」斯亦古之遺記，四方皆水證也。四方皆水，謂之四海。凡五行相生，水生於金。是故百川發源，皆自山出，由高趨下，歸泛於海。日為陽精，光耀炎熾，一夜入水，所經焦竭，百川歸注，是以相補。故旱不為減，浸不為益。（《隋書·天文志》）

這段話已點明「地中高外卑」，本來至少可以理解為大地是一個曲面的，但是又有人堅持，「並不是說『地與天穹窿相隨』」，也不是說地面具有弧度，只是指地平面上局部間的高低起伏」[1]，而大地還是平的。另外還有一些後人的言論，都是證明「天圓地平」的，這裡就不多引了。

論據這麼多，就很有必要來一番探討，到底渾天說是主張大地是球形的或主平面的。對於古代精度不高的天象觀測來說，地圓地平也許差別不大，但作為宇宙結構體系，球形的大地和平面的大地有本質的不同。要知道，蓋天說也認為大地並

---

[1] 唐如川：《張衡等渾天家的天圓地平說》，《科學史集刊》第四期，1962 年。

不是平面，而是一個球面，只有最原始的天圓地方說，才主張大地是一個平面，如果渾天說也主張大地是一個平面，那麼在認識論上它就是從蓋天說體系倒退，倒退到最原始的天圓地方說去。

球形的大地的認識，是人類對宇宙的認識的一個重大成就，在人類認識自然界的歷史上具有極其重要的意義。因此，渾天說到底認為大地是一個平面或者是一個圓球，這問題很有弄清楚的必要。這樣，才能對渾天說的宇宙模型有一個準確的概念。

三、從天圓地方說到渾天說

在一切原始民族當中，天圓地方說無疑是最早出現的、樸素的、直觀的宇宙圖式。載於《晉書·天文志》的所謂「周髀家云」實際上不是《周髀算經》裡的蓋天說，而是天圓地方說：

> 天圓如張蓋，地方如棋局。天旁轉如推磨而左行，日月右行，隨天左轉，故日月實東行，而天牽之以西沒。譬之於蟻行磨石之上，磨左旋而蟻右去，磨疾而蟻遲，故不得不隨磨以左迴焉。天形南高而北下，日出高，故見；日入下，故不見。天之居如倚蓋，故極在人北，是其證也。極在天之中，而今在暗冥，故沒不見也。夏時陽氣多，陰氣少，陽氣光明，與日同輝，故日出即見，無蔽之者，故夏日長也。冬天陰氣多，陽氣少，陰氣暗冥，掩日之光，雖出猶隱不見，故冬日短也。

　　但是這又不是原始的天圓地方說，而是後人加工過的「周髀家」說了。它和《周髀算經》裡載的蓋天說是什麼關係？我以為，這是蓋天說的前身，無怪乎能田忠亮把它稱之為第一次蓋天說。[1]

　　天圓地方說本身是在漫長的歷史年代裡發展過來的。為什麼叫天圓地方？最早，原始人們看天穹，有如一個倒扣著的鍋，大地是平的。這種直觀感覺就是天圓地方說「方」者，並不是正方形或長方形，而是平平正正之謂。南北朝時代的鮮卑族歌手斛律金創作的民歌中就歌唱道：

> 敕勒川，陰山下，
> 天似穹廬，籠蓋四野。
> 天蒼蒼，野茫茫，
> 風吹草低見牛羊。[2]

　　在游牧民族當中，「天似穹廬」的印象是這麼強烈，因此直到公元六世紀，民歌中還有遠古時代宇宙觀的痕跡。

　　當然，天圓地方說後來經過許多人的修改、補充，附加了一些牽強附會的東西。例如，戰國時代的陰陽家鄒衍，他不僅強調大地是方的，而且還說：

> 所謂中國者，於天下乃八十一分，居其一分耳；中國
> 名曰赤縣神州。赤縣神州內有九州，禹之序九州是
> 也。不得州數，中國外赤縣神州者九，乃所謂九州也。
> 於是有裨海環之。人民禽獸，莫能相通者，如一區中
> 者乃為一州，如此者九，乃有大瀛海環其外天地之際

---

[1] 能田忠亮：《東洋天文學史論叢 漢代論天考》。
[2] 《漢魏六朝民歌選》，人民文學出版社，1959 年，第 55 頁。

焉。（《史記·孟子荀卿列傳》）

孔丘的大弟子曾參，也真相信大地是方方正正的了，於是它發出疑問：

天圓而地方，則是四角之不揜也。

——半球形的天穹和方形的大地，怎麼能夠吻合呢？但是這個破綻沒有啓發曾參進一步深思，相反，他把命題一改變成：

夫子曰：天道曰圓，地道曰方。（《大戴禮記·曾子·天圓》）

這一來，討論的就不是宇宙結構體系，而是討論「道」了。孔丘這兩句話怎麼講？呂不韋有個解釋：

天道圓地道方，聖王法之所以立上下。何以說天道之圓也？精氣一上一下，圓周複雜，無所稽留，故曰：「天道圓」。何以說地道之方也？萬物殊類殊形，皆有分職，不能相為，故曰：「地道方」。（《呂氏春秋·圓道》）

這是借天圓地方來比喻一種道德倫理思想，已經不是討論什麼宇宙模型了。但是「天圓地方說」中的「方」，可見已被人誤認為方形之謂。半球形的天穹和方形的大地之不相吻合，迫使人們想像出一個新的宇宙圖式：天並不與地相連，而是像一把大傘高高懸在大地上空，有繩子縛住它的樞紐，周圍還有八根柱子支撐著。天地的樣子就如一座頂部拱涼亭。

伴隨著這個天圓地方說還產生了一系列神話，見第一章。總之，古人觀測天象越來越精密，就發現天圓地方說越來越多破綻。其中，最主要的一條是：在半球形的天蓋上嵌著的星星，它們轉到地平線以下，又到了什麼地方？為什麼全體星星也東升西落，而且落下去後，又會從東邊重新升上來？二十八宿就

是這樣的：它們如同天上一條環帶，絡繹不絕地經過上中天，從角宿開始，到軫宿為止，緊接著又輪到角宿。這就是《呂氏春秋‧圓道》的所謂「二十八宿，軫與角屬，圓道也」。「圓道」，這就是說，「天」並不是一個半球或一截球面，而是一個整圓球。這就是最初的樸素的「渾天」思想。

戰國時代的諸子著作中，這種樸素「渾天」思想是很多的。如《文子‧自然》：「天圓而無端，故不得觀其形」；「輪轉無窮，象日月之運行，若春秋之代謝，日月之晝夜終而復始，明而復晦」等等。由此可以看出，二十八宿體系誕生以後，人們已經發現，半球形的天穹不能解釋日月星辰的周而復始的運形了，於是產生了模糊的「天球」概念。但是這個「天球」概念又在一個方塊的大地那兒遇到了障礙——一個方塊的大地怎麼可能懸浮在一個圓球內部呢？

第五章內我們說過，「天象蓋笠，地法覆槃」的蓋天說（能田忠亮相對於天圓地方說而把它稱為第二次蓋天說[1]）較大可能殷代後期的產物。那時人們由於生產實踐的發展，交往日漸增多，活動的範圍擴大了，有可能發現大地在大範圍內不是平的，而是略微拱起，呈一個弧形。

這種認識是怎麼得來的呢？是由觀測天象得來的。

在天圓地方說裡，人們早就發現，天穹有一個「極」，猶如瓜得蒂，鍋蓋的疙瘩。這「極」，即現在所謂「天球北極」。我國黃河中下游一帶的古代民族，他們自古以來就學會觀察北斗的迴轉以定四時，不難發覺北斗迴轉的中心是不動的。離這的不動中心越近的星，迴轉的圈子也越小。殷代主要活動地點約為北緯 36° 左右，即天球的地平高度約 36°，因此，古人以為半球的天穹正是以 36° 的傾斜蓋在地上的。所謂「天如欹車蓋，

---

[1] 能田忠亮：《東洋天文學史論叢‧漢代論天考》。

南高北下」（祖暅：《天文錄》）就是這個意思。不過要注意，在蓋天說產生的年代，天球北極的位置上，沒有什麼肉眼可見的星，人們就選擇其附近的亮星帝星（小熊座 β），它離天球北極只有 6°多一點，在天穹上視運動的軌跡只是一個很小的圓圈，叫做「北極璿璣四游」。

人們在實踐中發現，向北行，天球北極將越來越高，向南方行將越來越低。如果大地是平面，而天球北極離地面爲八萬里的話，不難由簡單的三角學計算出這種南北旅行引起的天球北極高度變化（見圖 25）。

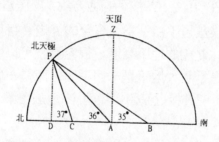

圖 25　天圓地方說的誤差

設在 A 點看天球 P 的地平高度是 36°，而向南走到 B 時，北極 P 的地平高度爲 35°，則有

$$\overline{AB} = \overline{DB} - \overline{AD} = \overline{DP}\,\mathrm{ctg}\ 35° - \overline{DP}\,\mathrm{ctg}\ 36°$$

因爲

$$\overline{AP} = \overline{AZ} = 80000\ 里，$$

所以

$$\overline{DP} = 80000 \times \sin 36° = 46824\ 里。$$

從而

$$\overline{AB} = 46824 \text{ 里} \times 0.052 = 2435 \text{ 里}$$

同樣，向北行時，要經過

$$\overline{AC} = \overline{AD} - \overline{CD} = \overline{DP} \text{ ctg } 36° - \overline{DP} \text{ ctg } 37°$$

$$= 46824 \text{ 里} \times 0.049 = 2294 \text{ 里}$$

天球北極的地平高度才能增加 1°。

我們知道，在北緯 36°附近，地球子午線 1°之長只有 111 公里即 222 里左右，可見，如按天圓地方說，誤差當達十倍以上。

這樣大的誤差是不能不為人察覺的。走幾百里地，分別在不同地點測天球北極的地平高度，很容易就可以看出天圓地方說的謬誤。只是承認大地不是一個平面，而是一個拱形，才有可能減少誤差，使其接近直值。從而，「地法覆槃」的認識誕生了。

但是，這個「覆槃」──拱形的大地，是擱在什麼東西之上的？蓋天說並沒有回答。無論如何，認識到大地不是平面，而是一個球面，在我國古代對地球形狀的認識的發展上是很關鍵的。正是在這基礎上，進一步產生了大地為球形的理論。

這就是一個完整的宇宙模型──渾天說。

四、球形大地的闡明

渾天說一般認為始於東漢的張衡，因為張衡作過《渾天儀注》，為渾天說奠定了理論基礎。或有人認為始於比張衡早二百

年的落下閎。這是據東漢楊雄的《法言·重黎》：

> 或問渾天，曰：落下閎營之，鮮于妄人度之，耿中丞
> 象之。

這裡「渾天」卻不是指宇宙結構學說，而是指的儀器，即「渾儀」。落下閎是巴郡（今四川）的民間天文學家，又是親自製作過天文儀器的工匠，他於漢武帝元封七年（公元前 104 年）應召到京都，於「地中（今洛陽）轉渾天，改顓頊曆作太初曆」（陳壽：《益部耆舊傳》）。

渾儀的構思和渾儀說宇宙體系是也十分密切的關係的。外圍的圓環代表天球，而觀測用的窺管穿過的圓環中心，正是代表地球的位置。渾儀既是觀測儀器，又形象地說明了渾天說結構體系。至於鮮于妄人，則是漢昭帝時的天文學家；耿中丞即耿壽昌，是漢宣帝時的大司農中丞，這兩人可能對渾天說的發展或渾儀的製造作出過一定貢獻。

張衡本人也作過一個水運渾象。「渾象」類似於如今的天球儀。主要部分是一個銅製的圓球，全天星星都佈置在球面上，圓球轉動，星星的出沒升降和真正的天穹一樣。但是水運渾儀比現代的天球儀還優越，它已經會用水力來推動，使得渾象正好一天轉一周，恰好符合因地球自轉而產生的恒星周日視運動。張衡還作過這樣的表演：屋裡放個水運渾象，當銅球上面某顆星出來，哪顆星中天，哪顆星下去的時候，張衡叫人大聲報告，在外面觀察真實星空的人正好看見同樣的天象。這番表演引起了轟動。所以後來有人給張衡寫墓碑時稱贊他：「數術窮天地，製作侔造化。」[1]事實上這當然不是張衡個人「數術」，而是渾天說在掌握天體運行的規律上符合客觀實際。要知道，

---

[1] 崔瑗：《張平子碑文》，嚴可均輯《全後漢文》卷四十五。

現代天文學雖然早就知道地球並不在宇宙的中心，無限的天空也沒有什麼「天球」，但是在具體地觀測天象時還是要假想一個「天球」，而地球正位居其中，這樣才能用一定的座標系統表現出來天體的方位及其視運動。這叫「球面天文學」。渾天說地球天文學的基本出發點，完全相一致。因而，對於觀測天象來說渾天說是能夠充分滿足要求的。

渾天說的形成過程，我以爲，「天球」的思想是早就出現的——它約略與二十八宿體系的形成同時。但是，大地是一個球形的思想卻出現得比較晚。從現在能找到的材料看，當自戰國時代開始。

戰國時代的名家惠施，在他的論辯中就含有大地是球形的思想。例如，「南方無窮而有窮。」（《莊子·天下》）怎樣能夠既是「有窮」，同時又是「無窮」呢？如果把大地想像爲一個圓球，那麼，儘管它體積有限，一直向南走，卻可以周而復始，無窮無盡。這就是「有窮」和「無窮」的辯證統一。名家的論辯中是掌握了出色的樸素辯證法思想的。又例如，「我知天下之中央，燕之北、越之南是也。」（《莊子·天下》）燕在北方，越在南方，天下的中央，怎麼可能在燕的北面，同時又在越的南面呢？關鍵在於「天下之中央」一語。在蓋天說體系里，「北極之下，爲天地之中。」（《晉書·天文志》）可見古人認爲天球北極下面，即地球北極，乃是天下的中央。但這是因爲蓋天說比天穹爲半球形的緣故。如果天、地俱爲球形。則有北極必有相對的南極，那就不是有一個「天下之中央」，而是有兩個了。一個在「燕之北」——北極，一個在「越之南」——南極。可見惠施對於大地之爲球形，是有了初步的認識的。

惠施的理論中還有「天與地卑」這一句，跟比他略早的鄧析的「天地比」（《荀子·不苟》）差不多。意思是天與地是平等的，

這在倫理哲學上是一個進步的觀點。然後，這句話在自然觀上還有其獨特的見解。如按天圓地方說或蓋天說，「如天之無不幬也，如地之無不載也」(《左傳・襄公二十九年》)，則天在上、地在下是天經地義，天是不可以「與地卑」的。從天地俱圓的思想出發，附麗於天球內壁的星辰，每天周而復始地運轉，有一半時間轉到地平線下面，這就是「天與地卑」的真實含義。這是符合渾天思想的。因此，可以認為惠施是渾天說的先驅。可惜有關惠施和其他名家的著作，並沒能流傳下來，我們只能從《莊子・天下》中窺見其一鱗半爪的思想。

由此可見，渾天說的基本思想，即一個球形的大地位於一個渾圓的天球中央，並不是張衡或落下閎的首創，而是有其歷史淵源的。正如同蓋天說是在天圓地方說的基礎上發展起來一樣，渾天說也是在蓋天說的基礎上發展起來的。

因此，如果認為，作為渾天家的張衡，卻把大地當作平面，那就是從「天象蓋笠，地法覆槃」的蓋天說倒退，更是從惠施的地圓說思想倒退了。從歷史的發展看，這是毫無根據的。

現在，我們雖然還不可能確鑿證明張衡是如何認識到大地是球形的，但是可以作如下分析：

第一，張衡已經用渾儀觀測星辰，可以比較準確地測量其角距離和地平高度，這樣，在測量天球北極的地平高度隨地區的不同而變化時，是有可能從「地法覆槃」的思想向前發展，算出大地的曲率大致是一個常數，也即大地是近似的正球形。

第二，張衡已發現，月食是由於地的遮掩：「月光生於日之照，魄生於日之所蔽。當日則光盈，就日則光盡也……當日之沖，光常不合者，是謂『闇虛』，在星星微，月過則食。」(《靈憲》)這認識和古希臘亞里斯多德正相一致。亞里斯多德就因為看到月食時，地球的影子落在月面上，總是呈圓弧形的，因而判定

大地是一個球形。從認識的規律來看，張衡爲什麼不可以有相同的發現呢？

但是，第二節所引從張衡以至王蕃、祖暅、何承天等「渾天家」（且不說更晚年代的）的關於地平的論述，又如何解釋呢？

我認爲，「渾天家」是一個不確切的名詞。渾天說是由蓋天說脫胎而來的，持有渾天說觀點的人也並不是完全沒有蓋天說、甚至天圓地方說的觀點。正如蓋天說代表《周髀算經》在開列各種數據時，有時也假定大地是一個平面，這卻又是跟「地法覆槃」的說法相矛盾的[1]。因此我們需要討論的是宇宙結構體系，而不是這個人或那個人的個別觀點。以張衡爲例，《渾天儀注》是一篇論述渾天說思想的作品，而同出於張衡之手的《靈憲》卻不然，第二節所引《靈憲》所說的「地體於陰，故平以靜」，全文其實是這樣的：

> 太素之前，幽清玄靜，寂寞冥默，不可爲象。厥中惟靈，厥外惟無，如是者永久焉。斯謂溟涬，蓋乃道之根也。道根既建，自無生有。太素始萌，萌而未兆，並氣同色，渾沌不分。故道志之言云，有物渾成，先天地生，其氣體固未可得而形，其遲速固未可得而紀也。如是者又永久焉。斯謂龐鴻，蓋乃道之幹也。道幹既育，有物成體。於是元氣剖判，剛柔始分，清濁異位，天成於外，地定於內。天體與陽，故圓以動；地體於陰，故平以靜。

這段話有很深的道家色彩，語言也比較古奧，但因爲主要不是論述宇宙結構體系的，這裡不翻譯爲現代語言了。實際上，這是一個從虛無中創生宇宙的理論，其思想來自《淮南子·天

---

[1] 錢寶琮：《蓋天說源流考》。《科學史集刊》第一期，1958 年，第 29-46 頁。

文訓》。[1]順便說一句，現代西方世界有人認為，霍伊耳、戈爾特、邦迪等人的宇宙物質從虛無中創生的理論——「穩恒態宇宙學」，其鼻祖正是張衡。[2]

不特如此，《靈憲》一文單就宇宙結構體系而論，也不是渾天說，而是蓋天說的思想。請看《靈憲》裡提到天地徑、周里數的來源時怎麼說：

> 將復其數，用重差勾股。懸天之景，薄地之儀，皆移
> 千里而差一寸，得之。

無疑，這是來自《周髀算經》，在方法論上，甚至在語言上，都是蓋天說，但是，我們能憑這一點，就算張衡是「蓋天家」嗎？

這種情形，對於王蕃和祖晒也如此。第二節引王蕃的那段話，頭一句就是：「日至之景，尺有五寸，謂之地中。」這不正是我們在第五章所敘述的蓋天說的方法論麼？至於祖晒那段話，一開頭就是：「令表高八尺」，這也是來自《周髀算經》的數據，可見祖晒在這裡也是採用蓋天說的。不可否認，王蕃和祖晒都發表過許多渾天說的言論，但如果據此就斷定他們「篤信渾天說」，沒有一絲一毫蓋天說的觀點，那就是一點論。

還有第二節所引何承天的一段話，更值得專門研究一下。請看這幾句：

> 因觀渾儀，研求其意，有悟天形正圓，而水居其半，
> 地中高外卑，水周其下。（《隋書‧天文志》）

怎樣解釋這幾句話？說「不是說地面具有弧度，只是指地

---

[1] 席澤宗：《蓋天說和渾天說》，《天文學報》第八卷第一期，1960 年，第 80-88 頁。

[2] 鄭文光、席澤宗：《中國歷史上的宇宙裡論》，人民出版社，1975 年。

平面上局部間的高低起伏」，到底何所根據？如果何承天連「地面具有弧度」都不承認，他就連「地法覆槃」的「蓋天家」都不如了，還算什麼「渾天家」？事實上，「天形正圓，而水居其半，地中高外卑，水周其下」，正是一個圓形的天球，其中一半貯了水，一個球形的大地，半浮於水面的十分生動的描述，與《渾天儀注》裡的宇宙圖式完全相一致。

這裡還要分析一下後世所謂「渾天家」的一些言論，如元代趙有欽：

> 天如蹴球，內盛半球之水，水上浮一木板，比擬人間
> 地平……（阮元：《疇人傳》卷二十八）。

引用這段話的人是隨心所欲地斷章取義，實際上這段話後面接著說：

> 板上雜置細微之物，比如萬類，蹴球雖轉不已，板上
> 之物俱不知覺。

可見趙有欽是拿這比喻來說明「天球」旋轉而人在地上不覺得動這個事實的（其實這也是錯的）。既然上面要擱一些「細微之物」，當然不能用一個皮球，而只好用一塊木板。如果是比擬宇宙模型，則另當別論，如明代黃潤玉的《海涵萬象錄》，就不同了：

> 予幼時戲將豬尿胞盛半胞水，置一大乾泥丸於內，用
> 氣吹滿胞畢。見水在胞底，泥丸在其中，其氣運動如
> 云，是既天氣之形狀也。

以「泥丸」比之於大地，不是承認大地是球形是什麼？

最有意思的是宋代理學家朱熹的言論。他是公開贊成渾天說的：

渾儀可取，蓋天不可用。試令主蓋天者做一樣子如何
做？只似個雨傘，不知如何與地相附著？若渾天，須
做得個渾天來。(《朱子全書·天度》)

但是朱熹的「渾天」模型卻是：

地卻是有空闕處，天卻四方上下都周匝，無空闕，一
塞滿皆是天。地之四向，底下卻靠著那天。(《朱子全書·
天地》)

也不知這「地」是平面的還是球形的？因此，以三言兩語
劃分「渾天家」或「非渾天家」的營壘，至少是不科學的。

五、 渾天說優於亞里斯多德－托勒密地球中心說

從天文觀測點看，渾天說當然比蓋天說進步，因此，席澤
宗認為「《渾天儀注》是我國第一部球面天文學著作。[1]」這評
價是不為過的。

從宇宙結構體系看，把地球作為在天球內殼的中央，自然
不符合我們今天所認識的宇宙。但從兩千年前的歷史條件看，
渾天說在當時不失為一個進步的宇宙模型。它和差不多同時代
的古希臘的亞里斯多德－托勒密地球中心體系有其相似之處，
可見人類認識的發展有其普遍性規律。在那個時代，認識到大
地是一個懸於宇宙空間的圓球，這是人類認識宇宙的歷史上一
個里程碑式的重大成就。

---

[1]　席澤宗：《蓋天說和渾天說》，《天文學報》第八卷第一期，1960 年。

但是，渾天說與亞里斯多德－托勒密地球中心說相比，也有極不相同的一面。

第一，亞里斯多德－托勒密地球中心說認為，地球是孤零零地懸在宇宙中央的，日月星辰各依不同的軌道繞地球旋轉。地球如何能在空中懸著？無論是亞里斯多德，無論是托勒密都沒有提供解釋。但是，我國的渾天說卻認為「天球」的一半貯了水，地球浮於水上的。它力圖只用自然的力量來解釋地球的懸浮。

地球浮於水面的思想比亞里斯多德－托勒密地球中心說優越的地方，是在於：在亞里斯多德－托勒密地球中心體系裡，地球是靜止不動的。而地球浮於水面，卻很容易令人聯想到這個圓球有可能在水面漂浮游動。初唐詩人楊炯在《渾天賦》中就寫道：「天如倚蓋，地若浮舟。」所以我國古代把地球運動稱為「地游」。這是我國較早地產生地球運動思想的原因之一。

我國古代地球運動思想的萌芽，可以追溯到《莊子·天運篇》：

> 天其運乎？地其處乎？日月其爭於所乎？孰主張是？孰維綱是？孰居無事推而行是？意者其有機緘而不得已邪？意者其運轉而不能自止邪？

這是用疑問的口氣來闡明自己的觀點：天是運動的嗎？地是靜止的嗎？日、月是交替著升起和落下的嗎？什麼力量主宰它們？什麼力量制約它們？什麼力量無緣無故推動它們？莫非是它們已有什麼機制不得不如此？莫非是它們的運動無法停止？

假托是黃帝和古代大醫生歧伯的回答、實際上成書於秦漢之際的《素問·五運行大論》裡說：

歧伯曰：「上者右行，下者左行，左右周天，余而復
會也。」

這是指出和地球作相對的運動：天向右旋轉，即自東向西；
地向左旋轉，即自西向東。一周天後又回復到原來的相對位置。
這種天和地向相反方向同時旋轉的思想是最早的樸素的地動
說。

《尸子》裡發揮了這種天和地作反方向相對旋轉的觀點，
但是有了方位的記述：

天左舒而起牽牛，地右辟而起畢昴。

天是從左向右伸展開來的，起點處是牽牛星——正是冬至
點處；地是從右向左反方向轉的，起點處是畢宿和昴宿。牛宿
和畢、昴兩宿兩組恒星處於遙遙相對的位置。《尸子》選擇它們
爲座標，用以說明天和地的運動正好遙遙相對。這裡還有一點
很值得注意的是，既然以恒星爲座標，那麼「天」的旋轉是不
包括恒星的。這樣看來，這段話的含應該是：恒星天不動。地
球從畢、昴起向右旋轉，因此「天」看起來是從牽牛起向左旋
轉了。這是很符合運動的相對性的。

這樣理解是否主觀了些？我們看《河圖·括地象》：「天左
旋，地右動。」而在《春秋緯·運斗樞》裡說：「地動則見於天
象。」可見對地球運動的認識是逐步深化的。這裡已經不僅是
描述地球運動了，而且指出，地球的自轉運動可以依靠觀測天
象而認識，事實上，直到今天，我們還是依靠觀測天體的視運
動而檢驗地球的自轉和公轉運動的。

《列子·天瑞》的這幾句話很有意思：

運轉靡已，大地密移，疇覺之哉！

這裡明確指出地球是不斷地自轉著的，只是人的感官不能覺察。《尚書緯·考靈曜》更清楚地說：

> 地恒動不止，而人不知，譬如人在大舟中，閉牖而坐，
> 舟行不覺也。(《太平御覽》卷三十六)

把地球比喻作一只平穩的大船，人坐在其中，船開航了，人卻感覺不出船的運動。這個譬喻是和地球浮於水面的想法一致的。

《尚書·考靈曜》中描述地球在空間中運動，甚至有了清晰的物理概念：

> 地有四游，冬至地上北而西三萬里。夏至地上南而東
> 三萬里，春秋二分其中矣。

「四游」，顯然仍然是描述浮於水面的地球：冬至靠北，夏至靠南，因此多冷夏暖。這雖然不就等於正確地認識到地球繞太陽的公轉運動，卻至少描述了地球在空間中的位移。這確實是我國古代人民認識宇宙的歷史上一個偉大的創見。

我們可以明確看出，所有這些地球運動思想，莫不跟渾天說中地球浮於水面的觀念有關。不過，這個觀念也有其內在的矛盾。其中主要一點是：附在天球內壁、隨著天球的旋轉和地球作相對運動的日月星辰，當它們運行到地平線以下時，如何從水裡通過呢？東漢的王充就提出過質問：「天何得從水中行乎？甚不然也。」(《論衡·說日》)對於這個問題，葛洪是這樣回答的：

> 天，陽物也，又出入水中與龍相似，故以比龍也。聖
> 人仰觀俯察，審其如此。故晉卦坤下離上，以證日出
> 於地也。又明夷之卦離下坤上，以證日入於地也。需

卦乾下坎上，此亦天入水中之象也。天為金，金水相
生之物也。天出入水中，當有何損而謂為不可乎？然
則天之出入水中，無復疑矣。(《晉書·天文志》)

這純粹是陰陽家的一套無稽之談。但是後來地球浮於水面
的說法連支持渾天說的人也紛紛起來反對。如明代的章潢說：

《隋書》謂日入水中，妄也。水由地中行，不離平地，
地之四表皆天，安得有水？謂水浮天載地，尤妄也。

(《圖書編·天地總論》)

隨著我國哲學自然觀方面元氣本體的發展，渾天說就把地
球浮於水面修改為浮於氣中，即天球內殼貯滿了氣，地球飄浮
於中，仿如氣球相似。典型的說法見於宋代張載的《正蒙·參
兩》，在第六章裡我們已經詳細談到了。張載的理論的歷史價值
在於，這是試圖尋找地球自轉運動原因的嘗試。雖然並不正確。
但卻是把地球自轉歸於內力的思想。由此張載又歸結為一普遍
性的論點：

凡圓轉之物，動必有機。既謂之機，則動非自外也。

這是十分明確的觀念：運動是物質的基本屬性，不能什麼
都歸結為外力。張載早在十一世紀就認識到，地球運動是它本
身固有的屬性，雖然這還只是樸素的認識，但卻是十分深刻的
思想。對於地球在空間中的位移，即「地游」，張載也有用元氣
理論進行解釋。他說：

地有升降，日有修短；地雖凝聚不散之物，然二氣升
降其間，相從而不已也。(《正蒙·參兩》)

這裡十分明確指出，氣候寒暖，晝夜長短，全都是由於陰
陽二氣的升降，地球飄浮於「氣」中。夏天氣候充盈了，地球

上浮，離太陽近了，天氣轉熱，白晝變長；冬天氣體稀薄了，地球下降，離太陽遠了，天氣變冷，白晝變短。

這樣的說法自然是不符合事實的，但是張載的論點有兩點頗值得注意：第一，地球在空間中是自然地懸浮著的，而且在不停的運動中——關於地球運動的說法，張載比前人更加明確，更加具體；第二，地球上的四季交替、晝夜長短，不是由於外界的原因，而是地球本身運動所致。因此，張載的宇宙模型，比起前人來，在認識論上是一個重大進步。

由此可見，渾天說體系裡包含著地球運動的因素。當然，由於歷史條件的局限，它不能如同哥白尼太陽中心體系那樣，明確指出地球繞太陽公轉。但是，遠在兩千年前開始，渾天說就產生了地球自轉和在空間中游動的思想，這不能不說是我國古代宇宙理論的巨大成就。

第二，亞里斯多德－托勒密地球中心說認為，除太陽、月亮、五大行星個依自己的軌道繞地球運轉外，更外面是所謂「恒星天」，恒星都嵌在它上面。再往外，還有三個「天層」，即晶瑩天、最高天和淨火天。這些「天層」都是「神靈」的居處。這樣，本來是一個由於時代的局限性而僅有不完全、不充分的認識的體系，卻被引入了宗教神學的因素。我國的渾天說並沒有諸如此類的謬論。如張衡所說：

> 八極之維，徑二億三萬二千三百里（二十三萬二千三百里），南北則短減千里，東西則廣增千里，自地至天，半於八極。過此而往者，未之或知也。未之或知者，宇宙之謂也。宇之表無極，宇之端無窮。（《靈憲》）

這段話的重要性在於：儘管渾天說認為地球之外包著一個天球，這天球也是有一定範圍的，但是天球不等於宇宙本身。

天球之外還有別的世界。「天表裡有水」(《渾天儀注》)這句話也有這層意思。天球裡面貯了水，天球外面也有水，然則天球之外是什麼世界？「未之或知也。」張衡只說他不知道，而且張衡還明確點出：「宇之表無極，宙之端無窮」，天外有天，宇宙無論在空間上時間上都是無限的。

關於我國古代宇宙無限思想，我們在下一章再作專門介紹。這裡只簡單指出，渾天說對無限宇宙的認識，更是亞里斯多德－托勒密地球中心體系所遠不能望其項背的。

總的來說，雖然同樣是地球中心體系，渾天說在認識上遠高於亞里斯多德－托勒密的學說

六、　渾、蓋之爭與渾、蓋合一

渾天說是脫胎於蓋天說的，但是它的出現卻並沒有立刻取代蓋天說。兩個體系、兩種學派經歷了長期複雜的鬥爭，這就是所謂渾、蓋之爭。我認為，所謂渾、蓋之爭，在兩個方面。第一個方面是天體測量方面。蓋天說宇宙模型雖然也承認「天」和「地」都是球面的，但是在描述天體視運動時卻採用了平面的七衡六間圖，即「蓋圖」。以平面的圖來描述球面的軌跡，自然免不了有相當大誤差。而渾天說卻採用了渾儀和渾象來觀測、描述天體在球面上的視運動，因而準確度很高。相比之下，蓋天說當然瞠乎其後。《桓譚新論》裡有一則小故事，描寫了桓譚本人怎樣說服楊雄相信渾天說的：

後與子云（即楊雄）奏事，坐白虎殿廊廡下，以寒故背
日曝背，有頃日光去背，不復曝焉。因以示子云曰：

「天既蓋轉，而日西行，其光影當照此廊下而稍東
耳，無乃是反應渾天實法也。」

太陽在「天球」上的視運動，角度是時刻變化的，用蓋天
說得七衡六間圖，當然沒法子表述。因此，在天體測量方面，
蓋天說是徹底失敗了。楊雄被桓譚說服以後，反過來擁護渾天
說提出八個問題來責難蓋天說，即所謂「難蓋天八事」：

一、日之東行循黃道，晝夜中規。牽牛距北極南百十
一度，東井距北極南七十度，並百八十度。周三徑一，
二十八宿周天當五百四十度。今三百六十度，何也？

二、春、秋分之日正出在卯，人在酉，而晝漏五十刻。
既天蓋轉，夜當倍晝，今夜亦五十刻，何也？

三、日入而星見，日出而不見。既斗下見日六月，不
見日六月；北斗亦當見六月，不見六月。今夜常見，
何也？

四、以蓋圖視天河，起斗而東入狼弧間，曲如輪。今
視天河直如繩，何也？

五、周天二十八宿，以蓋圖視天，星見者當少，不見
者當多。今見與不見等，何也？出入無冬夏，而兩宿
十四星當見，不以日長短故見有多少，何也？

六、天至高也，地至卑也。日托天而旋，可謂至高矣。
縱人目可奪，水影不可奪也。今從高山以水望日，日
出水下，影上行，何也？

七、視物近則大，遠則小。今日與北斗。近我而小，
遠我而大，何也？

八、視蓋橑與車輻間，近杠轂即密，益遠益疏。今北

> 極為天杠轂，二十八宿為天橑、輻，以星度度天，南
> 方次地星間當數倍。今交密，何也？《隋書·天文志》

這八條都是從天文觀測的角度提問題的。其中也有道理不充份的，如第三條和第七條，其餘幾條充分證明，在天象觀測方面，渾天說比蓋天說科學。尤其是隨著時代的發展，天象觀測日趨精密，蓋天體系在制定曆法等應用方面誤差很大，更顯得渾天說較為接近相對真理。於是，在天體測量方面，「蓋圖」已經完全不適用了，出現了反映渾天說體系也成了我國星表和星圖的正統體系（只有星圖的畫法上，以天球北極為圓心的）「蓋圖」式星圖還保留到較晚的年代；在儀器方面，「渾儀」的結構日趨複雜，因而日益精密地量度出天體的視運動。在實用天文學方面可以說很快就取得完成的勝利。

但是，所謂渾、蓋之爭，還有第二個方面，就是宇宙論方面。不過這實質上也不是渾、蓋之爭，而是渾天說模型和天圓地方說宇宙模型之爭。天圓地方說畢竟太古老、太原始，擁護它的人就改頭換面，美其名為蓋天說。

為什麼呢？要知道，渾天說宇宙模型從它的萌芽、發展到成為一個完整的體系這個歷史時期，正是奴隸制土崩瓦解、封建制取而代之並逐步鞏固的歷史時期。剛取得政權的封建地主階段曾經是生氣勃勃的，敢於接受新生事物，但是隨著它的統治地位的鞏固，它很快又繼承了奴隸主階級的腐朽意識型態。按照渾天說，天地俱圓，又都充斥著氣體，「周旋無端」，那就沒有什麼上下之別、尊卑之分了。而天圓地方說呢，「天道曰圓，地道曰方」，天尊地卑的觀念十分明確，十分符合封建禮教的等級森嚴的規定，有利於鞏固封建地主階級的統治。因此，宇宙模型問題竟變成意識型態上的鬥爭，並延續了許多個朝代。到南北朝時，梁武帝蕭衍糾集了一夥儒生於長春殿，觀測天體並

撰天體之義，這批人竟全部反對渾天說而贊成「蓋天說」——
實際上是天圓地方說。他們是搞天文學嗎？不是，他們在維護
封建社會的秩序哩！

還有一個重要因素，就是宗教的發展。天圓地方說給一切
宗教神學提供了宇宙論方面的基礎。屈原所懷疑的「九重天」
就是「神仙佛祖」的藏身之所，孫悟空大鬧的那個「天宮」也
在「九重天」上。佛教還進一步編造了地下深處的「地獄」，以
死後的苦難嚇唬敢於違犯封建禮教的人民。這樣，天圓地方說
成了宗教神學的宇宙觀。

就這樣，在宇宙模型方面的所謂渾、蓋之爭，本質上就是
渾天說宇宙論和封建社會天尊地卑傳統觀念的鬥爭。實用天文
學和封建意識型態發生了尖銳的矛盾。力圖調和這矛盾的，就
是「渾蓋合一」說如北齊信都芳說：

> 渾天覆觀，以《靈憲》為文；蓋天仰觀，以《周髀算
> 經》為法。覆仰雖殊，大歸是一。(《北史·信都芳傳》)

渾天與蓋天卻變成只是觀察角度的不同，而大方向倒是一
致的！而且，以《靈憲》這部夾雜有濃厚蓋天觀點的著作，而
不是以《渾天儀注》來代表渾天說，也可以看出其傾向性來。
也是南北朝，梁朝的崔靈恩說：

> 先是儒者論天，互執渾、蓋二義，論蓋不合於渾，論
> 渾不合於蓋。靈恩立義以渾蓋為一焉。(《梁書·崔靈恩傳》)

後來又有人提出，蓋天理深難懂，渾天淺顯易曉，故渾天
說得以盛行。實際上這些人的所謂蓋天說，不過是天圓地方說，
有什麼「理深難懂」的！最可笑的，是清朝占統治地位的乾嘉
學派「大儒」錢大昕，在哥白尼學說傳入中國以後，還輾轉為
陳腐不堪的「蓋天說」——天圓地方說辯解，說什麼：「歐羅巴

之俗能尊其古學，而中土之儒往往輕議古人也。蓋天之說當時以爲疏，今轉覺其密。」（《潛研堂文集》卷二十三）這麼說，天圓地方說甚至比哥白尼體系還強哩！

七、 渾天說成爲我國古代正統的天文學體系

生產的發展和科學的發展，絕不是封建社會意識型態所能桎梏的，無論封建文人如何抱殘守闕，想方設法維護過時的陳舊的天圓地方說——蓋天說，但是天文學的發展卻遠遠把它拋在後面。到頭來，天圓地方說只在北京的天壇（圓形的）和地壇（方形的）這些象徵封建皇權統治的角落找到藏身之地，而渾天說卻成了指導觀測天體視運動、測量天體方位、制訂曆法的宇宙論基礎。

其實，蓋天和渾天只是反映了我國古代宇宙認識史上兩個不同階段，這是人類認識發展的必然過程。渾天說是在觀測和經驗的基礎上提出的。蓋天說完全不能用經驗去證明，而渾天說則可以用觀測事實在相當大的近似程度加以證明，這就是渾天說優於蓋天說的地方。因此，渾天說終於成了我國古代正統的天文學體系。

但是，長時期以來，渾天說也有不徹底的地方。最主要的一點是，它一直保留著蓋天說的「凡日景於地，千里而差一寸」這個先驗的錯誤的數據。在一個球形的大地表面上，各地日影長度之差決不可能是一個常數。球形大地的最有力的證明，是在唐開元十二年（公元724 年）在著名科學家一行的主持下，實地測量了子午線的長度。據《唐會要》：

> 命太史監南宮說及太史官大相元太等，馳傳住安南、
> 朗、蔡、蔚等州，測候日影，迴日奏聞。數年伺候，
> 及還京，與一行師一時校之。

可見這次測量範圍是十分廣的。南宮說親自測量的地方有四處：滑州白馬縣（今河南滑縣附近）、汴州浚儀古台（今開封西北）、許州扶溝縣（今河南扶溝縣附近）、豫州上蔡武津（今河南上蔡縣）。結論是：

> 大率五百二十六里二百七十步而北極差一度半，三百
> 五十一里八十步而差一度。[1]

唐時以三百步為一里。當時周天分為 365 又四分之一度，現在周天是 360°，所以當時一度合今 0.9856°，折算結果，南宮說測量出子午線 1°的長度為 166.1418 公里。數值是不精確的。但是無論如何，這畢竟是世界上第一次子午線實測——即用實驗方法來探所大地是否為球形。這樣，「凡日景於地，千里而差一寸」的蓋天說的先驗數據在實驗面前破了產，蓋天說的宇宙結構體系也就徹底失敗了。在我國歷史上，經過這番子午線測量，以大地為球形的渾天說體系終於得到了科學上的證認。

綜上所述，我們看到。渾天說在它誕生的時候，比西方同時期的宇宙結構學說，不但毫不遜色，許多方面還有所超越。但是由於我國封建社會特別漫長和落後，實驗科學未能有相應的發展，像歐洲哥白尼太陽中心體系能因之而產生的社會條件，我國從來不曾出現過。因此，渾天說進一步的發展雖然也包含了地球自轉和「地游」思想，但是它仍然是一個以地球為宇宙中心的體系。這樣，就妨礙了它進一步認識到太陽系的結構和運動，也妨礙了科學的天文學體系的建立和發展。哥白尼

---

[1] 梁宗巨：《僧一行發起的子午線實測》，《科學史集刊》第二期，1959 年。

體系傳入我國並逐步取得勝利以後，渾天說也就只具有歷史價
值了。

第八章　宇宙無限觀

　　宇宙的無限或有限，在古代就是一個引起重大爭論的問題，到今天，仍然是一個世界性的引起重大爭論的問題。這是因爲，這個問題是哲學宇宙觀的一個重要組成部分；同時，它的解決又有賴於自然科學對宇宙物質世界的不斷深入的認識。

　　就認識論來說，既然宇宙是無限的，那麼對它的認識也必然是一個無限的過程。也就是說，我們只能日益接近這個客觀真理而不可完全達到它。固然，人類認識宇宙的科學手段一直在發展，但在任何一個時刻，它都是有限的，因而人對於宇宙的認識往往只是在一個有限的範圍內，這是宇宙有限論之所以產生的根源。

　　我們在回顧歷史時，發現我國古代也有過初步的宇宙無限的思想，而且是十分豐富的，其中有許多論述，在當時的歷史條件下，可說是達到了相當高的水平。這些豐富多彩的宇宙無限性論述，是我國古代哲學的寶貴財富，又是我國古代天文學理論上的重大成就，對照於今天關於宇宙無限性問題的探討，仍然也有著不可磨滅的現實意義，是值得我們認真加以討論的。

一、　宇宙是什麼？

　　宇宙，按照《尸子》的定義：

　　　四方上下曰宇，往古來今曰宙。

「宇」指東、南、西、北、上、下，六個方向的三維空間；「宙」

是包括過去、現在、未來的時間。「宇宙」，相當於現代科學的「四維空間」。宇宙，就是空間和時間的統一。遠在兩千三百年前，我國古代就有了這樣的認識，該是多麼難能可貴啊！

和《尸子》差不多同時的《墨經》，關於「宇宙」也有十分精辟的論述。《經上》：

> 宇，彌異所也。

這意思是說，「宇」包括各個方向的一切地點，亦即無所不包的空間。因此《經說》解釋道：

> 宇，蒙東西南北。

「宇」的含義是包括東、南、西、北，四面八方。這正是現代科學的空間概念。「宙」呢？《經上》又說：

> 久，彌異時也。

「久」就是「宙」。「彌異時也」的意思是包括一切時間。《經說》解釋道：

> 久，合古今旦莫。

「莫」即「暮」。「久」（「宙」）包括過去、現在、白天、黑夜，即指一切時間。空間和時間如何統一？《墨經·經下》有精辟的論述：

> 宇或（域）徙，說在長宇久。

這兩句話，《經說》解釋道：

> 長宇，徙而有（又）處。宇南宇北，在旦有（又）在莫：宇徙久。

　　這段話大意是說：事物的運動（「徙」）必定經歷一定的空間和時間（「長宇久」），由此時此地到彼時彼地。例如由南到北，由旦到暮，時間的流馳和物體在空間中的位置變遷是緊密結合在一起的，即所謂「宇徙久」。

　　這裡說得很清楚，空間和時間統一於運動之中。這實在是非常卓越的見解。要知道我國古代的這個理解有何等樣的價值，不妨和近代科學比較一下。十九世紀以前，近代自然科學的宇宙定義，是指的無所不包的空間及其中各式各樣的天體，完全沒有時間的因素。按照牛頓的經典定義，時間與空間毫無關係的、均勻地流逝的持續性的尺度。1905 年愛因斯坦發表了《狹義相對論》，以後又發表了《廣義相對論》，才把時間和空間統一起來，提出所謂「四維時空」——即三維空間和一維時間的統一。這個四維時空準確地表徵了一個運動中的宇宙。

　　我國《尸子》和《墨經》關於宇宙的定義深刻地表述了物質、運動、空間、時間內在的聯繫，是一個樸素辯證法的宇宙觀念。我國地球運動、天體演化的思想之所以發展得比較早，正是由於有一個運動著的宇宙的觀念作爲基礎。既然宇宙無時無刻不在運動中，那麼，宇宙間的天體、包括地球，就必然有自己的運動、發展和變化的歷史。

　　《尸子》和《墨經》的宇宙定義還包含有空間無限和時間無限的初步的樸素的認識。雖然還缺乏明確的解說，可是「四方上下」、「往古來今」都沒有提出什麼界限、起點和開端。

　　請看《鶡冠子·天權》：

　　　知宇故無不容也（有實而無乎處者宇也，知宇故無不足）。知宙故
　　　無不足也（有乎長而無乎本剽者宙也，知宙故無不足）。

　　爲什麼「宇」是指無限的、無所不包的空間？因爲它充滿

了無窮的物質；為什麼「宙」是指無限的時間？因為它是無限綿長而沒有開端和末日的。這是多麼明確的無限時空概念！

空間和時間如何無限？《鶡冠子・天權》還不能說就是一套完整的理論。我國古代豐富的宇宙無限思想，還不僅限於哲學上的論述，而且又跟宇宙結構體系結合起來。

二、 三種宇宙無限理論

我國古代的宇宙無限性理論，大體上可以劃分為三種類型。

第一種是渾天說。我們在第七章已談到過，渾天說認為我們目力所及的「天」和「宇宙」，是兩個不同的概念範疇。「天」是有一定範圍的，有一個固體硬殼包著。但是宇宙卻是無邊無際的，即張衡所謂「宇之表無極，宙之端無窮。」

第二種是宣夜說。我們在第七章中也談到過。它認為，從地面以上，一直到無限遠處，都是「天」，其間充滿了「氣」，日月星辰都漂浮在「氣」中。這確實是一個觀點十分鮮明的宇宙無限觀。關於它的來龍去脈，我們還要補充幾句。

宣夜說及作為基礎的元氣理論，過去有人認為是法家的思想，其實不是的。元氣理論首見於《管子・內業》，據郭沫若考證，是戰國時代宋鈃、尹文學派的著作。而宋、尹則是道家的一個支派[1]。「氣」始終是道家自然哲學中一個重要概念範疇，雖然對於「氣」的理論各有不同。同樣是道家學派的《素問》、《靈樞》等醫書，也大量應用元氣理論。就是宣夜說本身，其淵源應追溯到《莊子》。除了《逍遙遊》中的「天之蒼蒼其正色

---

[1] 侯外廬等：《中國思想通史》，第一卷，人民出版社，1957 年，第 351 頁。

邪？其遠而無所至極邪？」以外，還有《秋水》篇也透露出類似宣夜說的樸素宇宙無限思想：

> 計四海之在天地之間也，不似礨空之自大澤乎？計中國之海內，不似稊米之在太倉乎？

四海雖闊，在天地中，只如同廣漠原野上的一個蟻穴；中國雖大，在四海中，猶如大糧倉中的一粒穀子。或者有人以為，這兩句話只說明宇宙之大，卻沒有明說是無限的。那麼，請看《逍遙游》的這一段：

> 湯問棘曰：上下四方有極乎？
>
> 棘曰：無極之外，復無極也。[1]

無窮無盡的宇宙空間如果有邊，那麼它外面仍然是無窮無盡的宇宙空間。可見它是沒有邊的。這段話和《列子・湯問》的一段話又十分近似：

> 殷湯曰：「然則上下四方有極盡乎？」
>
> 革曰：「不知也。」
>
> 湯固問。
>
> 革曰：「無則無極，有則有盡。朕何以知之？然無極之外，復無無極；無盡之中，復無無盡。無極復無無極，無盡復無無盡。朕以是知其無極無盡也，而不知其有極有盡也。」

兩者的師承關係是十分明顯的。連貫法都一樣：假托商湯問，哲學家夏革或棘回答。當然，成書於東晉的《列子》較之戰國時代的《莊子》的十分簡約的語言是大大地發展了。從《莊

---

[1] 今傳世各本《莊子》均僅作"湯之問棘也是已"，並無引文數句。

子》到郗萌，再到《列子》這一歷史時期，可以視爲宣夜說從初具規模到全盛時期。

《列子·湯問》對宣夜說的發展，還在一個很重要的方面。即它不但描述了空間的無限性，而且也接觸到時間的無限性問題：

> 殷湯問於夏革曰：「古初有物乎？」
>
> 夏革曰：「古初無物，今惡得物？後之人將謂今之無物可乎？」

這是用物質的生生不已來論證時間的無限性。世界不是從無到有的，而是物質本身的運動、發展、變化生成了這個豐富多彩的世界。這方面《列子》與《莊子》是大不相同的。《莊子·則陽》：「四方之內，六合之里，萬物之所生惡起？」《莊子》還在問：物質從何而來呢？再看《莊子·知北游》：「有先天地生者物邪？」又問：在天地創生前有沒有物質呢？可見從《莊子》到《列子》這個時期，時間的無限性思想大大發展了。空間無限性與時間無限性是不可分的。一個永遠在運動變化的系統，必然經歷過無限綿長的年代，才能到達無限廣闊的空間。反過來也是這樣。

第三種，有人稱爲平天說，又有人稱爲方天說，是東漢王充提出來的。「方」並不是正方形或長方形之謂，而是平平直直之謂。即王充認爲：天和地都是兩個非常大的平行的平面，因此它們當中的空間也是非常大的。我們用肉眼看天穹，彷彿一個罩子似的，天頂高，四邊下垂，與地相接。王充說，這是人眼的錯覺：

> 天平正與地無異。
>
> 夫天之高下，猶人之察太山也。平正，四方中央高下

皆同，今望天之四邊若下者，非也，遠也。非徒下，
若合矣。

人望不過十里，天地合矣，遠，非合也。(《論衡·說日》)

這樣一來，日、月、星辰出沒地平線上下，也都是人眼的
錯覺。據王充的意見，它們其實只是在天上團團轉，轉到北方，
遠了，看不見，我們就認爲是落下去了：

今視日入，非入也，亦遠也。

試使一人把大炬火夜行於道，平易無險，去人不一
里，火光滅矣，非滅也，遠也。

王充的這個宇宙模型是十分奇特的，它的錯誤也是十分明
顯的。但是它的成敗得失要放在歷史的條件下去評論。我們下
節再談。

到了唐代，柳宗元進一步修改了王充的宇宙模型，把天和
地兩個「非常大」的平面發展爲「無限大」的平面，因而，它
們當中的空間，也是無限的。柳宗元的宇宙無限思想，僅在《天
對》中就有如下的描述：

無極之極，漭彌非垠。

——宇宙沒有邊界，廣闊無邊。

無中無旁，烏際乎天則？

——天沒有中心和邊沿的區別，怎麼能劃分哪兒是天的
邊際呢？

無限無隅，曷懵厥列。

——天沒有什麼角落和偏僻的地方，爲什麼要計算它有幾處
彎曲？幾處旯旮？

東西南北，其極無方。

——東西南北，各個方向上都沒有止境。

夫何鴻洞，而課較脩長。

——空間無邊無際，量什麼長度呢？

茫忽不準，孰衍孰窮？

——元氣在迅速變化，不可度量，哪裡有什麼差距和盡頭？

論述是十分豐富的，但大多是文人的描寫，不斷地同義反復，有時並不是那麼明確的。有人認為，柳宗元的宇宙無限思想屬於宣夜說體系。我認為，它正是王充的平天說的發展。理由如下：

一、宣夜說是根本否定「天」的存在的。「天了無質」——就是說並沒有一個有形質的「天」。但是柳宗元卻並不反對一個有形質的「天」的存在，只是說它沒有中心和邊沿的區別，沒有角落和偏僻的地方。按照平天說，一個不限大的平面的「天」，誠然是沒有什麼彎曲，沒有旮旯的，也是無邊無際，沒有中心的。

二、宣夜說的空間無限性，是說它在一切量度方面都是無限的，即古來所謂「六合」——東、西、南、北、上、下六個方向，這是「三維空間」。平天說認為天是一個不限大的平面，即只有「兩維」——東、西、南、北四個方向。柳宗元正是這麼說的：「東西南北，其極無方。」

三、對於太陽的視運動，柳宗元是這麼描述的：

孰彼有出次？

　　惟汝方之側！

　　平施旁運，

　　惡有谷汜。

　　當焉為明，

　　不逮為晦。

　　這段話，曾有人認為，它表明，柳宗元已經認識到地球繞太陽公轉[1]，這是毫無根據的：既沒有認識論上的根據，又沒有文字考證上的根據。這段話的意思其實是這樣的：彼，指太陽；汝，指大地。柳宗元認為，太陽不是出沒於地平線上下此。因此，傳說中的谷（暘谷——太陽升起的地方）、汜（蒙汜——太陽下落的地方）也是不存在的。只是太陽照到的地方，就是白天；太陽照不到的地方，就是黑夜。試拿這觀點跟王充持大火炬的比喻對照一下，不難看出，兩者是一樣的。

　　至此，我們可以論定：柳宗元的無限宇宙理論是屬於平天說體系。不過，比起王充來，柳宗元也有了進展。他指出：

　　天地之無倪，陰陽之無窮，以澒洞轇轕乎其中，或會或離，或吸或吹，如輪如機。（《非國語·三川震》）

　　這是說，在無限宇宙中，一切事物都在不停地運動著，由於陰陽二氣的作用，有時互相吸引，有時互相排斥，就像旋轉著的車輪和機械一樣。柳宗元闡述了無限宇宙的運動、發展和變化，而且認為，運動的機制就是宇宙自身之內，並不是什麼外力的作用，這認見也是很高的。

　　我國古代的三種宇宙無限理論，大致上就是這樣。

---

[1] 《〈天問〉〈天對〉選注》，《自然辯證法雜誌》第一期，1973 年，第 154 頁。

三、平天說——蓋天說的變種

《晉說·天文志》裡，並不把王充的理論命名爲平天說或方天說，而是歸入蓋天一類，這是正確的。

我國古代的蓋天說，本來就又幾個支派。據祖暅的《天文錄》：

> 蓋天之說，又有三體：一云天如車蓋，游乎八極之中；一云天形如笠，中央高而四邊下；一云天如欹車蓋，南高北下。

可見蓋天說除了「天象蓋笠，地法覆槃」外，還有好幾種。有一種是認爲「天」是一個圓面，但並不與地面平行，而是斜斜地倚著，南邊高，北邊低。這無疑是由於觀察到日月星辰東升西落、拱級區恒星繞北極旋轉而推測出來的。有一種蓋天說，乾脆就說「天如車蓋」，就是一個大圓盤似的天，懸在人的頭頂上。

王充只是把這宇宙圖式略加修改，提出一個十分簡易的宇宙模型。柳宗元又在這模型的基礎上提出它宇宙無限觀。王充和柳宗元企圖用簡單的邏輯推理去闡述宇宙的無限性，卻絲毫不考慮到它與觀測事實的矛盾。這些矛盾，東晉的葛洪已經予以批評：

> 今日出於東，冉冉轉上；及其入西，亦復漸漸稍下，都不繞邊北去。了了如此，王生必固謂爲不然者，疏矣。
>
> 又日之入西方，視之稍稍去，初尚有半，如衡破境之狀，須臾淪沒矣。若如王生之言，日轉北去有半者，其北都沒之頃，宜先如豎破鏡之狀，不應如橫破鏡

也。（《晉書・天文志》）

這些都是最簡單的觀測事實，卻又是平天說不法回答的致命弱點。再如這一條：

> 日光既盛，其體又大於星多矣。今見極北之小星，而不見日之在北者，明其不北行也。（《晉書・天文志》）

這是十分有力的。王充不是認爲太陽晚上轉到北方去，太遠了看不見嗎？那麼爲什麼人們又看見北極附近的小星星呢？可見太陽並不是轉到北方去了。

由此可見，王充－柳宗元的宇宙無限理論是經不起一點點推敲的。不過如果我們歷史地加以分析，還是應該給這個理論一定的地位。這是因爲：

第一，它畢竟是肯定宇宙的無限性的。應當公允地指出，在人類歷史的早期，宇宙無限和宇宙有限早已是一對尖銳的矛盾。宇宙有限總是導致承認宇宙之外是超自然的神仙佛祖藏身之所；而宇宙無限論則是物質第一性基本概念的外延。

第二，王充和柳宗元也接受了氣一元論的思想，認爲天和地之間的無限空間充塞著「氣」：「天地，含氣之自然也。」（《論衡・談天》）「天去人高遠，其氣茫蒼無端末。」（《論衡・變動》）柳宗元更是用氣的運動去說明宇宙的發展和變化。這些都是物質第一性的明白無誤的闡明。

第三，王充的模型明確指出：「天」並不與大地毗連，人眼可見的地平線，實際上是視覺的錯覺。今天看來這個認識也許是無足掛齒的，但是在古代，這應當視爲宇宙論的第一次的解放。最早的原始民族的宇宙觀，往往是認爲天象罩子一樣扣在地面上。我國的天圓地方說是如此。古代巴比倫人也認爲：宇

宙是一個密封的小室，大地是它的底板。底板中央矗立著冰雪
覆蓋的區域，幼發拉底河就發源於這個區域中間；大地四周有
水環繞，水之外復有大山，以支撐蔚藍的天穹。古埃及人的宇
宙觀念也差不多。他們以為宇宙是個方盒，南北的長度較長，
北面略呈凹形，埃及就處在凹形中心；「天」是一塊平坦或穹窿
形的天花板，四方有四個天柱、即山蜂支撐著；星星是用鏈纜
懸掛在天上的燈；在方盒的邊沿上，圍著一條大河，河上有一
條船載著太陽來往，尼羅河是這條河的一個支流[1]。古代的希伯
來人則認為：在平坦的大地下面是深淵，而地面上則充滿了空
氣，空氣之上是一個形的蒼穹，在蒼穹與大地毗連的地方，就
是所謂「風庫」，而蒼穹之上，則貯存著雨水和雪；外面還有一
層「天」包著，兩層「天」都和大地毗連在一起。希臘人早期
對宇宙的看法也差不多一樣。公元前六、七世紀之間的泰勒斯
認為，扁平的圓盤形的大地是浮在水上的，大地和水之上則倒
扣著一個圓蓋形的「天」，星辰嵌在圓蓋裡面，有如一枚枚銅釘
[2] 可見把宇宙有限的天圓地方說修改為宇宙無限的平天說，應
當視為認識史上一項功績。

　　平天說的主要缺點，在於它的玄學的思維方法。王充本人
及他的代表作《論衡》是抓住事物的表面現象，根據形式邏輯
的推理方法，反覆論證，而不能揭示事物的本質。在自然觀方
面，就表現為脫離觀測事實的空洞的推理，因此很容易被人駁
倒。

　　王充－柳宗元的理論可以視之為宇宙無限思想的襁褓階
段。事實上也真是這樣。我們不要忘記，天圓地方說是原始民

[1] W.C.Dampier：A History of Science ＆ Relations with Philosophy ＆ Religion，
Cambridge Unuversity press，1958。
[2] 李迪：《日心說和地心說的鬥爭》，人民出版社，1954 年。

族的宇宙觀。因此，立足於這個宇宙觀的宇宙無限論也是人類發展早期的較原始的宇宙無限理論。它處在認識史上比較低級的發展階段。

四、　宣夜說的歷史地位

宣夜說過去是不大受到注意的。生活在東漢末年的蔡邕已說：「宣夜說之學，絕無師法。」研究中國天文學的人其實都不大研究中國古代的宇宙論，認爲中國古代天文學的成就主要是曆法天文學。近年來，中國古代宇宙論才受到應有的注意。如前所述，西方學者李約瑟是特別稱許宣夜說的，認爲比托勒密的地球中心和小輪體系，後來雖爲中世紀封建教會利用，成爲宗教神學的支柱，但是在它誕生的時代——公元二世紀前後，它是爲了描述天體——主要是行星——的視運動而提出的假說。在觀測不十分精密的古代，這假說能夠說明行星的十分複雜的視運動，在歷史上是起過一定作用的。第二。古希臘也不是只產生過亞里斯多德－托勒密水晶球體系，類似宣夜說的樸素宇宙無限理論，古希臘也有的。

事實上，宇宙無限性的論述，在古希臘自然哲學那兒，也是十分豐富的。我們把它和我國古代的宣夜說體系作一比較，是很有意義的事情。

首先，古希臘思想家、畢達哥拉斯學派的阿爾希特曾這樣來論證空間的無限性：

　　設想我站在世界的邊緣，站在天的蒼穹之上。我是否能夠把手或拐杖伸到外部空間中去呢？作不能把手

伸出去的設想是荒謬的。但是，如果我把手伸出去
了，那麼，外面就必定或者有物體，或者有空間……
在每一個這樣的場合下，我們都可以轉移到這個新得
到的邊界上而提出同樣的問題，既然拐杖每一次都會
碰到某種新的東西，那麼很明顯，一直到無限都會如
此。[1]

由此可見，阿爾希特是從反面來論證的：即世界不可能有
一個邊緣。這是一種純粹建立在邏輯推論法。相類似的論證方
法也見於古羅馬詩人盧克萊修的詩句中：

整個宇宙之外再沒有別物存在，
所以它沒有什麼外邊，
因此它也就沒有終點。
不管你把自己放在哪個地方，
在宇宙的任何地區，都沒有關係
一個人不論站在任何地方，在他周圍總會有那無限的
宇宙向各方面伸展……[2]

請看，這幾句詩跟《列子·湯問》的「無極之外，復無無
極；無盡之中，復無無盡」是多麼相似啊！這又是一個活生生
的例證：人類認識的發展有著共同的規律性，遠隔千里的兩個
古老民族可以各自獨立地提出類似的發明或創造性的思想，這
是不足為奇的。

這種宇宙無限的論證法可稱為「宇宙本體論」。因為這純粹

---

[1] 梅留興：《談談有限和無限問題》，張捷、吳伯澤譯，三聯書店，1962 年，第 157
頁。
[2] 盧克萊修：《物性論》，三聯書店，1958 年，第 52 頁。

是根據「宇宙」這個概念本身，來分析和推斷出它的無限性的。宇宙，就是囊括一切存在。這樣，自然就沒有「宇宙之外」這樣的問題了。因而，宇宙只能是無限的。

　　必須看到，對於生產水平比較低下，實驗科學很不發達的古人來說，宇宙的有限和宇宙的無限同樣是個思辨性的論題。我國明代楊慎的一段議論可以作爲代表：

> 天有極乎？極之外何物也？天無極乎？凡有形必有極。（《升庵集・辨天外之說》）

　　從形式邏輯的角度出發，這問題的確是難以解答的：說宇宙有限，宇宙之外又是什麼呢？說宇宙無限，但一個由物質組成的客觀實體總該是有限的。

　　東漢的黃憲也討論了這問題：

> 曰：「然則天地果有涯乎？」
>
> 曰：「日、月之出入者其涯也。日、月之外則吾不知焉。」
>
> 曰：「日、月附於天乎？」
>
> 曰：「天外也，日、月內也。內即以日、月爲涯，故躔度不易，而四時成。外則以太虛爲涯，其涯也，不睹日月之光，不測躔度之流，不察四時之成；是無日、月也，無躔度也，無四時也。同歸於虛，虛則無涯。」
>
> （《天文》）

　　這種宇宙無限論引入了一個新的概念 ——「太虛」，認爲這是伸展於日月星辰一切天體之外的無窮無盡的空間。宋代的李石對於「太虛」闡述得更清楚：

> 天是太虛，本無形體，但指諸星之運轉以爲天耳。（《續

博物志》)

這就十分明白了：「太虛」就是宇宙空間。它是看不見的，看得見的只是其中運動著的天體。在這基礎上，宋代思想家張載，把「太虛」和古老的元氣理論結合起來，說道：

> 太虛無形，氣之本體；其聚其散，變化之客形爾。(《正蒙・太和》)

太虛就是氣的本來狀態，它是沒有一定形狀的：氣凝聚成萬物，才具有形狀；彌散開來，又成爲沒有形狀的太虛。

由此可見，宣夜說對於宇宙無限性的論證也是一種本體論的論證法，只不過把宇宙這個概念換成「太虛」或「氣」。宣夜說認爲，氣，從地面向上伸展，直至無窮遠處，無邊無際；由氣組成的宇宙，當然也是無限的。這是把地面上空氣的存在外推至無窮遠的空間。即《列子・天瑞》所謂：

> 天積氣耳，亡處亡氣，若屈伸呼吸，終日在天中行止。

據王先謙的《荀子集解・不苟》裡「天地比」的注：「天無實形，地之上空虛者盡皆天也」，也有同樣的意思。無疑，處於實驗科學極不發達、對宇宙的無限或有限只能作一些思辨性猜的古代，宣夜說的宇宙無限性的論述在認識論上是很有價值的。它主要的特點和優點，我以爲有如下幾點：

第一，宣夜說在歷史上第一個粉碎了固體的「天殼」。要知道，有一個嵌鑲著星辰的固體天殼的存在，是古人通過直觀觀察加以想象的產物。這個思想在中國在外國，都是十分牢固的。第六章中我們引了《聊齋誌異》的一個故事，反映這麼一中思想：到了十七世紀，人們還認爲星星是嵌在天穹上的，猶如蓮子之嵌在蓮蓬一樣。豈獨中國如此，明萬曆年間，耶穌會傳教

士利瑪竇來中國，撰寫《乾坤體義》，向中國人民介紹歐洲天文學，還寫道：

> 十二重天……相包如蔥頭，皮皆堅硬，而日月星辰定
> 在其體，如木節在板。第天體明而無色，則能透光，
> 如琉璃水晶之類，無所礙也。

明乎此，我們就知道，兩千年前就粉碎了固體的「天殼」，是多麼難能可貴的思想！

第二，宣夜說的論證方法，是利用了日常生活的經驗。比如它說天色蒼蒼，是因爲「高遠無極」，猶如遠山色青，深谷色黑，而青與黑都不過是表象，透過現象看本質，並不是真的有一個有形體有顏色的天殼。宣夜說是重視對於日常事物的觀察。這是科學實驗的萌芽。

第三，這樣宣夜說就把先秦道家的「氣」一元論接過來，根據對面上空氣流動的觀察，創造了天體漂浮在空氣中的理論。當然，我們今天知道，這是不正確的。但是，這是力圖不用外力、不用神秘的力量，只依靠物質本身的運動來說明世界的宇宙觀。宣夜說的進一步發展還指出，連天體，包括遙遠的恒星和銀河，也是氣體組成的。這是十分令人驚異的天才臆測。它的科學的證認僅僅在一百年前才開始哩。

第四，宣夜說不僅論證了空間的無限性，它的進一步的發展還論證了時間上的無限性。這方面前面已經說得很多，這裡不多贅了。

但是，和一切事物無不具有兩重性一樣，宣夜說也有它的缺陷和局限性。除掉由於科學水平不高，對客觀世界僅有不完全不深刻的觀察而產生的時代的局限性之外，宣夜說還有著一

些更根本的缺陷，這就是它的玄學性。我們上面所提到過的古希臘羅馬思想家們對於宇宙無限性的論述也具有這種玄學性。這就是：它們認爲，無限宇宙只是我們觀測所及的空間的數量上的延伸。宇宙爲什麼是無限的呢？因爲充塞在宇宙間的「氣」是無限延伸的。這就是宣夜說的邏輯推理方法。

德國古典哲學的創始人、曾經提出過太陽系起源的「星雲假說」的康德，對這種玄學的無限性作出如下生動的評述：

> 最遠的世界總也有一個更遠的世界，無論回溯到多麼遠的過去，後面也總還有一個更遠的過去，無論前推多麼遠的將來，前面也總還有一個更遠的將來；想像窮於這樣不可測度的遙遠的前進，思想也窮於這樣不可測度的想像；像一個夢一樣，一個人永遠漫長地看不出還有多遠地向前走，看不到盡頭，盡頭是摔了一跤還是暈倒下去。[1]

繼康德之後，德國古典哲學另一位大師黑格爾以更直截了當的語言批判了這種玄學思維：

> 有些天文學家之所以爲他們的科學的崇高而高興，是因爲這門科學研究不可測度的繁多的星辰，研究那樣不可測度的空間和時間，——距離和周期無論本身已經怎樣大，用爲單位，在這樣的空間和時間之中，即使乘上多少倍，仍舊是縮小到微不足道的。他們對這種情形流連於驚詫，他們希望從一個星球旅行到另一星球那樣的生活，以及從不可測度的地方去獲得那一類不可測度的新知識。他們以這種淺薄的驚詫和這種無聊的希望，構成了他們的科學主要優越之點，——

---

[1] 黑格爾：《邏輯學》上卷，楊一之譯，商務印書館，1974 年。

這個科學之所以值得驚異，並不是因為這樣的量的無限，而是恰恰相反，因為理性在這些對象中認識到尺度關係和規律，並且這些對象就是理性的無限，與那非理性的無限相對立。[1]

黑格爾把這種玄學的、單純的數量上的無限重複稱為非理性的無限，在他看來，這是惡的無限性。而理性的無限則是要認識事物的尺度關係和規律——即量變轉化為質變的某些關節點。黑格爾在這兒提出了一個深刻的猜度：理性的無限不是數量上的無限重複，而是質上的無窮無盡的多樣性。

玄學的宇宙無限理論，在實驗科學進一步的發展過程中，經歷了難以克服的困難。1823年，德國天文學家奧伯斯證明，假如在無限大的宇宙中，有無限多的均勻分布的發光天體，那麼整個天空都應該是亮的，相比之下，我們的太陽在這眩目的光輝背景下，顯得有如一個暗斑。這叫做光度佯謬。

十九世紀末葉，另一個德國天文學家西利格證明，在無限大的宇宙中，所有質點對宇宙空間的每個質點(當然包括地球)的總引力，也是無限大的。這叫做引力佯謬。

這兩個「佯謬」之所以叫做「佯謬」，就因為它事實上不是這樣。那麼，到底是怎麼一回事呢？是這兩個論證錯誤了？還是宇宙並不是無限的？

問題就是產生於有些宇宙無限理論的玄學性，像阿爾希特、盧克萊修或宣夜說這樣的宇宙無限論，是無法消除這兩個「佯謬」的。這裡我們可以看到一個饒有趣味的事實：自然科學的成果直接反對玄學思維。自然科學證實了辯證法的巨匠黑格爾所猜測到的真理：宇宙無限性問題決不能簡單地用量的無

---

[1] 同上。

限來解決。

　　爲了解決奧伯斯佯謬和西利格佯謬，1908 年，瑞典天文學家沙利葉提出一種無限宇宙圖式。他證明：眾多恆星集合成星系，星系架合成星系團，星系團集合成超星系團，如此一級級上去，如果各級天體系統的質量和光度間遵循著一定的比例，那麼，引力和光度的總和就是一個收斂級數，而不致於產生這兩個「佯謬。」

　　這就是所謂無限階梯的宇宙模型。對於這個模型，應該作一分爲二的評價。一方面，它是從純粹的數學上來論證的，仍然沒有從物理和化學組成上來分析各個層次質的方面的差異，因此仍然不可免地帶有玄學的局限性；另一方面，它用嚴格的數理計算反駁了光度佯謬和引力佯謬，捍衛了宇宙無限性。從認識論上說，無限階梯宇宙模型有一點很值得珍視的地方，就是它把目前觀測所及的空間作爲無限階梯的一個層次，而把宇宙的已知部分和未知的無限宇宙區分開來。

　　它在歷史上有沒有前人呢？

五、 「天外有天」的宇宙無限觀

　　正如我們所已經指出的，渾天說承認「天」有一個硬殼，渾圓的，包著地球，上面綴滿星星。這就是「天球」概念。有趣的是，現代的宇宙觀念早就不認爲會有什麼固體的「天球」了，但是天文學仍然要利用「天球」這個概念。標示日月星辰的方位，測量日月星辰的運行，一切星圖和星表，都需要這個「天球」。人們並且還在天球上建立座標系統。古老的渾天說中

假想的「天球」成了真正的科學天文學的基礎。

從宇宙論角度看，「天球」的設想無疑是錯誤的。然而，渾天說並不認為「天球」的範圍就是宇宙。張衡用十分清晰的語言描述：

> 過此而往者，未之或知也。未之或知者，宇宙之謂也。
> 宇之表無極，宙之端無窮。(《靈憲》)

天球以外還有一個人們所未曾知道的世界，這就叫做宇宙。它在空間上或時間上都是無限的。應當公允地指出，並不是所有贊同渾天說的人都同意這個觀點。我們上一章提到過作「難蓋天八事」的揚雄，他可以算是渾天說的忠誠擁護者了，在宇宙無限性問題上卻跟張衡大唱反調。他說：

> 闔天謂之宇，闢宇謂之宙。(《太玄·玄攡》)

宇，也是指空間，卻是限於「闔天」之內的、即天球之內的空間；宙，也是指時間，卻是以「闢宇」為起點的，即開天闢地以後才開始有所謂時間。這是有限的空間和有限的時間的宇宙概念。正好和張衡的觀點背道而馳。應該指出，中國歷史上，對於宇宙無限性還沒有哪個人表述得像張衡那麼直截了當而且概念十分清晰。可是有人竟說：

> 張衡既承認大地是球狀體，並認為它是宇宙的中心體，同時又肯定宇宙是無限的。在後一論斷中含有張衡宇宙體系的內在矛盾：假使說宇宙是無限的，那麼它就不可能有中心。[1]

這裡是把張衡所嚴格區分的「宇宙」和「天地」這兩個概

---

[1] 別列里：《宇宙概念的發展》，馬廣志譯，科學出版社，1965 年，第 25 頁。

念混淆了。在渾天說中,地球只是「天地」的中心,而不是宇宙的中心。「天地」,相當於今天我們所謂觀測所及的範圍。即使用現代科學水平來衡量,張衡他仍然是正確的。現在我們觀測所及的範圍,是以地球爲中心的、半徑約 100 億光年的大尺度時空。很顯然,因爲進行觀測的人是生活在地球上,任何時候我們觀測所及的範圍總是以地球爲中心的。這並不是宇宙論問題,而是一個一目了然的事實。

由此可見,渾天說宇宙無限理論的特點,是「天外有天」。「天地」是我們觀測所及一切日月星辰運動的區域。「天地」以外還有別的「天地」,還有無數個「天地」,構成無窮無盡的宇宙。

在古希臘,也有與之差可比擬的理論。還在公元前六世紀,古希臘思想家阿那克西曼德就提出,世界的本原——「無限者」,組成無數的世界,其中每一個世界自產生以後,經過相當長的時間才滅亡,而且從很久很久以來,它就這樣循環不已。另一個希臘思想家德謨克利特認爲,宇宙是無限的和永恆的,其中有無限眾多的世界,這些世界不斷產生、發展和消滅。繼承了這條認識路線的伊壁鳩魯進一步發展了這種思想,他指出:「世界(在數目上)是無限的,它們有的像我們的世界,有的不像我們的世界。」

這一類型的宇宙無限理論無疑比簡單地說宇宙充塞著無邊無際的氣體的宣夜說高明,因此它成了近代宇宙無限論的前驅。爲了宣傳哥白尼的太陽中心體系、於 1600 年被宗教裁判所活活燒死的布魯諾,也闡述了這個思想:

　宇宙是無限大的,其中的各個世界,是無數的。

望遠鏡發明以後,人類視野迅速擴大,連成一片的銀河在

望遠鏡裡被分解為密密麻麻的無數星星。在這基礎上，十八世紀三十年代，瑞典學者斯維登堡出版了《自然的法則》一書，提出一種見解，認為我們所見到的全天恆星的極大多數，都是銀河系的成員；而類似銀河系這樣的動力學上完整的體系，在無限的宇宙中絕不是唯一的體系。英國學者賴特更進一步，他在 1750 年出版的《宇宙理論》一書中，闡述了他所設想的銀河系的結構。他認為銀河系的形狀就像一個扁平的盤子——這觀念是和我們今天所查明的銀河系形狀相一致的。賴特認為，宇宙中有無數類似銀河系的恆星系統，猶如汪洋大海中有無數島嶼一樣，他稱之為「島宇宙」。這概念在天文學上一直沿用至今。[1] 1755 年，哲學家康德發表了《自然通史和天體論》，其中完整地提出了無限階梯的宇宙模型：

> 人眼在太空深處所發現的所有恆星，看來多得簡直太過豐富，它們也都是一些太陽和某些類似太陽系的中心。如果許多恆星又構成一個系統，其大小取決於處於其中心的那個物體的引力作用範圍，那麼難道在漫無邊際的空間中就不會產生並出現更多的恆星系統，以及好比說，更多的銀河嗎？如果再把這些星系看作是整個自然界這根大鏈條上的各個環節，那麼，我們有和以前一樣多的理由可以認為，這些星系是相互有關的，並且按照支配整個自然界的初始形成規律，相互聯結而構成一個新的更大的系統。地球在宏大的行星世界裡好比滄海一粟，幾乎很難覺察。如果這已經使人十分驚奇，那麼，當我們看到密布在廣大銀河中的數最無限的世界和星系，那該引起多大的驚異啊！但是，當我們意識到所有這些難以估計的星球

---

[1] 鄭文光：《康德星雲說的哲學意義》，人民出版社，1974 年，第 37--38 頁。

> 系統組成了一個單位，而這樣的單位共有多少，我們
> 不知道，它們也許多得不可想像，而這樣一個不可想
> 像的數字，卻又是新的一個不知其位數有多少的數字
> 的一個單位，當我們想到這一切時，我們又將感到何
> 等地驚奇。[1]

這個無限階梯的宇宙模型肇端於康德，在法國物理學家朗白爾 1761 年出版的《宇宙論書簡》中得到進一步發展，後來又經沙利葉再次論證，如今已成了現代宇宙學的一個學派。正如前面所說的，它雖然也帶有玄學的局限性，但是它把宇宙的已知的有限部分和無限宇宙區分開來，在認識論上頗有價值。溯木求源，它的最早的思想萌芽，不正是發韌於渾天說和德謨克利特——伊壁鳩魯的天才猜測嗎？

因此，總結渾天說的宇宙無限理論，我們不難看到，其中有著如下的優點：

第一、渾天說無須乎拋棄「天球」概念來論證宇宙的無限性。如前所述，就宇宙論來說，天球的概念雖則是錯誤的，在建立座標系時卻少不了。因為，編制曆法、天體測量都用得著這個天球。渾天說就不只作為宇宙理論，而且也作為座標體系的基礎存在著。這說明為什麼晉代以後宣夜說很快消聲匿跡，而渾天說卻一直流傳下去。

第二，世界不止一個的猜測，不但是唯物主義的，而且含有樸素的辯證法思想。發展至元代的想家鄧牧，就提出了十分深刻的宇宙無限性論述：

> 天地大也，其在虛空中不過一粟耳。虛空，木也；天

---

[1] 康德：《宇宙發展史概論》，第七章，上海人民出版社，1972 年。

地猶果也。虛空，國也；天地猶人也。一木所生，必
非一果；一國所生，必非一人。謂天地之外無復天地，
豈通論耶？（《伯牙琴‧超然觀記》）

「天外有天」的思想是何等鮮明啊！由此可見，鄧牧的理
論並不是宣夜說體系的繼承和發展，而是渾天說體系的繼承和
發展。

第三，渾天說的宇宙無限理論，從一開始就不但闡明了空
間的無限，也闡明了時間的無限。而且時間的無限也是從「世
界不止一個」的思想出發的。到元代和明代，在《瑯環記》和
《豢龍子》這兩本小書中，已經是十分清晰地描述了這種含有
樸素辯證法的觀點：

姑射謫女問九天先生曰：「天地毀乎？」

曰：「天地亦物也，若物有毀，則天地焉獨不致乎？」

曰：「既有毀也，何當復成？」

曰：「人亡於此，焉知不生於彼？天地毀於此，焉知
不成於彼也？」

曰：「人有彼此，天地亦有彼此乎？」

曰：「人物無窮，天地亦無窮也。譬如蛔居人腹，不
知是人之外，更有人；人在天地腹，不知天地之外，
更有天地也。故至人坐觀天地，一成一毀，如林花之
開謝耳，寧有既乎？」（《瑯環記》）

時間的無限性不復是《列子‧天瑞》那樣「古初無物，今
惡得物？」簡單的原始的玄學的論斷，而是一幅生生不息的天
體演化的畫圖。每一個「天地」都有成有毀，有始有終。但是，
由於「天地」的數目是無限的，宇宙總的來說也是無窮無盡的。

如果把「天地」改用現代語言，名之爲「恆星系」，那麼，即使從今天的科學水平來看，也是完全正確的。

再看《豢龍子》：

> 或問：「天地有始乎？」
>
> 曰：「無始也。」
>
> 「天地無始乎？」
>
> 曰：「有始也。」
>
> 未達。
>
> 曰：「自一元而言，有始也；自元元而言，無始也。」

《豢龍子》是一本不出名的書，不是什麼「大儒」「名賢」的作品。它所記述的多半是民間流傳的小故事。但是在所謂「宇宙起源」這個問題上，表述了多麼深刻的思想！一元，指的是一個世界，用今天的話說，就是一個天體系統；元元，指的是眾多的世界，用今天的話說，就是無數天體系統，即宇宙。從一個天體來說，是「有始」的，即有其起源的。從總的宇宙來說，是「無始」的，即沒有起源，宇宙是不生不滅的，在時間上是無窮無盡的。

第四，對於我們觀測所及的空間以外的世界，渾天說是如何表述的呢？只有一句話：「未之或知也。」就是說，目前尚未知道。這不是不可知論。這是科學的、實事求是的態度。張衡並沒有胡謅什麼天國之類的神話，也沒有把對有限時空的認識，無條件地外推到無限宇宙去。這正是現代西方許多宇宙學派別的致命弱點。

第五，因此，張衡把有限的「天地」和無限的宇宙兩個概念分開。這一區分具有極其重大的認識論上的意義。關於這一點，

我們還要結合現代宇宙學細加論述。

六、 古代宇宙無限觀和現代宇宙學

> 我們的自然科學的極限，直到今天仍然是我們的宇
> 宙，而在我們的宇宙以外的無限多的宇宙，是我們認
> 識自然界時所用不著的。(《自然辯證法》)

　　兩種「宇宙」──「我們的」宇宙和無限宇宙──的區分
是解決宇宙的無限和有限的關鍵。就人類的認識而言，在我們
經驗所及的一切領域裡，具體事物總是有限的存在。我們的經
驗對於無限的範圍或過程不容易構成確切的概念。宇宙是一個
獨一無二的系統：它是無限的，而這無限又是由各個有限的部
分構成的。如何理解這一點？

> 無限性是一個矛盾，而且充滿種種矛盾。無限純粹是
> 由有限組成的，這已經是矛盾，可是事情就是這樣。
> 正因為無限性是矛盾，所以它是無限的、在時間上和
> 空間上無止境地展開的過程。如果矛盾消滅了，那就
> 是無限性的終結。(《反杜林論》)

　　只有辯證法能夠解決這矛盾。辯證法本來就是要揭示統一
物的內在矛盾，而宇宙無限性的內在矛盾就是無限和有限的統
一。不能認識宇宙無限和有限的這種統一性，玄學宇宙觀是很
容易在宇宙的無窮無盡的空間和時間中迷失方向的。因而，在
宇宙無限或有限的問題上，玄學觀點往往直接通向宗教神學。
但是，宇宙的無限和有限，又怎樣能夠統一呢？

　　我們觀測所及的空間，即「我們的宇宙」，是有限的。然而它只是無限大的宇宙的一個組成部分。在望遠鏡發明以前，這個「我們的宇宙」──人類的視野，還不曾越出過土星的軌道──不到十個天文單位；遙遠的恆星是什麼，只有一些模糊的猜測。近三百年來，人類的視野擴展得很快。發現了恆星組成為星系，星系組成為星系團，星系團組成為超星系團等等各級天體系統，並且把我們觀測所及的空間稱為總星系。大約三十年前，總星系的半徑還只有十億光年，現在卻已達到一百億光年之遙。總星系的「疆界」的擴展給某些宇宙有限論者開了一個不小的玩笑。例如鼎鼎大名的愛因斯坦，他曾經「計算」，認為宇宙的半徑就是三十五億光年。事實證明。他的宇宙界限一次又一次被突破了。

　　嚴格說來，「總星系」是一個不科學的名字，因為它目前的含義只代表「觀測所及的空間」，而不是什麼超級的天體系統。超星系團以上，天體如何團集化，我們也並不很清楚。更何況，隨著觀測手段的進步，人類視野必將更加擴展，總星系的範圍決不是不變的，它也必將日益擴大。

　　可見，「我們的宇宙」的範圍是不斷擴展的，這是第一點。第二點，現代天體物理學正在不但定性、而且力求定量地探索「我們的宇宙」的結構和運動，對有限的、已知的這一部分宇宙的規律性的認識可以有助於我們對無限宇宙的認識。因此，「我們的宇宙」既是無限宇宙的一部分，又是認識無限宇宙的出發點。「我們的宇宙」當然是可以認識的，無限宇宙也是可以通過對「我們的宇宙」的不斷擴大和深入的知識而逐步認識的。

　　我們就是這樣來認識宇宙的無限和有限的辯證統一。

　　西方現代宇宙學的各個流派，都是僅僅研究宇宙的有限部分，而且在僅僅獲得極其有限信息的基礎上，提出「有限無界

宇宙模型」、「大爆炸模型」、「穩恆態模型」、「振盪宇宙模型」等等。這種無條件的外推，本質上就如恩格斯批判的杜林那樣，「把從本性來說是相對的、因而在同一時間始終只能適用於一部分物質的那種狀態，當做某種絕對的東西而轉移到宇宙。」（《反杜林論》）

事實上，現代宇宙學的研究對象、始終是觀測所及的範圍，即宇宙的有限部分。在這名爲總星系的巨大尺度的時空裡，一切物理現象，如紅移、3K、中微子輻射等，如果能證明有什麼膨脹和爆炸的話，那也只是總星系的膨脹和爆炸，而不能認爲是無限宇宙的膨脹和爆炸。要是認爲，整個宇宙是從一個「原始原子」或「奇點」經歷一場大爆炸而迅速膨脹開來的，那麼宇宙必然是有限的：它既有空間上的疆界，又有時間上的起點。不管提出這種理論的科學家主觀上願意不願意，它實質上總是要回到《舊約，創世紀》去。

但是，反過來說，如果因爲總星系以外的無限宇宙處在我們可以用物理方法探測的能力之外，就認爲是不可知的；或者如有些人所認爲那樣，只有哲學解，沒有物理解、數學解[1]，那也是不正確的。對無限宇宙的物理特性，我們的認識正在迅速擴大；而在一定的條件下，也習以從「我們的宇宙」加以外推，「在一個無限的漸近的進步過程中實現」。

重溫中國歷史上的渾天說，我們就會發現這個樸素的無限宇宙理論在認識史上具有多麼重要的意義。它含有代表現代宇宙學進步方同的萌芽。「天外有天」的思想既是古老的，又是新鮮的。人類的認識能力，正在越來越擴大所謂總星系的疆界，同著無限宇宙接近。

---

[1] 李柯：《3K 微波輻射的發現說明了什麼？》《自然辯證法雜誌》，第一期，1973 年，第 80-96 頁。

這就是我們研究古代宇宙無限理論的現實意義。

第九章 自然哲學與天文學

　　天文學從它萌芽的時代起，就是觀測的科學。通過勤奮的觀測，獲得了關於天體視運動的大量感性材料，逐步加以系統化，掌握規律。在由感性認識向理性認識的推移過程中，形成了科學理論。前面幾章已經闡明，我國古代，不但天文觀測資料是極其豐富的，天文學思想也是十分卓越的。

　　這章想討論我國古代自然哲學與天文學思想的關係。哲學，本來就是自然界、人類社會和思維活動的一般規律的概括。我國在很早的時候(至少可上溯至殷周之交)，就建立了一個獨特的自然哲學體系。這體系的形成，來自對自然界的多方面的認識，並把這些認識上升為一般的哲學理論。由於天文學是最早發展的自然科學部門，因此，在我國古代自然哲學體系中，可以看到其中包含著天文學的許多成果。自然哲學的若干基本概念、範疇，和古代天文學有很深的淵源。同時，我國古代的自然哲學體系，又反過來深刻地影響著天文學的發展。

　　討論這個問題是很有意義的。它將為我們研究怎樣從自然界的普遍規律中概括出哲學理論，而哲學理論又怎樣反過來指導對自然界的探索。

　　我國古代的自然哲學，有哪些基本概念和範疇是和天文學思想有密切關係的呢？

一、陰陽——最基本的對立統一範疇

陰陽是我國早期自然哲學一對最基本的範疇。自從戰國時代產生了以鄒衍爲代表的「深觀陰陽消息」(《史記，孟子荀卿列傳》)的說教以後，陰陽這一對哲學範疇成爲宗教神學的思想支柱。但是，溯本求源，原始的陰陽概念是從對自然界的觀察產生的概念。

據《說文》：

> 陰，闇也；水之南、山之北也。

意思是很明顯的：陰，即陽光所照不到的地方。相反的，「陽」，則是：

> 高，明也。

也就是陽光普照之處。但是「陰」，「陽」兩字的真正來源是沒有阜旁的。「侌」、「昜」兩字[1]。也據《說文》：

> 侌，雲覆日也

> 昜，開也。

這和我們現在所謂「陰天」、「晴天」的概念是一致的。可見陰、陽兩字在最初的意義上只是有沒有陽光照耀，並沒有什麼神秘的含義。如《詩·公列》：

> 既景迺崗，相其陰陽。

意思是在山崗上觀測日影，以定山陽山陰。這是古代游牧民族生活習俗的孑遺；觀測日影，又是古代天文學的主要手段。

---

[1] 梁啓超：《陰陽五行說之來歷》，《東方雜志》，第 20 卷第 20 號，1933 年。

據日影定時令、定方向、定早晚，是原始天文學的重要內容。

陰陽之成爲哲學上一對對立統一的範疇，始於《周易》。《周易》一般認爲作於殷周之交。據《易‧繫辭下傳》：

> 《易》之興也其於中古乎？作《易》者其有憂患乎？
> 《易》之興也其當殷之末世周之盛德耶？當文王與紂
> 之事耶？

范文瀾認爲，原始陰陽說在夏代以前出現了。[1] 郭沫若也認爲，《易》是原始公社社會變成奴隸制社會的產物。[2] 這些意見都很值得考慮。

《周易》的基礎——陽爻（三）的符號和陰爻（三三）的符號，——分明是卜筮用的蓍草，取其長短不同，以卜事情之可否。連卜三次，是謂一卦。《周易》已經演化爲六十四卦，可見陰陽學說演變到《周易》，已有一段不短的歷史，此其一。

《周易》卦文中有一些殷代前期的故事和當時社會生活的描寫，如「帝乙歸妹」、「高宗伐鬼方」、「喪羊於易」、「中行告公」等等，此其二。

《周易》中含有豐富的辯證法思想，有些思想甚至是很深刻的，只有社會大變革的時代才會出現這樣的思想，我們後面還要談到，此其三。

由此，我認爲，由簡單的陰陽概念演化而爲《周易》，當是在原始社會末世直至奴隸社會的殷周之交這樣一個漫長的歷史年代裡形成的。

陰陽兩字見於較早的典籍的，還有《老子》：

---

[1] 范文瀾：《與顧剛論五行說的起源》，《燕京大學史學年報》，第三期，1931 年。
[2] 郭沫若，《中國古代社會研究》一篇，科學出版社，1955 年，第 40 頁。

萬物負陰而抱陽。

《莊子》：

易以道陰陽。

這裡陰陽都已經十分明確地表示是作為一對對立統一的哲學範疇了。這樣的對立統一，在《周易》裡還有好些，如，吉－凶，福－禍，大－小，出－入，往－來，進－退，上－下，得－喪，生－死，外－內，泰－否，益－損。

陰陽概念的進一步發展，就是用以解釋自然現象。如《國語‧周語》裡就記載著西周末年伯陽父對地震的解釋，認為地震是由於「陽伏而不能出，陰迫而不能蒸」引起的，雖然這並不能算是正確的科學的解釋，但是伯陽父用陰陽二氣的失調作為地震發生的原因，而不是歸結為什麼超自然的力量。

從而，陰陽成為世間萬事萬物的基本矛盾；陰陽成為促成自然界和人類社會運動、發展、變化的兩股互相聯繫、互相對立和互相制約的力量。如《淮南子‧天文訓》：

陰陽相薄，感而為雷。

如果把陰陽視為現代科學所認識的負電和正電，那麼，我國古代的猜測就完全符合現代科學的概念。四時變化也是用陰氣和陽氣的消長來說明。在《史記，律書》中，二十八宿、八風、干支，都和陰陽連在一起了。例如：

營室者，主營胎陽氣而產之。

危，垝也，言陽氣之垝，故曰危。

虛者，能實能虛，言陽氣冬則宛藏於虛，日冬至則一陰下藏，一陽上舒，故曰虛。

須女，言萬物變動其所，陰陽氣未相離，尚相胥也，
故曰須女。

牽牛者，言陽氣牽引萬物出之也。

這是講星宿。

廣莫風居北方。廣莫者，言陽氣在下，陰莫陽廣大也，
故曰廣莫。

景風居南方。景者，言陽氣道竟，故曰景風。

閶闔風居西方。閶者，倡也；闔者，藏也。言陽氣道
萬物，闔黃泉也。

這是講風。

壬之為言任也，言陽氣任養萬物於下也。

亥者，該也。言陽氣藏於下，故該也。

巳者，言陽氣之已盡也。

午者，陰陽交，故曰午。

丙者，言陰道著明，故曰丙。

這是講干支。

陰陽概念的應用可謂廣泛矣！

至於月亮為太陽，旭日為太陽，更是眾所周知。但是也有
奇特的例外。如雲南某些少數民族的傳說中，太陽是一個姑娘，
月亮是一個小夥子，所以月亮比太陽走得快，敢於晚上出來走
路。當月亮趕上太陽，和她擁抱時，就發生日食了。這是多麼
富於詩意和科學想像的結合啊！藏族人民大概也是以月亮為男
性、太陽為女性的，所以才把「尼瑪」（太陽）作為女孩子常用
的名字。

　　天地、日月、男女、乾坤、雌雄……都是陰陽概念的引伸。
發展下去，歲星有雌雄，北斗也有雌雄(見第四章)。最有趣的
是西南地區的佤族有這樣的民間傳說：當初，男人和女人分工
造天和地，男人把時間花在打獵、游樂上，幹活不認真，把天
造得小了。怎麼能把大地嵌進造小了的天穹下面去呢？於是找
了一個力氣很大的人，使勁兒擠壓，結果把大地擠成了高高低
低的高山和深谷。

　　天爲陽、地爲陰的概念，最清晰的描述莫過於關於天地開
闢的傳說。我國很早就認爲，天和地本來是合在一起的，後來
一分爲二，天不斷上升，地不斷下降，才形成天地之間的廣袤
的空間。《淮南子・精神訓》中有一段話就描述了這個過程：

> 古未有天地之時，惟像無形：窈窈冥冥，芒漠芠閔，
> 澒蒙鴻洞，莫知其門。有二神混生，經天營地，孔乎
> 莫知其所終極，滔乎莫知其所止息。於是乃別爲陰
> 陽，離爲八極，剛柔相成，萬物乃形。煩氣爲蟲，精
> 氣爲人。

　　「二神混生」──　什麼神？就是指陰陽。在《淮南子・天
文訓》中，陰陽概念更是明白無誤地指明了：

> 天地之襲精者爲陰陽，陰陽之專精爲四時，四時之散
> 精爲萬物；積陽之熱氣久者生火，火氣之精者爲日；
> 積明之寒氣久者爲水，水氣之精者爲月……

　　《淮南子》雖然成書於漢代，但是可以認爲這種開天闢地
的傳說來源甚古。幾乎全世界各個古老民族中都有這種一分爲
二產生天和地的神話。這應當具自然哲學中一對對立統一範疇
的形象化的描述。例如，古希臘狄奧多洛斯(Diodoros)的《歷
史》中寫道：

在宇宙原先的組合當中，天地是一體的；兩者的本質是混合在一塊兒的。後來，隨同這些物體的分離，它就形成整個歷歷在目的明朗的秩序來。

在泰勒(Taylor)《原始文化》一書中，記錄了玻裡西尼亞人的原始宇宙觀：

天和地本來是互相擁抱著的，直到他倆被幽禁在黑暗中的兒女們活生生地分裂開來，才創造出光明。

而在古印度的《奧義書》中，則記載著：

在最初的時候是空洞無物的；後來，開始有物出現；它逐漸成長，成為一個雞卵。經過了一年，它分裂為二：一半是銀的，一半是金的；銀的變為大地，金的變為天宇。

天地一分為二的神話在各古老民族當中都流傳著，證明樸素辯證法的最基本的對立統一範疇是來自對自然界的觀察，首先是來自對天體、大地和晴陰、晝夜、暖冷等自然現象的觀察和分析而來的。

美洲印第安人還有一個很有趣的傳說，認為世界是由鷹和鴉創造的，經過長期戰爭後講和了，分成兩半，叫做半部落。在太平洋新幾內亞的土著中，也有分成兩個半部落的圖騰：第一個半部落的圖騰是鱷魚、食火雞、蛇和狗；第二個半部落的圖騰是儒艮、鯧魚、鱉魚和甲魚。在澳洲的原始民族當中，連營址也反映了這種思想：圓形的營址分成兩半——兩個半圓形。這也是古代人民的世界圖式。[1]

這種把統一的自然界分為兩半的樸素辯證法思想在古希臘

---

[1] 湯姆遜：《古代哲學家》，三聯書店，1963 年。

自然哲學中更是大大得到發展。如畢達高拉斯列舉了十對對立統一的範疇：

> 有限－無限，奇數－偶數，一－多，右－左，雄－雌，
> 靜－動，直－曲，光明－黑暗，善－惡，正方－長方。
> 1

由此可見，無論在中國在外國，無論採取什麼名字，在人類文明的早期，總是首先產生一對最基本的對立統一範疇，用以說明自然界各種各樣的現象。樸素辯證法思想就是這樣誕生的：從一對對具體事物的內在矛盾中抽象出事物的普遍矛盾這個屬性。這在各個古老民族認識史上都可以找到。在我國，這對矛盾就名之爲陰陽。陰陽概念之在古代的出現，可以說明，我國古代人民，已經把握了樸素辯證法的內核。

二、四時 － 四方

一分爲二，二分爲四，這就是四時和四方觀念的由來。

一年分爲春、夏、秋、冬四季，古人稱爲四時。有人或許認爲，四時的劃分是自然界本來存在的。其實不然。春季轉暖，夏季炎熱，秋季涼爽，冬季嚴寒，這只是大致的概念，並沒有一個嚴格的區分，而且在各個地區是並不一樣的。就世界範圍來說，有的地方分兩季：旱季和雨季；有的地方分三季：雨季、冷季和熱季。也有分爲六季的。但是春、夏、秋、冬四季之名卻在世界上普遍行用。爲什麼呢？因爲四季之分是人爲的，它

---

1 《古希臘羅馬哲學》，三聯書店， 1957 年，第 38 頁。

是陰陽二元的衍化。

以殷墟甲骨文為例。甲骨卜辭中只發現「春」、「秋」兩字，而無「夏」、「冬」兩字。當然，甲骨文的內容，主要是占卜，如果夏、冬兩字與占卜無關，就不一定出現，不足以證明殷人沒有四時之分。但是從甲骨文看，殷代卻確有明確的四方之分了：

> 己巳王卜貞今歲商受年，王㕕曰吉。
>
> 東土受年
>
> 南土受年
>
> 西土受年
>
> 北土受年（《粹》907）

再有關於四方風的敘述，見劉晦之《善齋所藏甲骨文字》：

> 東方曰析，鳳曰劦。
>
> 南方曰夷，鳳曰岂。
>
> 西方曰韋，鳳曰彝。
>
> □（北）□（方）□（日）□，□（鳳）曰役。

這片甲骨中「鳳」指的「風」。再看《山海經》也有這類四方和風名的描寫，與甲骨文十分相像：

> 東方曰析，來風曰俊，處東極以出入風。（《大荒東經》）
>
> 南方曰因，乎誇風曰乎民，處南極以出入風。（《大荒南經》）
>
> 有人名曰石夷，來風曰韋，處西北隅以司日月長短。（《大荒西經》）
>
> 北方曰鵷，來之風曰狻，是處北極隅以止日月，使無相間出沒，司其短長。（《大荒北經》）

可見四方之分在遠古時代是十分明確的。《尚書‧堯典》也有四方之說：

> 分命羲仲，宅嵎夷，曰暘谷，寅賓出日，平秩東作。
>
> 申命羲叔，宅南交，平秩南訛，敬致。
>
> 分命和仲，宅西，曰昧谷，寅餞納日，平秩西成。
>
> 申命和叔，宅朔方，曰幽都，平在朔易。

可見這羲氏、和氏兩對兄弟是分居東南西北四方以觀察日月星辰之出入的，由此才有四仲中星之誕生——而四仲中星就代表了四季，古人稱四時。

因此，我以為，四時的劃分，其淵源是四方。人類社會早期，是只粗淺地認識東、西兩個方向的，那就是日出和日落的方向。雲南的佤族原來也只認識東、西兩個方同，東稱為「里斯埃」，西稱為，「吉里斯埃」——即「理斯埃」的反方向。到了認識四方位，在認識史上可算是一個不小的飛躍。因為南、北兩方，實在不如東、西方之有日出、日入可作記認。只有在東西間的直線上能夠作垂線的概念產生以後，才可較準確地定出南北方，這樣，才有可能產生「中星」思想。於是，陰陽——東西——四方——四時這樣一條思想發展線索就在我國古代自然哲學中出現了。

《管子‧四時》篇把這點說得很清楚：

> 是故陰陽者，天地之大理也。四時者，陰陽之大經也……
>
> 東方曰星，其時曰春，其氣曰風。
>
> 南方曰日，其時曰夏，其氣曰陽。
>
> 西方曰辰，其時曰秋，其氣曰陰。

北方曰月，其時曰冬，其氣曰寒。

四方，四時，四氣，脈絡十分清晰。而且特別有意思的是把日、月、星、辰分配於四方四時。「東方曰星」——星星全天佈列，爲什麼分配於東方呢？這其實反映了我國古代觀察東方地平線上「大火」昏見以確定春耕時節的習俗（見第三章），因此這「星」不是一般的星，而是特定的星——「大火」。「南方曰日」，這是不錯的，在北回歸線以北的廣大地區，太陽上中天總在天頂以南。「西方曰辰」的辰，又是指什麼呢？我以爲，是指的「日月之會是謂辰」（《左傳·昭公七年》），也就是「朔」。《史記·曆書》所謂「月歸於東，起明於西」——新月總是初昏見於西方的，其後隨著月相漸盈，昏見方位也逐漸東移；因此，古人作出推論，比新月更早一兩天的「朔」或「辰」，當然更在西方無疑。「北方曰月」卻沒有什麼特別的講究，東南西北四方，剩下的北方和日月星辰中的「月」，搭配起來就是了；月明之夜較涼，可能也是以月配北方的緣由吧？

星象也分爲四陸，或四象。如二十八宿，東方七宿爲蒼龍，北方七宿爲玄武，西方七宿爲白虎，南方七宿爲朱鳥——這固然和四方相配，也和四時相配。

在周代的金文裡，把一個月分爲「初吉」、「既生霸」、「既望」、「既死霸」，這是月的四分制，有點類似如今的星期制。不過這四分制是隨月相劃分的；每一段 7 一 8 天。

此外，我國古代傳說還有四神：東方之神句芒，南方之神祝融，西方之神蓐收，北方之神玄冥，等等。

一分爲二、二分爲四的體制在世界其他古老民族中也留下它的足跡。例如，古代巴比倫就有把宇宙看成是一個四等分的圓周的觀念；至於四種月相（新月、上弦、滿月、下弦）並根據月相把一個月分爲四等分，則和我國周代的月的四分制十分

相似。研究巴比倫古天文學的尼爾遜（Nillson）指出，這並不是從簡單的觀察得來的，「這個數目本質上只是一種計數的體制。」[1]這論斷和我們對中國古代把一年分爲四時的觀點真是不謀而合！

年的四分制，在外國，最早的明確記載是古希臘希波克拉特(Hippokrates)：

> 我根據一般公認的習慣將一年分爲四個部分：冬季，
> 從昴星團下落到春分爲止；春季，從春分到昴星團升
> 起爲止；夏季，從那時到大角星升起時爲止；秋季，
> 從那時到昴星團下落爲止。（《急性病防治論》）

由此可見，當時希臘只有春分這一概念，卻沒有秋分和二至概念（我國恰好相反，是先有二至概念），相當於秋分點的是大角星（牧夫座α），至於昴星團，則當時正在春分點與夏至點之間。順便說一句，昴星團和大角星是古代希臘觀象授時的主要對象，我們在第二章中已敘述過了。

一年分爲四季，正好和古稀臘的所謂宇宙四元素概念相一致。據狄奧根尼(Diogenes)：

> 光明與黑暗，熱與冷，乾與濕，在宇宙之間佔有同等
> 的份兒。熱勝產生夏，冷勝產生冬，乾勝產生春，濕
> 勝產生秋。[2]

無疑，這是和希臘半島乾旱的春季和潮濕的秋季這種地現環境相聯繫的。

這裡我們要談到一種非常重要的四分制，這就是宇宙萬物

---

[1] 湯姆遜：《古代哲學家》三聯書店，1963年。
[2] 同上。

四大本原的理論。最早(在公元前六世紀)，古希惜米利都學派的創始人泰勒斯認為，「水」是萬物的始原。米利都學派另一個思想家阿那克西米尼認為，物質的始原是空氣。比他略晚的愛非斯學派的赫拉克利特認為世界上的一切都產生於火。到了公元前五世紀，恩培多克勒就提出，火、氣、水、土這四種物質元素是一切自然現象的基礎。比他梢後的亞裡士多德在《形而上學》一書中曾經這樣寫道：

> 恩培多克勒說始甚是四種元素，在已經百人說過的那
> 幾種之外，又加上第四種──土；他說，因為它們是
> 常住不變的，並不是產生出來的，只有集合為一體和
> 從一體中分離出來時，才會多一些或少一些。[1]

水、火、氣、土成了用以說明宇宙萬物本原的四種物質。由上面的敘述可以看到，這四種元素是綜合了不同時期不同學派不同學者的思想提出來的，最終這個四大本原的體系係卻成了古希臘自然哲學的重要組成部分。

無獨有偶，遠在亞洲的古印度，卻也有所謂「四大種子」。古印度的經籍《推提利耶本集》說：

> 太初此世為水，生主為風，而戰於蓮葉之上，然不能
> 得其居所。因見水窩，遂使火起於其上。其火轉而為
> 大地以支持其身。

在《奧義書》裡，更把這裡所提出的水、風、火、地推而為萬物的始原：

> 世界開展的第一步，由梵生空，由空生風，由風生火，

---

[1] 《古希臘羅馬哲學》，三聯書店，1957年，第74頁。

由火生水，由水生地；於是物器的世界始告完成。[1]

請看，古希臘──水、火、氣、土；古印度──風、火、水、地。兩者何其相似能夠說是希臘傳給印度，或印度傳給希臘麼？不能。它們顯然是在不同的自然哲學基礎上產生的。但是，兩者的論述又這麼接近，可見人類共同的認識規律有時可以導致非常驚人的巧合。那些偏要硬說遠古時代中國天文學就是從外國跋山涉水而傳入的人，很應該認真分析這些例子。

我們中國也有十分類似於古希臘和古印度的多元物質本原論，不過不是四個，而是五個，這就是五行。

三、五　行

我國五行學說認為水、火、木、金、土是構成世界上萬事萬物的五大本原。

過去有人總是把陰陽五行連在一起，實際上，五行和陰陽是兩種不同的學說。范文瀾認為原始陰陽說產生於原始社會而原始的五行說產生於夏代初年。[2]五行中有金，古代指的是銅，無疑，要等到出現了冶煉青銅技術才會有五行思想。最完整、最系統談到五行的古籍是《尚書・洪範》：

五行：一曰水，二曰火，三曰木，四曰金，五曰土。

水曰潤下，火曰炎上，木曰曲直，金曰從革，土爰稼

穡。潤下作鹹，炎上作苦，曲直作酸，從革作辛，稼

---

[1] 轉引自丁山：《中國古代宗教與神話考》，龍門聯合書局，1961 年，第 111 頁。

[2] 范文瀾：《與頡剛論五行說的起源》，《燕京大學史學年報》第三期，1931 年。

穡作甘。

郭沫若對這段話曾經作過解釋：

> 第一是五行，所謂水火金木土。這是自然界的五大原
> 素，大約宇宙中萬事萬物就是由這五大原素所演化出
> 來的。所以由水演出潤下的道理，由火演出炎上的道
> 理，由木生出曲直的觀念，由金生出從革（大概是能
> 展延而且鞏固的意思），由土生出稼穡。再如五味也
> 是由這五行生出來的。「潤下作鹹」是從海水得出來
> 的觀念。「炎上作苦」是物焦則變苦。「曲直作酸」是
> 由木果得來。「稼穡作甘」是由酒釀得來。「從革作辛」
> 這句想不出它的胚胎，本來辛味照現代的生理學說來
> 並不是獨立的味覺，它是痛感和溫感合成的，假使側
> 重痛感來說，金屬能給人以辛味，也勉強說得過去。
> [1]

郭沫若還認為，五行觀念的起源應該是殷代的五方或五示
的崇拜。

何謂五方？即我們上節所引的甲骨文所列東、南、西、北
四方再加上中商，如：

> 戊寅卜，王貞受中商年，十月。（《前》八‧一〇‧三）
> □巳卜，王貞於中商乎御方。（《秩》，三四八）

胡厚宣以為：

> 「中商」即商也。中商與東南西北並貞，則殷代已有
> 中東南西北五方之觀念明矣……然則此即後世五行

[1] 郭沫若：《中國古代社會研究》二篇，科學出版社，1955年，第143頁。

　　說之濫觴。五行之觀念，在殷代頗有產生之可能，未
　　必即全為戰國以後之物也。[1]

　　所謂五示或五祀，即上節所引四方之神加上中央之神後
土。據《左傳·昭公二十九年》：

　　故有五行之官，是謂五官。實列受姓氏，封為上公，
　　祀為貴神，社稷五祀，是尊是奉。木正曰句芒，火正
　　曰祝融，金正曰蓐收，水正曰玄冥，木正曰後土。

　　意思是這五神分司五行之事。由此看來，至遲殷代己有五
行觀念，是正確的。

　　這種原始的五行學說，力圖用五種不同的物質去說明千變
萬化的世界，因此，無疑是物質第一性的思想。「行」，古文作
卝，好像個十字路口，有道路的意思。它表明這樣的思想：這
是五種最基本的物質，由它們衍生出世間萬事萬物；而且它們
間的發展變化，又構成客觀世界的複雜的運動。五行學說是在
農牧業和手工業生產技術知識的基礎上，在日常生活和生產實
踐中，人們對自然界全部事物的概括。

　　五行之作為五種物質元素，在別的古籍中也有所反映，如
《國語·周語》記載的西周末年的史伯說：

　　以土與金、木、水、火雜之，以成百物。

　　《左傳·襄公二十七年》記載春秋時宋國的子罕說：

　　天生五材，民並用之，廢一不可。

　　這乾脆把五行叫做五材，也是強調了它們的物質屬性。

---

[1]《論殷代五方觀念及「中國」稱謂之起源》，轉引自楊向奎：《中國古代社會古代
思想研究》，第 141 頁。

　　五行學說的進一步發展是闡明它們間的相互聯繫、相互依存和相互制約的作用。所謂「五行相生」（木生火，火生土，土生金，金生水，水生木），無疑最初是從觀察事物的變化而總結出來的樸素的認識，如木頭可以點燃，火燃燒物質後成了灰燼，從泥土和礦石中可以煉出銅和錫，蒸汽在金屬上可以冷凝爲水，水澆地則可以生出樹木，等等。探索五行相互關係還有所謂「五行相勝」（水勝火，火勝金，金勝木，木勝土，土勝水），無疑，也是從觀察事物的互相制約的關係總結出來的樸素認識，如水能澆滅火，火能冶煉金屬，金屬刀刃可以伐木，木犂可以破土，甕上可以爲堤防水，等等。這些認識也都是從古人日常生活和生產實踐總結出來的，力圖闡明五種基本物質之間內在的聯繫。這種認識事物的方法有其正確的方面，在物質元素的相互作用中更能掌握其基本屬性，因此，「五行相生」和「五行相勝」是五行學說的一個重要的發展。

　　然而，與此同時，這種物質相互間的依存和制約又被機械地規定了。按照「五行相生」和「五行相勝」的論點，客觀事物的發展是絕對地受這種必然的規律支配的，這是一種玄學的機械決定論。這種機械決定論可以直接通向宿命論。

　　戰國時代的陰陽家鄒衍就是利用這一點把五行說唯心主義化的，這就是所謂「五德終始」。據《文選·魏都賦》李善注引《七略》：

　　　　鄒子有終始五德，從所不勝。木德繼之，金德次之，
　　　　火德次之，水德次之。

　　這正是「五行相勝」的圖式移用到政治生活上來了。《呂氏春秋·應同》篇有更詳細的敘述：

　　　　凡帝王者之將興也，天必先見祥乎下民。黃帝之時，

天先見大螾大螻，黃帝曰：「土氣勝」，土氣勝，故其
色尚黃，其事則土。及禹之時，天先見草木秋冬不殺，
禹曰：「木氣勝」，木氣勝，故其色尚青，其事則木。
及湯之時，天先見金刃生於水，湯曰：「金氣勝」金
氣勝，故其色尚白，其事則金。及文王之時，天先見
火，赤烏銜丹書集于周社，文王曰：「火氣勝」火氣
勝，故其色尚赤，其事則火。代火者必將水，天且先
見水氣勝，水氣勝，故其色尚黑，其事則水。水氣至
而不知，數備將徙于土。

這是一個宗教神學的社會歷史觀。黃帝屬土德，故禹以木
德代之，而湯又以金德代夏，周以火德代商。他們還預言，代
周者必爲水德。後來，嬴政統一天下後，果然尚水德，器服用
黑色。這樣一來，歷史就變成五行不斷的循環。

然而樸素的唯物主義者是反對這種宿命的歷史觀以及它所
依據的「五行相勝」論的。據《墨經·下》：

五行毋常勝，說在宜。

《墨經·經說下》解釋道：

五，金木水土火。火離然，火煉金，火多也。金靡炭，
金多也。金之府，水。木離本。

並不總是火勝金、金勝木、木勝土、土姓水、水勝火的，
主要看具體情況來定。火多，才能熔鍊金屬，少了就不行了；
金多才能伐木，少了也不行，等等。

《孫子·虛實》篇也以卓越品軍事辯證法思想來駁斥這種
機械決定論─宿命論思想：

故兵無常勢，水無常形，能因故變化而取勝者謂之

神。故五行無常勝，四時無常位，日有短長，月有死生。

《淮南子‧說林訓》也展開了這種思想：

金勝木者，非以一刃殘林也；土勝水者，非以一墣塞江也。

可見環繞五行學說歷史上一直進行著樸素唯物論與唯心論的鬥爭。

這裡還要談到一個十分重要的問題，就是希臘、印度都是四大物質本原，為什麼我國有五大物質本原呢？有人認為這來是我國冶煉金屬發達得早，所以產生了「金」這一「行」。但是，除「金」而外其他四「行」也不同於希臘和印度，我國五行沒有「氣」或「風」卻多了「木」這是又一個不同點。可見我國五行思想基與希臘的水、火、土、氣或印度的地、水、火、風截然不同的。有人說：「『五行之官』，完全蛻變於初民的『四大種子』的崇拜，其思想確乎是源遠流長。」[1]「四大種子」是印度的說法。說我國「五行」來目印度「四大種子」，這又是那種「中國文化外來說」的模式，是經不住任何推敲的。

我認為，確乎如郭沫若所說，五行來自四方加中央。有了東南西北四方觀念，於是認識到自己是在這四方的中心，商代起就稱自己為「中商」，而且這的確又如胡厚宣所說，是「中國」一名的起源。可見「中」這概念才真正是源遠流長。

我們在上一節引了《管子‧四時》篇，在敘述東、南、西、北四方和春、夏、秋、冬四時當中，還插入一段：

中央曰土，土德實輔四時入出，以風雨節土益力……

---

[1] 丁山：《中國佔古代宗教與神話考》，龍門聯台書局，1961年，第119頁。

春嬴育，夏養長，秋聚收，冬閉藏……此謂歲德。

這是活畫出一幅農業社會的生活圖景。土地是農業生產的根本，宜乎放在四方之中，並調節四時。

四方加中央是可以很容易跟五行合拍的，即東方木，南方火，西方金，北方水，中央土。又以五種顏色代表之，即東方青，南方赤，西方白，北方黑，中央黃。但是和四時、四象卻不容易配合。例如四象：方蒼龍，南方朱鳥，西方白虎，北方玄武，四象也照顧到四色了。可是中央怎麼辦？於是星占家以中央來個軒轅黃龍體，卻不在二十八宿之內。四時更難配，四時共十二個月，也不是五的倍數，因此《淮南子·時則訓》只好以木爲孟春、仲春、季春三個月，火爲孟夏、仲夏兩個月，土爲季夏月，金爲孟秋、仲秋、季秋三個月，水爲孟冬、仲冬、季冬三個月，五行各配月數不等。

我國很早就認識五大行星，古代叫辰星、太白、熒惑、歲星、鎮星，後來改稱水星、金星、火星、木星、土星，這兩者對應關係是如何產生的？看長沙馬王堆三號漢墓帛書就可以明白：

東方木，其神上爲歲星，歲處一國；是司歲。

西方金，其神上爲太白，是司日行。

南方火，其神上爲熒惑。

中央土，其神上爲填星。

北方水，其神上爲辰星，主正四時。

五行也應用於行星命名了，而且一直應用到如今。至於鄒衍的「五德終始」，配以陰陽，成爲所謂陰陽五行，到漢代董仲舒而完成一個宗教神學的體系，用以說明「天人感應」的思想。

這一個唯心主義的社會歷史觀到宋代理學家當中更發展至登峰造極的地步。唯心主義的陰陽五行說又成爲星占術的基礎,《漢書》有所謂《五行志》,是星占術的專業著作。這樣,五行學說也和陰陽學說一樣,終於背離了它的樸素唯物主義的出發點,成爲我國唯心主義哲學的一個組成部分。

四、八卦和六十四卦

八卦和六十四卦顯然是從陰陽概念發展而來的。八卦是取陰爻（☷）和陽爻（☰），以三爻爲一組組成的,八卦再相互重疊,就成爲六十四卦。據《史記·日者列傳》:

自伏羲作八卦,周文王演三百八十四爻而天下治。

所謂三百八十四爻,就是六十四卦。把八卦的創作推到傳說中的伏羲氏,是不可信的,但周文王姬昌演六十四卦,是西漢以前學者公認的。上面已說過,《周易》作於殷末周初是可信的說法。

八卦代表了人們對自然界八件事物的認識,這就是:

天(乾)	地(坤)
雷(震)	火(離)
風(巽)	澤(兌)
水(坎)	山(艮)

其中天和地是最根本的,由此而派生出雷、火、風、澤、水、山。我們拿來跟五行相比,只有火和水是重合的,可知是

另外一套體系。而且這八項都是自然環境的描述，我認爲是早於已經初步經過抽象的五行說的。

我國古代對自然界的認識，由陰陽而四時，由四時而八卦；與由東西而四方，由四方而八方這兩者，是有一定聯繫的。《史記‧律書》載有八方和八風如下：

> 不周風居西北。
>
> 廣莫風居北方。
>
> 條風居東北。
>
> 明庶風居東方。
>
> 清明風居東南維。
>
> 景風居南方。
>
> 涼風居西南維。
>
> 閶闔風居西方。

另一方面，從漢代起，開始用四維、八幹、十二支來表示二十四方位 四維就是：乾主西北，坤主西南，巽主東南，艮主東北，這裡清楚看出八卦與八方位的聯繫。

另一與八卦有關係的範疇是八氣。在《禮記‧月令》和《呂氏春秋‧十二月紀》中，都提到立春、春分（日夜分）、立夏、夏至（日長至）、立秋、秋分（日夜分）、立冬、冬至（日短至）這八氣。由二分、二至發展到二十四氣，其間很自然的要經過這八氣階段。近人鄭衍通甚至認爲，八卦裡一共有二十四爻，每爻可代表一個節氣，例如：乾卦初爻代表清明，二爻代表立夏，三爻代表小滿；兌卦初爻代表芒種，二爻代表夏至，三爻代表小暑……等等。[1]這卻未敢贊同。因爲由陰陽發展爲八卦，

---

[1] 鄭衍通：《周易探原》，南洋大學出版社，1971 年。

是人類思維由簡單趨於複雜：如果又還原為陽爻和陰爻了，那麼就等於又從八卦退回陰陽去了。雖則我國古代很喜歡拿陰陽二氣的消長來說明季節時令，但單獨一個陰爻或陽爻是不能完全解釋二十四氣的複雜的氣候和物候變化的。

八卦兩兩重合，發展為六十四卦，自然是古人認識的更進一步的發展　這六十四卦，每卦有六爻之多，可以表現更加複雜的現象。觀《周易》的卦辭，內容是十分豐富的。據郭沫若的分析，涉及古代生產活動的，有漁獵、畜牧、商旅、耕種、工藝；涉及社會習俗的，有偶婚、男嫁、女酋長、娶妻蓄妾、女嫁、子承家業；涉及統治階層的，有天子、侯、武人、師、臣宮、史巫；涉及社會生活的，有享祖、戰爭、賞罰、階級，此外還有宗教和藝術。[1]這就構成一幅由原始公社制過渡到奴隸制社會的生活畫面。

六十四卦裡有十分豐富的辯證法思想，它強調聯繫、發展、變化的觀點。如泰卦（䷊），上為坤代表地，下為乾代表天，這是不穩定的，必然要發生變化，卻是吉卦。而反過來，否卦（䷋）呢，天在上，地在下，穩定了，不會發生變化，卻是凶卦。又如既濟卦（䷾）是坎在上代表水，離在下代表火，下面的人要上升，上面的水要落下，事情就要發展變化，因而是吉卦。相反，未濟卦（䷿）是火在上水在下，呈穩定之形，因而是凶卦。可見，卦的吉凶是由有無發展前途來定的。這是一種十分生動的樸素辯證法觀點。

鄭衍通把八卦二十四爻附會為二十四氣，雖然不可取，但是上面我們也說過，八卦和八氣有一定的呼應關係，因此，《周易》卦辭裡至少有一部分，還是利用了一些天文學資料的。如乾卦（䷀）的六個陽爻（由下而上）：

---

[1]　郭沫若：《中國古代社會研究》，一篇，科學出版社，1955年，第40頁。

初九：潛龍勿用；

九二：見龍在田，利見大人；

九三：君子終日乾乾，夕惕若厲，無咎；

九四：或躍在淵，無咎；

九五：飛龍在天，利見大人；

上九：亢龍有悔。

這裡六爻裡有五爻講到「龍」，先是潛龍，然後在田，然後「躍」上來了，然後在天上飛騰，最後是找到了歸宿。這「龍」，我以為就是蒼龍七宿。殷末周初，初春黃昏，蒼龍七宿的龍首現於東方地平線上，可說是潛龍，由初昏到天亮，整條龍躍過天空，向西方冉冉下落。這是春天到來的徵兆；因此乾卦為六十四卦之首，不是無因的。

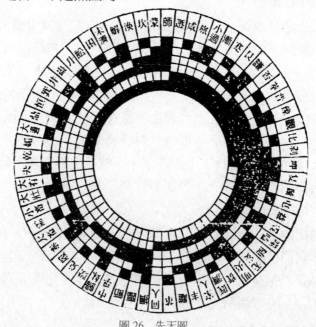

圖 26　先天圖

　　《周易》的語言十分晦澀，又引用了許多殷商或更早的故事。有些故事，有別的古籍可證，如「喪羊於易」，是講殷代先祖王亥販運牛羊到有易國去賣，被有易國殺害並吞沒了牛羊，在《楚辭·天問》、《山海經·大荒東經》裡都有記載。有的則已不可考了。這增加了我們對卦辭理解的困難。

　　《周易》六十四卦還有一個很有趣的問題，就是二進位制問題。

　　圖26《先天圖》採自《道藏·太玄部·易外別傳第一》。它把六十四卦排成環形，陽爻用白格表示，陰爻用黑格表示。如果我們以陽爻為「0」，陰爻為「1」，那麼，從乾卦起，反時針方向旋轉，可以得出一個二進位制的數列：

乾：0	夬：1	大有：10＝2
大壯：11＝3	小畜：100＝4	需：101＝5
大畜：110＝6	泰：111＝7	履：1000＝8
兌：1001＝9	睽：1010＝10	歸妹：1011＝11
中孚：1100＝12	節：1101＝13	損：1110＝14
臨：1111＝15	同人：10000＝16	革：10001＝17
離：10010＝18	豐：10011＝19	家人：10100＝20
既濟：10101＝21	賁：10110＝22	明夷：10111＝23
無妄：11000＝24	隨：11001＝25	噬磕：11010＝26
震：11011＝27	益：11100＝28	屯：11101＝29
頤：11110＝30	復＝11111＝31	

然後又從乾卦右側垢卦起，按順時針方向旋轉，得：

垢：100000＝32	大過：100001＝31	鼎：100010＝34
恆：100011＝35	巽：100100＝36	井：100101＝37

蠱：100110＝38　　升：10011＝39　　訟：101000＝40

困：101001＝41　　未濟：101010＝42　解：101011＝43

渙：101100＝44　　坎：101101＝45　　蒙：101110＝46

師：101111＝47　　遯：110000＝48　　咸：110001＝49

旅：110010＝50　　小過：110011＝51　漸：110100＝52

蹇：110101＝53　　艮：110110＝54　　謙：110111＝55

否：111000＝56　　萃：111001＝57　　晉：111010＝58

豫：111011＝59　　觀：111100＝60　　比：111101＝61

剝：111110＝62　　坤：111111＝63

　　有人或許覺得驚奇：二進位制是電子計算機問世後才應用的進位法，為什麼遠在三千年前的《周易》就有了？其實說穿了也不足為奇。六十四卦既然只用陽爻和陰爻兩種符號來表示，那麼，它就只能用二進位制，恰如電子計算機用電路的「開」或「閉」來表示一樣。

　　值得注意的是《先天圖》的排列方式。它從 0 到 63，也就是從乾卦到坤卦，並不是整個環形旋轉的，而是反時針轉半圓，又順時針轉半圓。為什麼？我個人理解，跟《易·繫辭》的「易有太極，是生兩儀」有關的。整個圓叫做太極，兩個半圓就是兩儀，代表天和地，「天」的一半以「乾」始，「地」的一半以「坤」終，合起來則是整個世界。這反映了古人的樸素的宇宙觀。這和上面第一節提到的，澳洲原始民族兩個半圓形的營址有某些共通之處。

　　因此《周易》和我國古代的宇宙生成論是有不可分的聯繫的。當然，《先天圖》採自《道藏》，是道家的作品，代表了道家對《周易》的解釋，而不完全是《周易》的初衷了。但是，我國的第一個天體起源理論——見於《淮南子·天文訓》，也是

道家的思想。《道藏》本身，就含有十分豐富的古代天文學思想的資料，很值得我們「取其精華，去其糟粕」地整理分析。至於我個人，對這方面的研究，還未入門呢。

五、　「氣」一元論和陰陽五行

一分為二、二分為四、四分為八，這正符合《易·繫辭》的「易有太極，是生兩儀，兩儀生四象，四象生八卦」。甚至進一步推演為六十四卦。人類對事物的認識越來越深入，發現事物越來越復雜，這是很自然的。對五行的認識也是這樣。雖然五行的發展是按另一條路線進行的。《易·繫辭》：

> 大衍之數五十，其用四十有九。

這數是怎麼來的呢？據鄭玄說：

> 天地之數，五十有五，以五行氣通。凡五行減五，大
> 衍又減一，故四十九也。

「五十有五」來自 $1+2+3+4+5+6+7+8+9+10=55$。這裡實在是一些神秘的數字遊戲。不過，也反映了古人對十進位數和等差數列的認識。但是，古人對事物認識的再一步深化，就力求探尋一個統一的本原。恰如古希臘後來出現了「原子論」一樣，我國就出現了「氣」一元論。其實說穿了也不奇怪，連當代大科學家愛因斯坦也想探尋一個無所不包的「統一場」呢！現在已經發現了數百種「基本粒子」，不是有不少物理學家正在力圖找出組成基本粒子的更「基本」的東西嗎？人類的認識總是這樣的。因此，古代對物質始原的猜測，由一而三，而四，

而五，而八，由簡變繁；最後又復歸於一，由繁變簡，這並不是認識的倒退，而是在更高意義上的統一。

以「氣」作爲宇宙萬物的本原，始自戰國時代的宋鈃、尹文學派，已如前述。「氣」一元論又成了後來天文學上解釋宇宙結構天體運動、日月星辰形成、四時變化的綜合理論。這些，都在前面幾章討論過了。我們在這兒只想探討一下，它最初是怎樣提出來的。

古代巴比倫有一首長詩，叫做《埃努碼‧伊利什》，描寫了天地的起源。據說，最初宇宙是一片茫茫大水。以後，渾沌的大水分開爲三種形態：清水、海水和雲霧。兩個大神拉赫姆和拉哈姆從水中誕生，他們自相配合，生成安薩爾和吉薩爾這一對神——安薩爾代表天穹，吉薩爾代表大地。他們的兒子安努就是巴比倫人信奉的掌管天穹之神，而安努的兒子納第穆特，或名思基，則是掌管大地之神。[1]

爲什麼古巴比倫人認爲水是宇宙萬物的始原？因爲他們生活在幼發拉底和底格裡斯兩河流域，雨量又充沛。認識來源於實踐。整天和水打交道，就以水爲萬物的本原。而我國呢？夏、商兩代，或更前的新石器遺址，大都在黃河中下游一帶，是黃土莽莽的世界。當春天的風沙刮起來的時候。黃塵漫天蓋地，這種自然環境是很容易導致對「氣」有一個深刻印象的。所以我國古代渾沌中生成天地的思想，認爲渾沌，也就是「氣」。

然而，我國五行學說，卻和古代希臘、印度的四大始原不同，沒有「氣」。氣是從金、木、水、火、土這五「行」進一步抽象出來的，是物質概念的更高的概括。由於「氣」一元論的影響，五行也好，陰陽也好，都作爲「氣」的存在的形式了。

---

[1] Jackson：The Babilonian Myth，引自 Munitze： Universe Theory，Freedom Press，1957，pp.8-9。

陰氣和陽氣的開闔、消長、變化、往來，形成千變萬化的世界金、木、水、火、土，也是「氣」。《呂氏春秋・應同》篇說：「黃帝曰：『土氣勝』！」「湯曰：『金氣勝！』」「文王曰：『火氣勝！』」都是指的「氣」，而不是土、金、火這些物質或自然現象。

　　由此可見，「氣」一元論誕生後，陰陽說和五行說這兩套自然哲學體系就都發生了根本的變化。氣、陰陽、五行的關係，唐代思想家李筌說得最清楚：

> 天地則陰陽二氣，氣中有子，名曰五行。五行者，天
> 地陰陽之用也，萬物從而生焉。萬物則五行之子也。
>
> （《陰符經疏》）

　　這是以五行為萬物的本原，而陰陽二氣又為五行的本原。陰陽也好，五行也好，都是「氣」，是物質。李筌是堅持了物質第一性的觀點。

　　北宋王安石對於古老的五行學說作了新的發揮。他解釋《尚書・洪範》的五行定義時說：

> 五行：一曰水，二曰火，三曰木，四曰金，五曰土。
> 何也？五行也者，成變化而行鬼神，往來乎天地之間
> 而不窮者也。是故渭之行。（《洪範傳》）

　　這裡強調五行的變化。物質元素並不是固定不變的，而是總在變化、發展，這是樸素的辯證法思想。尤其可貴的是，這裡有了「不窮」的概念，也就是認為基本物質元素是不生不滅的，這是更深刻的物質觀。這裡提到鬼神，雖然未能擺脫有神論的影響，但是王安石卻認為，即使是鬼神也是要受五行規律支配的，這就又是唯物主義的解釋了。王安石還進一步提出：「蓋五行之物……皆各有耦」，「耦之中又有耦焉，而萬物之變遂至於無窮。」這裡「耦」的概念有矛盾的意思。一切物質元素都

包含著矛盾，引起事物無窮無盡的變化。這是十分清晰的樸素辯證法思想。

明末清初的王夫之論述到陰陽二氣，把它們明確地作為宇宙的本原：

> 陰陽二氣充滿太虛，此外更無別物，亦無間隙，天之象，地之形，皆其所範圍也。（《張子正蒙注‧太和》）

同時又說：

> 陰陽異撰，而其絪縕於太虛之中。

這裡「太虛」採用了張載的論點，意義和現代的「空間」相仿。陰陽二氣在太虛中集結、彌散，因此，「天地之化，人物之生，皆具陰陽二氣，」而「非陰陽判離，各自孳生其類。故獨陰不成，孤陽不生。」（《張子正蒙注‧參兩》）王夫之認為，天、地、人及世間萬物的運動變化，其根源就在於它自身內部的固有的陰陽的矛盾。「陰陽二氣」是否二元論了？並不。因為陰陽二氣是統一於一個事物內部的，因此，仍然是堅持了「氣」一元論。

由此可見，原始陰陽五行的樸素唯物主義觀點，在後世有了進一步的發展，並和「氣」一元論結合起來，構成我國樸素唯物主義的元氣學說。

但是，也和一切事物無不具有兩重性一樣，我國哲學史上也有另外一條相對立的唯心主義路線，力圖把陰陽五行納入唯心主義的宗教神學休係。從鄒衍開始，到西漢董仲舒而形成完備的唯心主義陰陽五行觀。董仲舒認為陰陽、四時的變化，萬物的生長是「天之志也」（《春秋繁露‧陽尊陰卑》），這樣，就歸結為神學目的論。他又把五行說成是「天次之序」（《春秋繁露：五行之義》）。這樣一來，五行就不再是五種物質元素了，而變成有意志的「天」用以主理四方、統攝四時的輔助力量。

一

此後對於陰陽五行的解釋，一直反映著唯物論和唯心論的兩軍對戰。

東漢章帝劉炟親目主持的經學討論會，結果產生了《白虎通》這樣一部書，是一個不折不扣的宗教神學體系。例如：

> 木非土不生，火非土不榮，金非土不成，水非土不高，土扶微助衰，歷成其道，故五行更生，亦須土也，王四季，居中央，不名時。

把本來意義上的五種物質元素比附爲封建社會的政治社會制度，五行中的土，和其他四行的關係，不正是封建中央集權制國家皇帝和臣下的關係嗎？連日月星辰的運動，《白虎通》也不放過，加以荒唐的比附：「天左旋，日月五星右行何？日月五星比天爲陰故右行，右行者猶臣對看也。」這已經是一套完整的「天人相應」思想體系了。

宋代理學家也繼承了這套唯心主義哲學衣鉢，而且發揮得淋漓盡致。例如周敦頤的《太極圖說說》：

> 陽變陰合而生水火木金士，五氣順布，四時行焉。五行於陰陽也，陰陽一太極也，太極本無極也。

這樣一來，五行就不是物質的本原，而是「陽變陰合」生出來的。然則陰陽又是什麼呢？是從一個「太極」生出來的。這太極又是從「無極」中生出來的。無中生有這就是周敦頤的宇宙生成論，這是客觀唯心主義的本體論。

唯心主義的陰陽五行學說完全脫離了天文學和對於整個客觀目然界的觀察，而成爲宗教神學的重要組成部分，又是腐朽的封建道德倫理觀念的思想支柱。例如，董仲舒就胡謅過什麼：「三綱」（君爲臣綱，父爲子綱，夫爲妻綱）是上應「三光」——日、月、星的；「五常」（仁、義、禮、智、信）是上應「五

行」的（《春秋繁露，服制象》）。

不但自然哲學，天文學本身也被納入唯心主義的宗教神學體系。因此，可以說，中國天文學是在跟這套宗教神學的鬥爭中發展起來的。中國天文學不但在它的起源和早期發展的階段看過上面各章所述的偉大創造，而且在後來也有許多光輝成就。這就不是本書所能包含的內容了。

結 束 語

在這本書裡，我們討論了中國天文學的起源和它的早期的發展。我們基本上涉及到古代天文學的各個側面，諸如恆星的分布和座標的測定，日、月、五星周日和周年視運動的觀察與測量，最早的天文儀器的產生，從觀象授時到原始曆法的過渡，以至於萌芽狀態的天體物理思想，宇宙結構體系和無限宇宙觀；還討論了天文學與自然哲學的關係，等等。當然，限於個人學力，還不能說這許多方面的課題已經做完了。嚴格說來，述僅僅是一個開始哩。

為什麼這樣說？這是因為，對於我國早期天文學，有不少側面是有前人研究過的，例如二十八宿、先秦曆法、土圭與璇璣玉衡等等，不僅當代學者探討過，清代以至更早就有人探討過；不僅中國學者探討過，外國的中國天文史家也探討過，而且有不少卓越的見解，也有不少激烈而內容豐富的爭論。但是，比較系統地、全面地、完整地從整體上探索中國天文學的起源，這本書也許是第一個嘗試。以我個人水乎而論，無疑是不甚勝任的。但是我深深感覺到，探討中國天文學的萌芽和早期歷史的各個局部、各個細節固然重要，但是從整體、從全局的角度對中國天文學的來龍去脈加以探索，無論對於科學史和方法論研究，對於解決中國上古史的某些問題，都是更其重要的。這就是我不揣譾陋，邁出這一步的主要原因。

從我們接觸到的各個問題看，我們可以作出哪些初步的結論呢？

　　第一，我國天文學的起源是非常早的。過去，研究中國早期天文學的時候，由於歷史文獻缺乏，而且對文獻本身的考證歷來就有各家之說，因此爭論紛紜，莫衷一是。從安陽地下發掘出來的殷墟甲骨卜辭應該是最確切的文獻記載了，但是甲骨文還有很多字沒有認出來，已經認出的字或句子如何解釋還有爭論。夏代文物出土得還比較少。這些，都造成了研究中國天文學早期歷史的困難。不少學者認為，《夏小正》、《尚書》、《左傳》等都是戰國時代著作，因此，我國天文學的確切可信的歷史當自戰國時代始。還有另一派學者則主張，《堯典》、《舜典》的確是反映了傳說中的堯舜時代政治和社會生活的文獻《夏小正》也是夏代資料的記錄《周易》是原始社會與奴隸社會之交（約當夏代初世）的產物，因此，我國天文學史可止溯傳說中的堯舜時代。

　　就個別問題而論，爭論是很難解決的。我們前面已說過，甚至根據科學的歲差方法，像二十八宿、四仲中星等等的起源年代的意見也可以大相徑庭，至於天象記錄、儀器、曆法等等的考證，爭論就更多了。但是，我們從全面、整體的角度看這本書所論證的各個方面的問題，不難看到，我國天文學的萌芽，的確可上溯至新石器時代的原始社會；到夏代，已有觀察一定的星辰出沒以定農時的風習，並且已經有了十二辰和十二次的星空區劃的初步思想；到殷代，已有干支計數法、一定水平的曆法，可能還誕生了土圭或其他原始的天文儀器，有了二十八宿的概念，有了某些宇宙結構觀念的萌芽。當然，這些問題還存在著爭議。但是總的來說，中國天文學在夏商兩代已經有了初步的發展，是可信的。這自然只是我個人的見解，許多論點很不成熟。但我願意把它作為引玉的磚，提供一個靶子，以期在百家爭鳴的氣氛中，促進這個課題的研究。

　　第二，我國天文學，也和世界其他文化發源地的天文學一樣，起源於農牧業生產的實際需要。因爲畜牧業和農業耕作，即使是最粗放的，也需要掌握四時的變化。處在較低級社會發展階段的兄弟民族的天文曆法知識就是顯著的例子。考古發掘證明，新石器時代晚期，農牧業生產有了較大的發展這是進入奴隸制社會的必要的社會經濟基礎，也是天文知識已經初步發展的證據。天文學發展了，也有助於更準確地掌握農時，提高農牧業的勞動生產率。在古老的歷史年代裡科學技術和生產力的發展是直接相關聯的。即使在今天，這種科學技術與生產力發展的關係也是十分顯而易見的。

　　第三，中國天文學基本上是和世界上其他文明發源地平行而獨立地發展起來的。過去研究中國古代天文學的某些起源，如二十八宿、十二次、甚至原始曆法和儀器，都有起源於中國傳入外國和起源於外國傳入中國這樣兩大派別，爭論不休。其實，如果堅持天文學源於農牧業生產需要的觀點，這種爭論是沒有意義的。既然遠在四、五千年前，古埃及、巴比倫、印度、墨西哥、中國、希臘等地都是人類文明的搖籃，那麼，各個文明搖籃裡都會由於自己農牧業生產上的需要，各自獨立地誕生了自己的天文學，不但是有可能的，而且是必然的。當然，在人類的活動半徑擴大、交通進一步發展以後，某些交流滲透、相互影響是可能發生的。我們既要探索中國天文學的獨立的起源，又要探索在較晚年代裡與外國天文學的相互交流和影響，一直到中世紀以後，共同爲近代天文學體系的建立作出貢獻。後者是更加繁重、更加困難的任務，希望有更多搞天文學史的同志來共同努力完成。

　　第四，中國早期天文學與世界其他文化發源地的早期天文學有相似的地方，也有截然不相同的地方。相似，是因爲大家研究

的是同一對象——運行不息的天體，人類認識客觀事物有著共同的規律性；不相同，是由於各個古老民族地理環境、生活條件、風俗習慣等等都有較大的差異。我們既不能只看到各古老民族天文學的相似性而主觀地判為同出一源，又不能只看到其截然不同而揚此抑彼。例如，有人就認為我國古代無非只有一些片斷的天象記錄，而巴比倫和希臘天文學才是最出色的；另一派人則認為我國古代天文學簡直是什麼都比別人先進，盲目自大。世界各民族各有其長處，這話不但對於現代，對於古代也是適用的。本書一再用外國材料加以對比，闡明我國古代天文學與同時期的外國相比之下各有短長。這樣，才為後世的交流、滲透、互相影響提供了需要與可能；否則，我國至今也只有土圭和璇璣玉衡、二十八宿和十二次、蓋天說和渾天說、《史記·天官書》和《淮南子·天文訓》了，還談得到什麼科學技術的發展與提高。

第五，本書還從各個方面論證了至遲戰國時代，我國天文學已經形成一個獨立的、相當完整的體系，它的主要點是：赤道座標體系的天體測量方法和天體測量儀器，依據觀測太陽和月亮運行而制定的陰陽合曆，指導農業生產的二十四氣，渾天說宇宙結構體系和它的地圓、地游思想，跟我國古代自然哲學結合在一起的樸素天體演化觀念和無限宇宙觀念，等等。當然，秦代以後，一直到明代，我國天文學的發展仍然結出一個又一個豐頂的果實，但是，這些果實仍然是在早期天文學體系的大樹上結的。

我國古代天文學體系未能像古希臘天文學一樣，在中世紀後期轉化為以哥白尼太陽中心說為起點的近代天文學體系，這有歷史的、社會的、思想的各方面的原因，需要另加探討。但是這樣一來，哥白尼體系傳入我國以後，我國傳統的天文學體系就中斷了，只有我國悠久歷史上記載下來的豐富明確而完整

的天象資料，仍然閃現著光輝，成爲研究現代天文學的珍貴素材；而我國古代的天文學思想，在發展現代天文學面仍然起著有益的借鑒作用。

正如前面所述，關於中國天文學源流這個課題，還存有許多困難。這些問題的解決，有賴於歷史學界對上古史研究進展，更有賴於考古發掘的新發現。但是搞天文學史的人不能坐享其成，而應該探索著前進。如果在這場探索中有突破，那麼，反過來也可以幫助上古史的研究取得進展。

這樣，就鼓勵了我在學習、整理、研究中國天文學史的後候，不揣譾陋地選擇了這個課題。應當指出，不少前輩在面做出了有意義的貢獻。特別是已故的中國科學院竺可楨院長蓽路藍縷，對於堯典四仲中星、二十八宿起源等等問題創造性的研究，給了我很大的啓發和教育。史學界老前輩沫若和唐蘭等同志對中國上古史和史前史的極富創造的探索，也深深激勵著我。近年來，天文學史界的同志對殷周歷的研究也有一些很有意義的收獲；有的同志不辭辛勞，在十分困難的情況下深入邊遠少數民族地區，作了大量天文曆法面的調查，對於探索中國天文學早期發展找到了有用的線索這些，都成爲本書研究工作的基礎。

本書著重談的是天文學思想的發展，而不是囊括中國早期天文學的所有方面。例如，古代曆法，我就較少討論。因爲在這方面已有一些專門著作，而且據我所知，還將有更多的論文問世。因此，這固然是一本討論中國天文學史的同時卻又是討論中國古代天文學的獨特的認識論和方法論的書。後者，是屬於自然辯證法的領域。用自然辯證法的觀念去整理研究中國天文學史，就我個人來說，也是一次學習和初次嘗試。

本書所討論的問題，基本上都是先秦以前就存在的，但是，

我聽取的材料有的是漢代甚至更晚的後世。這是因為，先秦典籍十分稀少，殘缺不全，而後人著作卻往往保存了前人的觀點和材料，這在我國古書中是數見不鮮的。尤其是《天體物理思想的萌芽》和《宇宙結構體系》兩章，基本素材是漢代以後的著作。但是就思想來說，我們還是可以依稀看到，其淵源是來自更遙遠的古代。

此外，本書也引用了一些外國的材料，這是用於對比。建立參考係統，是科學研究的方法之一，可算是「洋為中用」吧。其中《無限宇宙觀》一章甚至一直談到現代宇宙學，這也可算是「古為今用」的嘗試吧。

因此，這本書，不但在內容上，在研究方法和寫作方法上，我都作了一些初步的探索。這樣做，是否恰當，十分希望天文學、歷史、哲學等等方面工作者和其他方面的同志提供寶貴的意見。

1978 年 7 月

國家圖書館出版品預行編目資料

中國天文學源流 ／鄭文光著. -- 初版
-- 臺北市：萬卷樓, 民 89
面； 公分

ISBN 957－739－271－7 (平裝)

1.天文學 – 中國 – 歷史

320.92 89002858

中國天文學源流

著　　　者：鄭文光
發　行　人：許錟輝
出　版　者：萬卷樓圖書有限公司
　　　　　　臺北市羅斯福路二段 41 號 6 樓之 3
　　　　　　電話(02)23216565‧23952992
　　　　　　FAX(02)23944113
　　　　　　劃撥帳號 15624015
出版登記證：新聞局局版臺業字第 5655 號
網站網址：http://www.wanjuan.com.tw
E-mail：wanjuan@tpts5.seed.net.tw
經銷代理：紅螞蟻圖書有限公司
　　　　　　臺北市內湖區舊宗路二段 121 巷 28 號 4F
　　　　　　電話(02)27953656(代表號)　FAX(02)27954100
E-mail：red0511@ms51.hinet.net
承印廠商：晟齊實業有限公司
定　　　價：360 元
出版日期：民國 89 年 3 月初版
　　　　　　民國 91 年 3 月初版二刷

ISBN 957－739－271－7